范可　著

什么是人类学

图书在版编目（CIP）数据

什么是人类学 / 范可著. —北京：生活·读书·新知三联
书店，2021.7
　（乐道文库）
　ISBN 978 - 7 - 108 - 07036 - 4

　Ⅰ . ①什… 　Ⅱ . ①范… 　Ⅲ . ①人类学−普及读物
Ⅳ . ①Q98 - 49

中国版本图书馆 CIP 数据核字（2021）第 003998 号

责任编辑　王婧娅
特约编辑　周　颖
封面设计　黄　越
责任印制　洪江龙
出版发行　生活·讀書·新知 三联书店
　　　　　（北京市东城区美术馆东街 22 号）
邮　　编　100010
印　　刷　常熟市人民印刷有限公司
排　　版　南京前锦排版服务有限公司
版　　次　2021 年 7 月第 1 版
　　　　　2021 年 7 月第 1 次印刷
开　　本　889 毫米×1092 毫米　1/32　印张　12
字　　数　231 千字
定　　价　59.00 元

目　录

序　言

　　当罗志田教授邀请笔者为他主编的"乐道文库"写一本《什么是人类学》时，本人感到既兴奋又惶恐。之所以兴奋，那是因为有幸进入志田兄这样的名家的法眼。这是否说明志田兄对笔者学力的认可呢，本人可不敢确定。但至少在他看来，本人还堪使用。惶恐者则因这样的书既容易写也不容易写。如将之仅仅视为教科书，大概尚属较易，因为手边有英文和中文教科书多种，可资参考的材料也非常之多。但是，材料之多也会带来困难，如何组织、选取文献，如何汇集众长形成自己的体系，等等，都是问题。此外，这类著作海内外已多有人写。无论它们是中文还是英文，都在一定程度上显示出作者试图摆脱常规的教科书写法的束缚而另辟蹊径，力求建立自己的体系。他们在写作中无不将自己的思考和洞见融汇于文字中，表现了很强的自主和创新精神。我也按照自己设想的框架来写作，但因为人类学内容实在过于庞杂，要在有限的篇幅中面面俱到实为力所不逮。我们都不可能对一门学科之内各个部门的知识都精通，因而在这类著作的写作上总是会有所取舍。在本书中，笔者省略了一些人类学教科书通常会有的内容，加入了一些较鲜见于通论性人类学书籍的内容。我觉得这些内容已经是或者正在成为人类学的研究热点。因而，无论自己的想法是否成熟，都应该让这方面的内容在书中有所体现。

人类学自从诞生以来，已经经历了 100 多年。我们无法确切地为人类学确定一个诞生的日期，但将之推到维多利亚时代或达尔文的进化论诞生的历史时期大概是没有问题的。这就不难令人联想到人类学的诞生与殖民主义之间的关系。维多利亚时代是大英帝国由盛转衰的拐点。这一时代西方文明的任何成就都无法不与帝国的殖民扩张和海上霸权发生联系。换言之，如果没有殖民主义和帝国主义的海外扩张，大航海时代也就不会到来。从而，也就不会发生工业革命和工业化进程。海外殖民地的扩张给欧洲人展现了一幅前所未有的画卷，那就是人类学家埃里克·沃尔夫（Eric Wolf）那部名著的书名所示——"没有历史的人民"（the people without history），他们的一切无不引起欧洲殖民主义者的兴趣。然而，这一时期的人类学家并不是民族志学家（ethnographer），人类学尚未发展出一套本学科独特的工作方法，即我们经常说的"田野工作"。当时的人类学家基本都是所谓的"安乐椅上的学者"（armchair scholars）。他们通过别人的眼睛来窥视"他者"——通过获取来自旅行家、传教士、殖民地官员、军人、冒险家各色人等的笔记、书信、著作、记载等，来获得可资利用的材料和相关信息。

曾有人指责人类学是因服务殖民主义而诞生的。但是，笔者认为，是否为殖民主义服务并非取决于这门学科的诞生与殖民帝国的建立之间有所关联的事实，而是取决于人类学者是否确实向殖民地统治当局在如何统治殖民地民众的问题上建言献策，以及这种建言献策的本质所在。我们不能脱离特定的历史条件来看待当年的人类学者，更不能因为他们没有鼓动被殖民者起来反抗殖民主义的压迫，就断定人类学者为殖民主义者服务。事实恰恰相反，我们看到，有不少人类学家曾经为殖民地民众鸣不平，要求殖民当局善待他们和珍视他们的文化。

田野工作真正成为人类学训练的基本要求是进入 20 世纪之后的事，其标志是 1922 年马林诺夫斯基的《西太平洋上的航海家》和拉德克利夫－布朗的《安达曼岛民》两部著作的出版。在此之前，虽然也有一些学者——他们中的大部分人后来转行成为人类学家，组成"探险队"，从事过人类学调查，可是他们的调查在规范和质量上，未必都符合后来的学科标准。然而，他们却是人类学田野研究的先驱。田野工作方法的成熟是一个水到渠成的过程。在这一过程中，由于第一次世界大战的发生，西方知识界的一些有识之士对自身文明产生了幻灭之感——曝尸遍野的一战战场可谓"文明"的杰作。

无独有偶，在 20 世纪初的美国和英国，原先同义使用的文化与文明两个概念，被一些反维多利亚世界观（The Victorian Worldview）的艺术家、学者和其他知识人士当作有着对立语义的概念来使用。虽然这一改变出现在一战之前，但战争的灾难性后果直接使这一改变在英美社会被许多人接受，维多利亚文明和西方中心主义遭受质疑和挑战。

1922 年，诗人、作家艾略特（T. S. Eliot）发表了著名的诗作——《荒原》（The Waste Land），该诗被誉为最为著名的指控西方文明的起诉书之一。在德国，斯宾格勒分别在1918 年和 1922 年出版了影响深远的两卷本著作《文明的衰落》（The Decline of Civilizations），其历史哲学极大地冲击了西方学术界。[①] 正是在这一对西方文明的指责声中，人类学家放弃了建构本体论意义上的宏大叙事——勾勒人类社会和文化之由来与发展的轨迹，开启了具体而微的实地研究模式。正是这一转变使人类学真正成为学术殿堂中一门成熟的学科，而人类学也因此通过贡献大量的民族志作品，为丰富人类知识宝库做出了应有的贡献。

岁月更替，光阴如梭。一个多世纪过去了，人类学经历各种所谓的理论"转向"。然而，万变不离其宗。无论怎么转，无论在理论上如何推陈出新，人类学基本价值理念没有改变。"同"与"异"依然是人类学的焦虑。这一基本焦虑不仅是人类学的，也是个体意义上和文化、社会意义上的。我们总是以为，随着科技的日益昌明和文明程度的提升，阻隔人们之间相互理解的障碍将日渐消失。然而，不久前在美国，以及在世界其他地方发生的内乱和种族、族群之间的冲突说明情况远非如此。即便在同一个社会里，人们之间的沟通状况仍然远非理想。我甚至怀疑，弥漫在西方社会中的特定的政治氛围和走向，不仅遮掩了业已存在的各种紧张，而且在另一方面起了推波助澜的反效果。

---

① 相关讨论参见：Clifford Wilcox, *Robert Redfield and American Anthropology*, Lexington Books, 2004, pp. 17 - 18。

旨在追求平等的诉求可以成为一种恣意妄为的工具；一种信条般的政治说教使一些人类学家似乎偏离了他们所应走的路。按照我的理解，人类学家的担当并不是要把自己投入到社会的政治运动或者政治行动当中去，而是应当运用自己所掌握的理论知识来为公众服务。在这一过程中，使人类学所秉承的一些跨文化知识和价值理念在公众中广泛传布。在一定的程度上，人类学在当下中国社会里依然具有启蒙的意义——人类学帮助我们理解过去、今天与未来三者间的关系，帮助我们树立积极的人生态度，帮助我们理解现实当中复杂的世界构成。它建立在这样一种理解之上，即所有人类的本质都是相同的，哪怕我们的外在差异再大，也无法同我们彼此间所共同拥有的东西相提并论。人类学是一门真正强调"各美其美，美人之美，美美与共，天下大同"的学科。

按照原先的意思，本书是为公众而写，但常年来从事学术工作，令我觉得这不是一件容易做的事情。读者可能会注意到，本书前面几个章节或许勉强够得上这一标准，但后面的一些章节可能就不见得做到这点——尽管我一直在主观上力图做到写得深入浅出、浅显易懂。但究竟能否达标最终只能由读者自行判断了。

最后，笔者向罗志田教授谨表谢忱！向在成书过程中提供细致而极具专业化的编校工作的王婧娅女士表示衷心的感谢！

是为序。

2020 年 12 月 6 日于南京寓所

第一章　什么是人类学

　　这本书既然以《什么是人类学》为题，那我们就从这个问题开始。"什么是人类学？"是一个经常被问到的问题。不仅在国内，即便在这门学科的知识远比我们普及的美国，人们也爱问这个问题。有意思的是，不少人还经常会"自作聪明"地再问一句"是不是关于人类进化？"，或者"是考古吧"。你如果说，"你讲的没错，这些都包含在人类学里面"，发问者往往感到十分高兴。是的，一个自己都不甚了了的问题却能有部分正确答案，感到高兴是自然的。

　　的确，在这个问题上能提到人类进化或者考古，说明还是具备了一定的了解，尽管十分有限。有的时候，美国人听到你是学人类学的，他们会很高兴地告诉你，读过玛格丽特·米德（Margaret Mead）的书。米德和另一位人类学家露丝·本尼迪克特（Ruth Benedict）是上了美国邮票票面绝无仅有的两位人类学家，而且都是女性。许多美国公众就是读了她们的书之后，才对人类学有所了解。而且还有不少人因此喜欢上人类学，成为人类学家。她们两人的一些书被出版商制成袖珍版反复再版，足见两人在全美的知名度。

为什么她们两人的书特别受到公众的欢迎？我想，大概是因为这些书为人们打开了另一扇窗门，通过它，读者不仅可以了解另外一个世界，而且通过阅读另一个世界，往往又会返回来思考自己的社会和文化，进一步了解自我。当然了，那个时代的人类学者都是到国外或者到与自己成长的环境十分不同的社会去从事研究，但为什么偏偏她们两位特别为公众所熟知？是她们的研究水准特别高？其实不是，一个重要的因素是，她们两人的写作注意到了公众。

由此，我们大致了解，人类学原先研究的是别人的社会和别人的文化，现在虽然没有这样的限制，但在研究"自己的"社会和文化时，人类学家会采取一种"他者"的视角。这意味着他们不仅要学会用当地人的视角和世界观来观察和理解所发生的一切，还要时时提醒自己，保持一种"局外人"或者"旁观者"立场，以保证研究的客观性。另外，我们也大体知道，人类学家研究他人的最终目标是为了更好地理解自己的社会、文化。所以，是透过研究别人反过来理解我们自己，乃至于我们这个物种。

许多人类学者在解释什么是人类学时，喜欢说，人类学研究的是人。但是，人类学所研究的人是什么意义上的人呢？生物学意义上的人？人类学在这方面的特长，显然比不上生命科学。但我们也不能认为，生物学意义上的人与人类学研究完全没有关系。至少，人类是如何演化成为今天这副样子，就一直是人类学的研究主题之一。除非必要，人类学者确实不太关心人类的生理学（physiology）意义上的问题，但在考虑到不同人类群体对自然环境的适应时，人类学间或也会涉及这个领域。更有意思的是，人类学家在强调人类有着相同的本质时，也会用生理学来作为立论的根本。法国著名的人类学家列维-斯特劳斯（Claude Levi-Strauss）就是这样来理解为什么人类有着共同的心智结构。在他看来，这种心智结构是因为所有人类的大脑结构都是一样的。之所以都会一样，是因为所有人类在生理学上都是相同的。所以，在他看来，人类不存在不同的"种族"（races）。

当代的人类学家发现人类喜欢对世间万物进行分类，而且越是"发达"的社会，类别越多。这是人类作为万物之灵所具有的、其他动物不具备的能力。有的人类学家干脆认为，文明就是标准化和分类的过程。[1] 从人类有了不同的身份集团、不同阶级开始，标准化和分类就从没有停歇过。我们今天就是生活在一个处处标准化和分门别类的世界里。这些标准和类别直接影响甚至形塑了我们的认知。人类对自然、对世界的理解有今天的成就，历经了成千上万年的认识实践。在很长的时间里，我们的祖先在生活中不可能有这么多分类。另一位法国人类学家德斯克拉（Philippe Descola）就认为，我们把生活世界分为自然和文化（nature vs. culture）两大部分，是到很晚的时候才出现

———————

[1] Adam Seligman and Robert Weller, *Rethinking Pluralism: Ritual, Experience, and Ambiguity*, Oxford and New York: Oxford University Press, 2012.

的，是法国人文主义思想家蒙田（Michel Eyquem de Montaigne，1533—1592）去世之后的事情。[1] 在人类漫长的历史岁月里，并没有把世界这样分开。反倒是一切都与自然融为一体，密不可分。周围的植物和动物，如同我们的家园里的花草和亲戚。[2] 譬如，过去，鄂伦春人在猎杀熊之后，必须表现出悲切心情，用自责、痛哭等仪式行为来求得"熊大爷"的饶恕，凡此种种。

越来越多的人类学家对我们既定的一切刨根究底，目的就是要理解人类走过的路程。我国著名人类学家费孝通先生晚年也提到，理性的力量使我们忘记思考"非理性"内容的价值——比如"直觉"。[3] 在人类历史的大部分时间里，我们主要是靠"直觉"来指导我们的行动。通过"直觉"进行实践，我们积累了成功和失败的经验，我们懂得了权衡利弊得失，理性也因此而崛起。所以，"直觉"隐藏着丰富的经验与传统资源。

追本溯源，人类学者喜欢刨根问底。就是因为有这种刨根问底的精神，才会有人类学这门学科。归根结底，人类学探讨的是：人类和与之相关的一切，从哪里来，到哪里去。这是本体论意义上的问题。所以，人类寻求解释的欲望是这门学科诞生的动力。在这个意义上，从形而上的

---

① Philippe Descola, *Beyond Nature and Culture*, Chicago: University of Chicago Press (2013), p. xv.

② Philippe Descola, *Beyond Nature and Culture*, pp. 3 - 31.

③ 费孝通《试谈扩展社会学的传统界限》，中国民主同盟中央委员会、中华炎黄文化研究会编《费孝通论文化与文化自觉》，北京，群言出版社，2005年版。

角度来讲，人类学产生与宗教起源的原因可以说是一样的。宗教在根本上也是要解释从哪里来到哪里去的问题。这些问题一直困扰着人类，宗教的答案不仅可以满足部分人所关心的——但却为科学所否定的——"灵性"或者"属灵"的问题，也可以促进我们对人生意义的思考。人类学并非因为这类问题而产生，催生它的是另一类的具体问题。譬如，宗教存在本身就是学术问题：为什么信仰实践普遍见之于人类社会？为什么人类需要超自然存在？超自然信仰实践对人类的生存意义何在？这些问题都很具体，并不那么形而上。

人类学最初想要解释的是，人之所以为人是如何实现的。也就是我们如何走到今天。而我们之所以与其他动物不同，在于我们有智力、善思考。文化，就成了我们与其他动物的分水岭。所以，早期的人类学关心的是，人类社会和文化的历程如何，走到今天究竟经历了哪些不同阶段，等等。今天，我们会说，这样的思考方式是一种单线进化观，它把地球上观察到的不同文化进行排序，划定了人类演化的轨迹。其实，散布在全球各地的人类未必都经历过这样一个标准化的过程。但必须承认，偏偏就是因为当年有众多的学者这样来理解人类、解释人类的起源与发展，才催生了这门学科。由于人类学对我们这个物种的关注是全方位的，所以它必然会产生分支。它通常被划分为四大分支，即：体质人类学、考古人类学、语言人类学，以及最为庞大的社会文化人类学。

一、 体质人类学

体质人类学关心的是人类作为生物物种及其生物多样性的问题。在过去，欧洲大陆的人类学代表的就是这一研究领域。它的出现当然是因为科学家试图回答人类生物多样性（human biological diversity）的问题。如果这样讲没错，那它的存在时间可能可以追溯到远早于通常所认定的人类学诞生的19世纪。我们说"远早于"并不意味着把它推到仅有猎奇性描写的时代，而是追到一个科学作为解释世界的方式已经开始被接受的时代。在笔者看来，瑞典博物学家林奈（Carl Linnaeus）可以作为代表。林奈以生物体特征上的相似性、差异性以及同源性为基础对生物进行分类，例如，用是否有脊椎骨这样的解剖学结构来区分脊椎动物和无脊椎动物，用是否有乳腺来区分哺乳动物和鸟类，等等。科学界沿用至今的生物分类双名法就是林奈首创的。既然对所有的物种都进行分类，对人的分类自然也就免不了。林奈大概就成了最早对人进行种族分类的学者之一。

林奈根据人的肤色等体貌特征把人类分为四个"种族"，也就是我们今天耳熟能详的按照肤色来称呼的人群。但肤色并不是林奈划分种族的标准。林奈之后，还有许多人试图改进，对人类做更为精确的种族划分。其中最有名的当数德国哥廷根大学教授布鲁门巴赫（Johann Friedrich Blumenbach）。他虽然未必都用肤色来划分，但在分类解释中把肤色作为重要根据。例如，今天北美欧洲裔人士，往往说自己是"高加索人"，而这就是布鲁门巴赫的类别。他把亚欧交界的高加索山脉作为"白种人"的称谓。

早期体质人类学除了种族分类之外，更有许多学者热衷于对不同地区的人群体质做比较，所以有所谓人体测量学这样的学问。它的出现可能与那个时代由于流动性低导致生活在不同条件下的人群在体质上呈现出一些差异有关，如同研究"风土"对人的直接影响。体质人类学还包括了许多其他的分支，如古人类学、古脊椎动物学等。这些分支与考古学合作密切。

今天，种族分类学已经不复存在。这虽然与"种族"这个词声名狼藉有关，但更重要的是，在科学上根本无法证明人类可以被划分为不同的种族。种族划分越划越多，到了 20 世纪 70 年代，美国人类学家盖恩（Stanley Marion Carn）把人类划分为 34 个"区域性种族"。这种情况说明，人类独立个体之间的差异远甚于群体间的差异。种族与种族之间永远存在着模棱两可的区域。

今天对于人类生物多样性的理解主要是考察人类适应环境过程中与自然界的互动所引起的差异。换言之，人类学会指出，我们人类的体质表型是自然选择的结果。例如，生活在赤道附近的人们肤色很深，但体内决定肤色的细胞数目与生活在其他地方的人群大体相同，无非在个体上大一些，从而有助于减少紫外线的灼伤。人类生物多样性是自然选择、基因漂移等因素综合影响的结果。经由遗传所获的生物性特质会使不同的人群在自然环境里对于不同病毒、细菌等引起的疾病的易感性有所不同。今天许多体质人类学研究项目已经更多地与医疗和文化人类学结合在一起，因此，美国一些大学甚至把体质人类学在专业上命名为"生物-文化人类学"（biocultural anthropology）。

人体测量学今天更多地在工业领域内使用，我们的家具、服装、交通工具上的座椅等等，都离不开人体测量学的贡献。没有这个领域的工程师、技术员分析、归纳出人类身体特点的一般数据，服装制造业就难以有标准化的生产线。

二、 考古人类学

考古学作为一门独立的学科存在的时间很长了。在欧洲，一直存在着人们自发的考古活动，有些人喜欢专门根据《圣经》上面说的事情，"按图索骥"地寻找、发掘，人们把这类研究活动称为"圣经考古"。考古的发展与后来资本主义发展带来的新的条件有关。许多学者到古代文明所在地进行研究，于是就有了中东考古、埃及考古之类的专门研究。在我们的国家，与现代考古学无关，但与考古不无关系的"金石学"则自宋以后就一直存在着。

自国门洞开之后，不少来自西方的探险家和考古学家也进入中国境内。今天我国有一些文化遗址就是他们最早进行发掘的。这些外国考古学家入华带来现代考古学方法和手段。同时，中国也有一些学者到海外学习，学成荣归后均成为中国考古学界的翘楚，比如，李济、梁思永、夏鼐等人。因而，中国考古学也在民国年间有较大的发展。

但是，上面谈及的考古均可列为古典考古或者历史考古。与考古人类学不同，古典考古的研究问题都来自文献。我国历史考古则强调学科宗旨在于验证和弥补文献史料之不足。所以，虽然是考古，但仍然十分倚重文献。考古人类学则是另一回事，发掘研究的多是史前文化。所以，新、旧石器时代考古是主要工作。为什么会出现这样的侧重？回答这个问题得先约略了解一下美国人类学所起的作用。

美国人类学主要是在德裔学者博厄斯（Franz Boas）来了之后才发展起来的。原先美国本土也涌现了一些民族学者，如有名的路易斯·亨利·摩尔根（Lewis Henry Morgan）就是其中之佼佼者，但这些学者要么在法律界工作，要么从属于美国印第安事务局，因此没有薪传。博厄斯不一样。虽然他从自然科学转到人类学，但他很快进入大学工作，因此培养了不少弟子。这些弟子和弟子的弟子们有许多人成为美国不同大学人类学系的奠基人，所以，博厄斯也就有了"美国人类学之父"的雅号。

博厄斯是德国犹太人，犹太人在欧洲遭受排斥和饱受歧视的现实，使他对不同宗教和其他文化背景者在北美主流社会里的遭遇感同身受。他和学生们尤其关注美国的种族问题，对美国印第安文化在北美欧裔文化进迫下日渐凋敝的处境尤其担忧。为了使日渐湮没的印第安文化不至于在人类文化宝库中彻底消失，博厄斯下决心要"抢救"印第安文化。博厄斯认为，既要抢救，那就必须要有全方位的了解。印第安人没有自己的文字，欧洲人对他们的记载充满偏见与歧视，不足效尤，只能略当参考。因而，除了田野研究之外，还要考古发掘，尽量了解他们的过去。考古学因此在这方面扮演了重要角色。考古人类学也就形成了"史前"考古的传统。当然，这些都是过去的事了。今天的考古人类学不仅发掘"史前"遗址，也研究"有史以来"的考古文化。但是他们的观照（perspective）还是很特别。他们会从多学科视角来了解古代人类，而且特别擅长不同文化之间的比较。对此，读者可以通过阅读著名华裔考古人类学家张光直先生的著作加以了解。①

三、 语言人类学

　　与考古学一样，语言成为人类学研究的一个重要领域也是从博厄斯开始的。而且也是因为对印第安文化研究的

---

① 张先生有多部著作译为中文行世。我建议读者不妨读他的《中国青铜时代》（北京，生活·读书·新知三联书店，1983 年版）和《美术、神话与祭祀》（沈阳，辽宁教育出版社，1988 年版）后记《连续与破裂：一个文明起源新说的草稿》，很明显地体现了考古人类学的取向。

需要才发展起来。在博厄斯看来，要想真正了解一个文化，不知道人们所说的语言怎么行，所以语言不只成为人类学研究的对象，也成为人类学家的工具。语言人类学揭示了人类学对多样性、比较以及变迁的独特兴趣。一些体质人类学家试图从对脸和颅骨的解剖来推断语言的起源，灵长类学者也分析和描绘了猴子与类人猿的交流体系。但我们仍然不知道我们的祖先究竟在什么时候获得了语言能力，而且可能永远不知道。我们所知道的是，发达的、语法复杂的语言已经存在了数千年。语言，包括"说"与"写"，是我们沟通交流的基本工具。书写——文字，在人类历史上也已经存在了 6000 年以上。语言是文化的一部分，我们必须通过学习方能习得。在这当中，至关重要的是掌握语言。濡化（enculturation）就是我们习得母语最为重要的阶段。任何语言都是建立在任意的——我们通过学习而得以掌握的——单词与物件之间的配合之上。但是，二者之间却不存在着本质上的联系，比如，我们叫"狗"的宠物并不是必然叫"狗"，在其他语言里，它有其他的叫法。与其他的灵长类动物不同，语言使我们可以讨论我们并不在场的过去与未来，与他人分享我们的经验，并从他人的经验中得益。上面说的就是所谓语言的任意性（arbitrariness）和置换性（displacement）。

人类学家是在语言的社会文化情境里来研究语言的。有些语言人类学家重新建构了古代语言，但这是通过比较它们的当代"后人"，也就是现在的语言，来发现它们的历史而得以实现的。有些人类学家则通过研究语言学意义上的语言差异来理解不同文化的人们在世界观和思维模式上的多样性。社会语言学家则在一种语言里研究其在不同的社会环境中所出现的语言风格"入乡随俗"式的改变。比如，我们去看球赛、在球场打球时，我们的谈吐就与在正式的或者令人有神圣感的场合有所不同。甚至遇到不一样的人，也会流露出语言风格和词汇上的变化。一般说来，全世界文化都有这样的特点，男人们在他们最好的同性别朋友中，说"脏话"的可能性要大得多。语言人类学家还探讨语言在殖民扩张过程和世界经济扩张过程中的角色。[1]

人类语言具备了多样性的模式。例如英语有时态上的变化和灵活多变的语法结构，但有些语言则没有这种特点，例如我们所使用的汉语。在汉语里，写和说实际上是两个系统，因为我们使用的是象形文字，与拼音文字不同，一个人要是没有学习过汉字的话，是无法仅靠发音写出任何文字的。尽管学习英语也必须学习英文，但是对于成长于英语世界的人来说，只要懂得 26 个字母，多少都可以拼出些文字来。正是这个原因，扫除文盲在英语或其他拼音文字的文化里，要比在我们的文化里容易得多。

语言最能体现文化多样性。在古代那种交通闭塞的条件下，许多人终生都生活在一方小天地里。在这样的小天

---

[1] 参见：M. L. Geis, *The Language of Politics*, New York: Springer-Verlag, 1987；L. Thomas and S. Wareing eds., *Language, Society, and Power: An Introduction*, New York: Routledge, 2004。

地里，每一个人都是熟人。我们可以想见，在这样的条件下，人们与陌生人相遇时，一定感到惊讶，充满疑问。而彼此间的语言无法沟通更是会激发好奇心。人类对语言的研究大抵是由这类好奇心冲动所激发的。因而，我们看到，在不同国家里，都存在着古典学这样的文史研究，其中就有语言学。但是，这种语言学都是有文字的人们的语言，这就与语言人类学很不一样了。语言人类学所研究的语言经常是没有文字的，因而，在研究过程中只能运用语音学和语义学的手段来调查与理解。

四、 社会文化人类学

鉴于社会文化人类学是人类学这门学科的主干，我们需要花较大的篇幅来谈。过去，欧洲大陆称这一主干为民族学（ethnology），英国和英联邦国家则称社会人类学。美国则文化人类学和民族学二者兼用，但在二战之后恢复举办的美国人类学年会上，决定统称为文化人类学。现在社会文化人类学似乎更为常用。社会文化人类学领域拥有最多的从业者。今天，一提人类学，其所指往往就是社会文化人类学。需要说明的是，将人类学分为四大领域主要是美国的体系，在美国人类学影响下发展起来的一些国家和地区的人类学有的也这样划分。现在看来，四大分支聚在一起究竟有无必要，已经是个问题。在今天的美国大学里，除非必要，四个分支在业务上和训练上基本各自为政，少有往来。在有些学校里，社会文化人类学构成独立的系。

社会文化人类学研究的对象是人吗？著名英国人类学家埃文斯-普里查德（E. E. Evans-Pritchard）提醒我们，不是的。社会文化人类学研究的是"现象"（phenomena）——与人有关的现象。那么与人有关的现象有哪些呢？那就是人类学领域里的关键术语（key terminologies）所代表的方方面面，如文化、社会、宗教、族群、亲属制度等等，代表的是人类社会特有的现象。它们既是人类学的研究对象，又是人类学研究的分析工具。人类学之所以诞生就是因为对人类社会这些内容感兴趣。人类学界往往把爱德华·泰勒（Edward Tylor）1871 年出版的《原始文化》作为这门学科奠立的一个重要标志，该书以文化为题，但主要讨论的是宗教的发生和演变。还有一些学者比泰勒更早出版人类学著作，如梅因（Henry Maine）、巴苛芬（Johann Bachofen）、麦克伦南（John McLennan）等。除了摩尔根，现在的人类学家很少提到这几位学者，但他们都是这门学科的先驱。有意思的是，包括摩尔根在内的这几位学者都是律师。这几位律师在工作中经常处理一些涉及财产继承、婚姻等方面的事务与诉讼，因而他们的学术研究也就奠定了婚姻、家庭以及亲属制度在这门学科中曾经的中心地位。摩尔根则是因为马克思和恩格斯对他研究的关注与认可，在我们的国家名气也就特别大。

摩尔根关注私有制起源，而马克思则认为私有制是万恶之源。但私有制何来？摩尔根的研究为此提供了可能性。马克思相信，私有制既然不是永恒的，那就必然有其生命周期，它一定会在人类社会中消失。而发生在19世纪的工业资本主义带来的人类有史以来第一次经济危机，加强了马克思的信念。另外，摩尔根的研究还描绘了人类社会进化的轨迹，认为，人类社会的阶段性发展取决于生产力发展，因此，人类历史上最重要的发现和发明都使人类自身更上一层楼。例如，火的使用，弓箭、农业、制陶等发明，无不如此。

上述与人相关的社会文化制度等现象，成为学者研究观察的对象之后，首先需要对代表这些现象的术语进行定义，成为专门的概念；成了概念之后，就成了分析的工具。早期人类学家就这样开始了他们的探索。我们如果注意一下，就会很强烈地感到，19世纪的人类学研究都有很明显的进化论取向。他们都注意我们的社会是怎么演化发展而来的。这就是本体论意义上的"从哪里来"的问题。19世纪是资本主义上升发展的阶段，尽管遭遇了第一次经济危机，但各种精神和物质的成就其时还是达到人类历史的顶点。同时，由于殖民主义的扩张，欧洲人前所未有地遭遇了各大洲不同的社会文化，并引起欧洲社会的关注和讨论，自然也就有学者试图解释为什么人类之间存在着多样性。

在那个时代，不少人为资本主义的高度发展所鼓舞，相信欧洲文明是人类发展的顶点，但又相信其他的人类群体虽然在文化上远为落后，却因为具有同样的心智，他们达到欧洲文明的程度是迟早的事情。他们之所以落后于欧洲人，是因为演化或者发展的速率不同。这种相信人类朝着欧洲文明方向进化的观念，学界称之为"欧洲中心说"。

那个时代的人类学家无不关心人类究竟如何一路走来，他们都想为大家提供一种解释，一种对人类文化与社会起源和发展的解释。由于他们的解释都基于一种线性史观，认为人类社会与文化或者与此相关的其他东西都经历一个从简单到复杂、从低级到高级的过程，这是一种演化的观点，我们把他们称为**古典进化论学派**（the School of Classical Evolutionism）。之所以这么称呼是因为到了后来，大概20世纪40年代起，又有些学者重新倡导进化论，他们的进化论与19世纪的很不相同。所以，进化论就有了"新""老"之分。我们回过头来看古典进化论学派的学问，就会了解，这些学者都在回答"我们从哪里来"这样的问题，解释人类一路走来的历程。今天，他们的许多解释是站不住脚的，但在那个时候，却是最流行的。

关于进化论，还有一位人物我们可不能忘，那就是查尔斯·达尔文（Charles Darwin）。达尔文在1859年出版了产生巨大影响的《物种起源》，宣称物种的进化的机制是"自然选择"（natural selection），而且"人猿共祖"。这在当年引起了轩然大波，但却极大地鼓舞了当时人类学家对人类社会文化的看法。现在，学术界仍有人把人类学的奠定与《物种起源》的出版联系起来。可是，在事实上，人文学者提出进化的主张要早于达尔文，而且达尔文学说虽然鼓舞了当时的人类学家，但是这些人类学家对进化的理解却是更多地来自拉马克（Jean-Baptiste Lamarck）的"用进废退理论"（theory of use and disuse）。[①]

对于人类学而言，进化论的意义不仅在于催生了这门学科，还在于奠定了这门学科最基本的学术概念、关键词等等。正因为有了这些概念工具，人类学发展成了一门独特的学科。所以，我们可以这么说，作为一门学问，人类学——社会文化人类学——的主要对象在学科传统上，是那些与我们自己的社会文化有所不同的社会和文化，我们研究这些文化和社会的方方面面，从人们的物质生活到精神活动，从人们如何看待别人到如何对待自己，等等。它包罗万象又有所聚焦，既关注人们生活当中的灵动因素，又考察那些社会文化得以传承的、更为固定和结构性的因素。今天的社会文化人类学已经不以研究"异文化"为宗旨，许多人类学者也研究自己的社会和自己的文化。但从人类学的观点来看，一位人类学家研究自己的"家乡"、自己的社会，那就必须借用他人的视角——尽量地把自己设想为外来者，以使自己的看法尽量接近客观。这就是费孝通所说的，"在一定程度上把自己的社会和文化'陌生化'（defamiliariz-ation）"，这样的方法与到"异文化"从事研究有些不同。[②] 为此，我们得了解，人类学者究竟是怎样工作的。

---

① 参见：Adam Kuper, *The Invention of Primitive Society*, London and New York: Routledge, 1988。
② 费孝通《人文价值再思考》，《费孝通论文化与文化自觉》，第 252 页。

五、 人类学者如何工作

/

每个学科都有自己的工作方法。除了不同的视角和观照之外，这些方法主要涉及如何来获取资料。有些同行把资料称为"数据"（data），或者"素材"，或者"材料"，道理都一样，都是我们进行分析和解读的对象。不管你来自哪一个学科，从事研究都离不开图书资料，因而图书馆、档案馆以及各种资料数据中心、数据库等，都是学者每日或者经常"造访"的地方。从这些文献和各种统计数据来获取与自己的研究课题相关的数据与资料。

社会科学获取材料的方式主要有两种，即我们常说的定量和定性。前者主要通过各种抽样调查、结构性访谈和半结构性访谈获取第一手资料。著名挪威人类学家巴特（Fredrik Barth）认为，这种在统计材料、问卷基础上获得标准化选择性答案的定量研究，只能从被访者那里获取极为有限的知识。定性研究的主要手段是深度访谈，研究者往往只依靠少数几位报告人。所以需要有更多的，与被访者有关的信息来补救。巴特认为，人类学提出了第三种方式，即参与观察。这种方式不仅需要深入交流，而且观察的重要性绝不亚于访谈。[1]

人类学研究虽然也离不开数据库、资料库、图书馆，

---

[1] Thomas Hylland Eriksen, *Fredrik Barth: An Intellectual Biography*, London: Pluto Press(2013), pp. 28 – 29.

但最基本、最重要的素材必须来自"实地"。我们已经约定俗成地称此为"田野",因为它英文是"field"。人类学是外来学科,许多术语和理论是外来的,当年的中国学者就这样直接译了过来。"田野"是人类学方法上的关键字眼,既是一个空间概念,也是一个方法论(methodology)概念。当它是一个空间概念时,表示人类学研究者到了一个地方,它可能是一个村落,也可能是一座宗教庙宇、一家医院,或者一所学校;当它是一个方法论概念时,所指的是人类学就在这些空间里从事经验研究(experienced study),收集研究素材,获取各种有关信息。

从事经验研究就意味着人类学家必须到人们的生活中去收集素材。严格说来,经验研究与实证研究(empirical study)二者间还是有所差别。实证研究的基本视角从自然科学而来。它预示着,学者在从事某一研究时需要提出假设,并通过验证假设来获得对所研究现象的因果解释。验证假设所运用的资料数据是通过回收问卷和各种形式的访谈所得。人类学家在有些情况下也会用这样的方法。但还有另外一种途径,就是诠释(interpretation)。那么,诠释与解释有什么不同呢?简单说来,解释(explanation)告诉我们事情的来龙去脉和因果关系,诠释倾向于理解问题。因而,相关性(correlation)是诠释的重要视角。马克斯·韦伯(Max Weber)的《新教伦理与资本主义精神》就是考察相关性的典型。韦伯发现,率先发展出现代资本主义的地区都是基督教新教地区,他想了解为什么会有这样的重叠，于是就有了这部名著。在这本书里，彼此间看似毫无关系的资本主义与新教二者搭上了关系。虽然难以证明二者间存在着因果联系，但不能说它们没有关系。根据韦伯的诠释，资本主义精神与新教伦理二者间具有相关性。

既是经验研究，固然以经验为主。经验所指为何？那就是人类学者在田野里一种感同身受的生活过程与积累。为什么这么说？因为人类学者必须参与到当地人的日常生活当中去，与他们一起用餐，住在他们的房子里，与他们一起从事各种活动——如过去强调干部到地方上蹲点调查，应该与当地人"同吃、同住、同劳动"。人类学者不仅参与，还需要观察，看当地人如何为人处事，如何行动，如何讨价还价，等等。所以，"参与观察"是田野工作的核心。

通过田野工作，人类学者获得第一手资料。然后分门别类整理它们，将资料文本化（textualization）——对资料进行分析、解读。这一过程的最终结果就是"民族志"（ethnography）。在田野工作中往往会碰上一些始料未及的问题，对此我们只能根据自己的经验和判断来解决。[①]巴特说，田野工作者经常需要"即兴发挥"，就是这个道理。[②]

田野工作成为人类学的工作方法主要是在第一次世界

① 关于田野工作的介绍和讨论，可参阅：范可《在野的全球化——流动、信任与认同》，北京，知识产权出版社，2015年版，第33—64页。
② Thomas Hylland Eriksen, *Fredrik Barth: An Intellectual Biography*, London: Pluto Press (2013), p. 27.

大战之后。虽然在 19 和 20 世纪之交，已经有人类学家从事田野工作，但在当时这还不是这门学科的特点和要求。二战之前，卡尔·波兰尼（Karl Polanyi）曾经说，一战是人类有史以来最大的杀戮，这是现代文明给人类带来的浩劫。[①] 战争引起了许多欧洲有识之士的反思。在学术界，这种对文明的反思使人类学家放弃了以往那种试图追溯人类社会文化总体进化发展的大叙事，转向微观研究，具体和多元的文化与社会成为人类学家的研究对象。

今天，人们一提到田野工作就会想到马林诺夫斯基（B. Malinowski）。其实，人类学的田野工作应当有四大先驱。另外三家分别为博厄斯、哈登（Alfred C. Haddon）与里弗斯（W. H. R. Rivers）所组织的"托列斯海峡探险队"（Torres Straits Expedition），以及与马林诺夫斯基同时成名的拉德克利夫-布朗（A. R. Radcliffe-Brown）。拉德克利夫-布朗有着很强的理论建构能力，但他的田野工作却乏善可陈，基本局限于通过翻译进行访谈。[②] 在此，我们可以忽略。

马林诺夫斯基原先是学理科的。在获得博士学位之后养病期间，忽然爱上人类学，并直奔伦敦，到伦敦政治经济学院（LSE）拜师学艺。马林诺夫斯基虽然是波兰人，但

---

① Kurl Polanyi, *The Great Transformation: The Political and Economic Origins of Our Time*, Boston: Beacon Press, 1957[1944].

② Fredrik Barth, "Britain and the Commonwealth," in Fredrik Barth, Andre Gingrich, Robert Parkin, Sydel Silverman, *One Discipline, Four Ways: British, German, French, and American Anthropology*, Chicago: University of Chicago Press (2005), p. 23.

由于当时波兰被沙皇俄国、普鲁士、奥匈帝国所瓜分，所以，马林诺夫斯基实际上是奥匈帝国子民。由于这一原因，一战爆发之后，他被困在大洋洲的一个小岛上。原来，战前他已经想着要去从事个小社区研究，所以到了那个小岛。战争打响之后，作为大英帝国殖民地的澳大利亚自然也就成为奥匈帝国的敌对国家。马林诺夫斯基因此被当作敌国公民，行动受限不得离开。没想到这种半囚徒式的生活却成就了这位人类学大师。三年多的田野研究使他收集了极为丰富的资料。利用这些资料，马林诺夫斯基在 1922 年出版了著名的《西太平洋上的航海家》，此书是文化功能主义的开山之作，并奠定了作者的学术地位。

马林诺夫斯基在他的著作里对田野研究方法有较大篇幅的归纳和总结，提出了"参与观察"是人类学田野工作的核心，强调了问题意识的重要性以及如何展开工作，包括访谈、观察等。时间的维度也是他所强调的。他还提出，问题永远是为有准备的人而准备的，理论储备越丰富也就越容易发现问题。马林诺夫斯基在方法论上还归纳了人类学田野工作的基本观照（the fundamental perspective），这就是整体观（holism）。在这样的观照里，任何文化事项彼此之间都有关系，这种关系是功能性的，用一句中国话来总结这种整体性功能关系可能比较恰当，这就是"牵一发而动全身"。例如，当一群人皈依某种宗教之后，他们社会生活的各方面就会起变化；再例如，当经济条件变化时，就会引起离婚率上升，等等。①

　　从 19 世纪晚期起，已经有人类学家不满足于古典进化论学派和德奥传播学派那种宏观的、讨论人类总体社会文化进程的研究，开始从事实地的微观研究。这两个学派分别力图从时间的维度或空间的维度来勾勒人类文化发展的谱系。德奥传播学派的学者们显然对物质文化更感兴趣。他们当中不少人是博物馆的学者，他们的工作性质使他们热衷于到处收集不同文化的东西。可以说，他们的田野调查主要就是收集文物。他们发现，许多文化事项几乎是全人类所共有的，并认为这是传播的结果，因为他们不相信所有早期人类都能聪明地独立发明文化事项。他们的工作就是从空间的维度解释文化传播扩散的谱系。

　　传播学派的一些概念是博厄斯在美国奠定人类学事业后开始广为学术界所使用。博厄斯和他的弟子们因此构成了人类学田野研究的另一个传统。博厄斯原先在纽芬兰从事物理学研究，但因为接触了当地的因纽特人（Inuit，又称"爱斯基摩人"）而对人类学感兴趣。在获得博士学位之后，转为研究人类学，并移民美国。在进入 20 世纪之前，他曾率领纽约自然博物馆的约瑟普探险队（Jesup Expedition）到白令海峡一带从事学术考察。这是一个大规

───────────

① 美国离婚率上升与经济状况改变有直接关系。在 20 世纪 50 年代，美国的理想家庭模式用中国话来说是"男主外，女主内"。随着女性越来越多地进入职场，离婚率也随之上升。参见：康拉德·菲利普·科塔克《人性之窗——简明人类学概论》，范可等译，上海，上海人民出版社，2014 年版，第 203—204 页。

模的学术活动。就是在这次考察当中，美国学者论证了美洲印第安人的东亚起源。这一考察活动影响了后来美国人类学的四分支架构。博厄斯是来自德国的犹太人。接受了德国教育的他，对文化的看法是整体性的。这与他求学过程中所接受的，在德国学术界有深远影响的拉策尔人文地理学有关系。拉策尔（Friedrich Ratzel）的人文地理学有强烈的整体性价值观，特别强调地理环境对文化形成的作用。博厄斯对印第安人的抢救性研究采取了四分支齐头并进的方法，与当年德国学术整体观的影响不无关系。事实证明，系统性提出整体方法的马林诺夫斯基所接受的教育也是德国体系的。

近些年来，不时有学者提到"托列斯海峡探险"——这可能是人类学家最早的专业性实地考察。由于构成探险队的几位成员各有自己的训练背景，原先并非全部是人类学家，这就使这一探险考察有了很强的跨学科性质。其主要成员里弗斯原先是医生和解剖学家，在考察中十分热衷于对当地人进行体质测量。托列斯海峡位于新几内亚和澳大利亚之间，探险在 1898 年进行。探险在当地不同的岛屿分别或者同时进行，持续时间从四个月到半年不等。探险虽然没有获得预期效果，但却成为英伦人类学发展上的拐点——人类学家从书房进入田野。[1] 里弗斯在考察之后转为人类学家，并有许多有意义的贡献。他发明的系谱法

---

[1] Fredrik Barth, "Britain and the Commonwealth", p. 12.

(method of genealogy) 为人类学家了解社区成员关系和亲属结构，提供了非常好的工具。巴特认为，里弗斯在人类学上的地位被忽视，后世人类学的发展离不开他的奠基：他对婚姻、对亲属制度的研究开启了现代人类学的标准；他首先使用"社会结构"这一在之后几十年里英国社会人类学的核心概念，等等。[1]

在上述提及的所有探险和田野工作者当中，似乎只有马林诺夫斯基对田野工作的方法论和具体方法做了总结和归纳。我们大体上知道，整个工作的"流程"、基本视角，以及学习当地语言和时间的重要性。长时间的田野工作，使马林诺夫斯基深入当地社会，获得丰富的数据资料。他的工作给后来的人类学训练提供了范例。现在，要成为一位人类学博士，在理论上，应该从事一年以上的田野工作。这是因为，在一年之中，你可以遇到社区里的所有人，可以遇到社区中关于生、老、病、死等人生关口的各种仪式，当然也与社区成员一起历经四季轮回。在这过程中，你参与了社区生活，观察了许多信仰和其他文化实践。马林诺夫斯基所考察的对象是"文化"。在他看来，文化首先是人们满足各种生理和心理需求的工具。人类只有在满足衣食住行等基本温饱的欲求之后，才谈得上满足更高一级的，诸如审美这类精神上的需求。[2]

[1] Fredrik Barth, "Britain and the Commonwealth", p. 16.
[2] 马林诺夫斯基《文化论》，费孝通等译，北京，中国民间文艺出版社，1987年版。

如果说马林诺夫斯基关注的是文化，那么拉德克利夫-布朗的田野工作所关心的就是"社会"。比之于"文化"，"社会"少了些直观的东西。要了解构成社会的组织、亲属制度等，访谈是少不了的。拉德克利夫-布朗的田野工作是如何做的，我们并不太清楚。但很清楚的是，他的田野资料大量来自于访谈。访谈自然也就构成了人类学田野工作不可或缺的一环。人类学的姐妹学科——社会学，也做访谈，但与人类学有些不同。人类学更强调的是"深度访谈"（in-deep interview），它看似没有计划，通过聊天漫谈、自由联想（free association）的方式来获取资料信息，所以它必须在与当地人很熟悉的情况下，才比较容易开展。社会学者所做的访谈往往是"结构性"（structural）和"半结构性"（semi-structural）的。两种访谈都需要"问卷"（questionnaire），但在结构性访谈中，访谈者不能向被访谈者解释问卷，半结构性访谈则可以。我们经常会碰到某个市场营销部门或者产品质量部门的电话访谈，绝大部分就是结构性访谈，有时也有半结构性访谈。由此我们可以体会到，从事这样的访谈，访谈者与被访谈者之间可以不认识，但需要众多的访谈对象，因为这样的访谈的结果需要通过统计数据来呈现。人类学通常在较小的、人口也少的社区里从事研究，而且田野工作时间长，因而少有人用结构性或半结构性访谈。但也不是没有，例如，已故斯坦福大学的武雅士（Arthur Wolf）曾经在30多年前开展了一个闽台文化比较项目，采用的就是半结构性访谈。除了社区和人口规模等因素之外，采取何种访谈方式还是取决于所研究的问题，像武雅士的问题就需要众多样本的支持。[①]

博厄斯这一传统的田野工作，我们可以从他的学生所写的民族志看出端倪。他们的田野研究都有强烈的问题意识，而且问题的由来往往是美国社会存在的现实问题。所以，有着强烈的比较特点。例如，玛格丽特·米德的《萨摩亚人的成年》一书的问题，就是由社会上存在着关于青少年反叛和犯罪的争议所引起的。在美国社会，人们总认为那是因为青春期。但如果是因为青春期引发青少年反叛和高犯罪率，那么这种现象也应该存在于其他文化里。这是一个涉及先天或者后天（nature vs nurture），也就是文化或者自然（culture vs nature）的问题。米德就是带着这样的问题来到小岛上，与当地少女一起生活，结果得到了与西方社会的一般认识全然不同的结论。[②]

至于哈登与里弗斯的托列斯海峡探险队，我们只能说，他们是英伦人类学家以学术的名义，最早做的田野调查之一。为这次调查，他们携带了当时最为先进的设备，而且对所有的调查对象都做了人体测量。哈登和里弗斯组合还做了一件重要的事情，就是将涂尔干的外甥马塞尔·莫斯介绍到英国学界。而涂尔干又通过莫斯的介绍"进入"了

[①] 参见：范可《在野的全球化——流动、信任与认同》，第51—52页。
[②] 参见：玛格丽特·米德《萨摩亚人的成年》，周晓虹等译，北京，商务印书馆，2008年版。

英伦。我们可以相信，这一偶然举措促成了英国人类学转变为"社会人类学"，从而与以文化为研究对象的美国人类学分道扬镳。莫斯本人虽然从未从事田野工作，但在写作中大量地运用各种有关澳大利亚和其他地方原住民的材料，并且在他的余生中，鼓励和推动他人从事田野工作。

第二章　我们从哪里来?

　　我们从哪里来,是人类学的经典问题。如果研究问题可以分级别,那这个问题无疑是第一级的,在形而上的意义上,它不仅是人类学所关心的问题,也是其他学科同样关心的问题。早期的人类学家试图通过对一些过程的理解来说明,比如,有的学者把人类的演化分为蒙昧、野蛮、文明三大阶段;有的则从宗教的演化来考虑,认为人类最早的信仰是泛灵信仰(animism),即"万物有灵",其后经历了多神信仰,最后才有了单一神的信仰,等等。在这些人类学家看来,人类的由来经历了由简单到复杂、从野蛮到文明的过程。美国人类学家摩尔根除了对人类社会发展做出以上三段划分之外,他还认为,人类的婚姻也经历一个从杂交乱婚到现行的一夫一妻制的过程。

　　在本章里,我们要讨论人类作为一个生物物种的由来。人类对这一问题的回答大体可分为三类,构成了三种**起源故事**(original stories)。第一种是**"原型事项"**(Prototypical Events)。这是从许多民族对于自身由来的解释概括出来的。我们国家西南的一些民族还有台湾高山族的一些族群,把他们自身——也就是人类的由来归因于一些生物和无生物，比如，有些族群传说，他们的祖先是从葫芦里出来的。这种解释反映了人类早期与自然融为一体的状态。许多社会关于图腾的信仰和解释，也可以包括在这一类别里。

第二种起源故事是**"神创论"**（The Creation）。相信人类起源于某种超自然存在的创造。例如，《圣经》里的《创世记》。又如印度的《梨俱吠陀》中，有一首赞美诗说，人类是由众神从宇宙原初人普鲁沙的身上取得材料制作出来的，从身体的不同地方取的材料，决定了被制作者的种姓：婆罗门、刹帝利、吠舍、首陀罗。从而把不合理的种姓制度归因于超自然以诉诸合法性。四大种姓之外，尚有大量的"贱民"（Delite）或称"不可接触者"（untouchable）。这部分人的来源与造人的天神无关，因此属于社会最底层。显然，神创论只可能出现在人类社会已经出现了不平等，甚至阶级压迫的时代。

第三种起源故事是**"进化论"**（The Evolution）。这是对人类起源与演化的科学解释，也是我们要在这一章里讲的主要内容。

一、　进化论与达尔文的物种起源学说

在进化论问世之前，形形色色的神创论告诉人们，人类和世间万物都是由超自然存在——神——所创造出来的。

林奈以生物体质特征上的相似性和差异性为基础，创造了今天仍然沿用的动植物分类体系，但把生物间的差异视为上帝造物计划的一部分，认为生物的相似性和差异性在上帝造物之初就已经确定下来，并从未改变过。[①] 但是，18和19世纪的化石发现引发了人们对神创论的质疑。化石证据表明，地球上曾经存在过不同于现在的生物种类。如果所有的生物都同时被创造，那么为什么这些古老的物种不存在了呢？为什么现生的动植物没有化石记录呢？这时出现了一种新的解释——灾变说（catastrophism）。这种说法认为，火灾，包括《圣经》里与挪亚方舟有关的那场大洪水，以及其他灾难，毁灭了古老的物种。而每次毁灭性灾难之后，上帝都会重新造物，最终形成了今天的物种。根据灾变说的解释，由于某些物种在一些孤立的地区成功地存活下来，因而生物化石与现在的动植物有明显的相似之处。如《圣经》所言，大洪水过后，挪亚方舟上获救动物们的后代散布到了全世界。[②]

进化论是与神创论和灾变说完全不同的对物种起源和演变的解释。进化论认为任何物种都是由其他物种经历长期而缓慢的转化过程而来，或者是在此过程中发生突变的物种的后代。人类学需要了解进化论，因为我们需要探索和理解决定人类生物性适应、变异和变迁的原理。

---

① 康拉德·菲利普·科塔克《人性之窗——简明人类学概论》，范可等译，上海，上海人民出版社，2014年版，第53页。
② 参见上书，第64页。

谈到进化论，查尔斯·达尔文是必然要提到的人物。1859年，达尔文在长途航海旅行考察之后，出版了《物种起源》。[1] 该书挑战了造物主的神话，在社会上引起了极大的震撼。其实，在达尔文之前，从启蒙时代开始，就有学者提出进步、理性的主张。而在此之前，在基督教世界里，一直有一种被称为"存在大链"（the great chain of being）的观念。人们相信，宇宙间万物自上而下构成层级。最顶层是神，其下依次为天使、月亮、星星、国王、君主、贵族、平民、野生动物、驯化动物、植物等等。在这种链条式的分层结构之前的，就是古希腊哲人柏拉图、亚里士多德等的学说了。这一具有高低级次阶序的链条，是出现进化论的思想渊源——尽管大多数人都是从达尔文的故事和学说中知道进化论的。

考虑到其他文明的古代思想中缺乏类似"存在大链"的观念，我们似可以推论，进化观在基督教世界首先出现是有它的内生性资源的。正因为有这样的观念存在，才可能在资本主义起飞的17世纪出现讴歌进步的进化观。直到达尔文的名作面世之前，谈及进化的几乎都是人文学者。不仅如此，在事实上，进化观念几乎无处不在，马克思在他的学说中也生产着同样的意涵。在他看来，资本主义必将为更高一级的社会形态所取代。他虽然没有直接阐明资本主义世界之前的社会形态，但对于社会的发展持有一种

---

[1] 查理·达尔文《物种起源》，钱逊译，重庆，重庆出版社，2009年版。

进化发展观是毋庸置疑的。可以说,在当时,进化观是一种时代思潮。进化必将带来进步、进步必将带来发展似乎已经成为思想界的共识,这种共识在一定程度上也为殖民主义张目。

达尔文《物种起源》的出版对于当时的思想界而言,等于证明了进化是一种现实存在,极大地鼓舞了西方的激进知识分子。达尔文认为,进化是一个累积、渐进的过程,是一个从简单到复杂的过程。按照这样的逻辑,进化必然带来进步和发展。如此看来,进化在达尔文的眼里是积极的,但事实上达尔文却并未这么来理解进化。所以,进化论当年对整个欧洲思想界的影响其实是从达尔文之前就已经开始。那么,在达尔文生活的 19 世纪之前,究竟是什么使社会上有识之士的思想发生如此巨大的改变呢?对此,我们必须考虑到发生在 18 世纪的启蒙主义运动。进步和理性观念之所以能深入人心,应该说,启蒙运动的影响要甚于达尔文。那么,启蒙主义运动又是如何发生的呢?在此,我们只需问个问题,即:如果没有所谓"新大陆"的"发现"和殖民主义扩张,是否会在 16 世纪末(尼德兰)和 17世纪(英国)出现资本主义工业革命?如果没有工业革命的出现,是否会有启蒙运动?所以,社会思想家如吉登斯(Anthony Giddens)、福柯(Michel Foucault)等人如此强调17 世纪在现代性产生过程中的地位是有道理的。

事实上,从 16 世纪开始,欧洲思想家已经开始思考文化的多变性和整体文化历史的问题。这一世纪最重要的思想家是蒙田，继而是 17 世纪的霍布斯（Thomas Hobbes）和洛克（John Locke）等代表人物。到了 18 世纪，启蒙运动兴起。它的口号是"理性"和"进步"，这在当时无疑鼓舞人心，并由此开启了韦伯意义上的"祛魅"（disenchantment）过程。

　　在诸多启蒙思想家当中，意大利的维科（Giambattista Vico）是西方哲学史和欧洲社会文化史上最为著名的学者之一。他对人类学思想影响之大已为学界所认识。在 1725 年出版的《新科学》一书中，维科试图系统性地描述和解释人类社会兴衰的规律。他相信古代埃及人所传说的，人类社会的起源与发展经历了神话、英雄与人的三个时代，认为诸民族都是按照这三个时代的划分向前发展，根据每个民族所特有的具体状况经常而不间断地次第前进。三个时代有三种不同的自然本性，从三种自然本性中发展出三种习俗，由此又有三种部落自然法，而三种法的后果就是创建出三种民事政权或政体。为了便于互相交流，就形成了三种语言和三种字母；为了辩护则产生了三种法律，并佐以三种权威或所有制、三种理性、三种裁判。这三种法律流行于三个时代。维科认为上述是普世性的规律，是诸民族在生命过程中都遵守的。作为一个整体，人类都信仰一种有预见的天神的宗教，这形成和赋予了饥饿的民族世界以生命的精神整体。[①]

---

① 维柯《新科学》，朱光潜译，北京，商务印书馆，1989 年版，第 490 页。

简而言之，维科所谓的三种自然本性中的第一种是诗性或者创造性的。神话时代想象力丰富，但推理方面最弱。然而，创造性有赖于想象力。同时，这种自然本性是凶残的，但人们畏惧自己所创造出来的天神，受其控制。英雄时代则因应第二种自然本性。英雄们相信自己来源于天神。既然相信天神创造万物，也就相信自己是天神的子孙，因此就相信自己具有一种自然的高贵性，凭此高贵性，他们成为人类的君主。第三种才是人的自然本性，它是有理智的，因而是谦恭的、和善的、讲理的，把良心、理性和责任感看成法律。[1] 维科还认为，各民族社会文化发展经常会有"复归"，但接下来的发展会超越原先所有过的成就，所以是一种螺旋式发展的历史。例如他说，第一阶段是宗教时期，制度在神的政府之下遵守；第二阶段则是拘泥细节的时期，但历经了复归的野蛮，决斗成风，所以是决斗者的时期；第三阶段则是文明或者温和的时期，这一阶段是罗马法学的最后一个时期，是从民众自由时期开始的。行政官为了使法律适应已经改变的罗马本性、习俗和政府，采用了罗马英雄时代的十二铜表法，但这是自然法，行政官所制定的无非使其宽容一些。所以这是一种复归。后来的皇帝们不得不揭去行政官们罩在法律头上的面纱，把自然平等揭示出来，显示出符合各民族已经习惯了的公开性和宽宏大量。[2]

---

[1] 维柯《新科学》，第491—492页。
[2] 同上书，第524—525页。

以上以维科为重点，试图说明进化观念的发展谱系，这一谱系在维科之前有"存在大链"，之后则随着达尔文著作的问世发展到了顶峰。我们似可据此认为，在进化的概念出现之前，建立在理性概念基础上的进步与发展已经在欧洲的知识界中成为颇具影响力的观念。可以想见，一旦人们认为这种发展和进步是阶段性的，很自然，进化也就被用来理解发展了。

19世纪知识界对进化的看法与今天的生命科学领域有所不同。现在，生命科学家通常认为，进化是生物体对环境所产生的适应（这点，与达尔文无二），同时，也是自然选择的结果（这也是达尔文的遗产）。但是，当代分子生物学家认为，如果仅仅为适应所致，那进化应该是没有方向的，因而它的后果并不一定都带来进步和发展。这也是达尔文的看法，但在进化主义甚嚣尘上的19世纪，人们忽视了达尔文的这一思想。如此看来，"演化"应该是evolution的准确翻译。但在人类起源的问题上，不妨继续使用广为接受的"进化"。

根据达尔文的理论，进化的机制是**自然选择**。自然选择是这样一种过程：在特定的环境里，同一种群中那些最适合生存和繁衍的种类相较其他种类而言，能够更大数量地存活和繁衍。自然选择的对象是某一个物种时，该物种内部必须具有多样性。例如，长颈鹿之所以有长脖子，并不是因为它们的祖先在某种自然状况发生之后，难以从地面上觅食，这样一来，脖子越长就越能找到食物，从而也就更可能把自己的基因传递下去。如果此说成立，那岂不凡是举重运动员的孩子就必然比一般人强壮？显然，这是错误的理解。进化不可能仅仅因为个体的突变或者个体的特殊性就能实现，它必须依赖于物种内的多样性。长颈鹿之所以脖子长，是因为它们的祖先当中就有一群脖子比较长。这样，在某种灾难性的条件下——如地面上缺乏植被——脖子长的种群就占了优势，得以存活和繁衍后代，基因得以传递。用基因理论来解释进化论是分子生物学的成果，达尔文当时尚未完全理解遗传机制在进化过程中的力量。[①] 但不管怎么说，在达尔文看来，物种就是在自然选择的过程中，不断发展、进化而来。按照达尔文的理解，世界上所有的生物都有着共同的起源，这样就直接与《圣经》的起源故事《创世记》冲突，在社会上自然引起轩然大波。更为重要的是，达尔文在 1871 年出版的《人类的由来及性选择》一书中提出"人猿共祖"的观点，更是刺激了宗教卫道士们，他们对达尔文的谩骂和诋毁因此层出不穷。

达尔文在《人类的由来及性选择》中，运用他自己有关生物进化的理论来证明人类起源于动物，确定了人类在自然界中的位置，及其与所有高等动物之间的亲缘关系，

---

① 遗传机制为人们所认识有赖于奥地利神父孟德尔（Gregor Johann Mendel）的发现。孟德尔被誉为"现代遗传学之父"，于 1865 年发现遗传定律。孟德尔是通过种植和培育豌豆发现生物体遗传过程中的一些现象，从而发现其规律。但孟德尔的发现真正为科学界所认可是在 1900 年，在那一年里，来自三个国家的三位学者同时独立地"重新发现"孟德尔遗传定律。参阅：科塔克《人性之窗》，第 57—60 页。

用自然选择理论来解释从动物到人的演化过程。但是，达尔文也认识到人自身的能动性，也就是说，人不是被动地适应环境。我们之所以比其他动物更具优势，不仅依靠自身的体质，还依靠高度的智慧和社会习惯——如互相之间进行援助之类的道德心态等。智力发达是人类进化的重要条件，高度智慧促进了语言的发展，这是人类明显进步的重要因素。

达尔文利用大量的科学资料证明，人类和某些动物，特别是猿猴类，在体质结构上关系相近。胚胎发育也证明：人起源于动物；人身上还有已经退化的器官的痕迹，如动耳肌、第三眼睑、盲肠、尾椎骨等；而且人类当中不时也有返祖现象。① 根据这些事实，达尔文指出，只有承认人是从动物进化来的，才能解释得通为什么人和动物有这些相似的特点。

达尔文认为，人猿是哺乳动物中与人最相近的亲属，人和猿本质上有许多相似的地方。因此，人和猿不可能是各自独立发展而来。达尔文推测人类来自旧大陆的某种古猿，但也指出，这种古猿不应与今天的类人猿混为一谈，因为它们已经沿着自己的方向"特化"（specialization）了。达尔文指出："这个世界为人类的来临做了长时期的准备似的；从某种意义上来理解，这话是严格地正确的，因为他要把他自己之所以能出生归功于长长的一大串的祖先。如

————————

① 达尔文《人类的由来》，潘光旦、胡寿文译，北京，商务印书馆，1997年版，第13—32页。

果这一大串中有任何单独的一个环节根本没有存在过，人就不会恰恰像他今天所具有的那个模样。"① 显然，达尔文相信人类作为一个物种是从其他物种进化而来。

虽然达尔文也根据当时出土的化石推断人类来自某种古猿，提出人猿共祖，但在当时的条件下，根本无法清楚人类进化的轨迹。因此，有关人类起源问题在科学界引起真正意义上的探索，其实是进入 20 世纪之后的事。

达尔文的这两本书告诉了我们，进化是自然界当中一直存在的事实和规律。自然选择是进化的机制，人类进化当然是自然选择的结果，但是人类祖先和人类自身不像其他动物那样，仅依赖有机体的改变来进行适应，他们还通过智慧和其他习性、社会性道德来帮助适应，所以人类及其祖先并不是被动地适应外界。人类具有能动性，也因此比其他动物更具备优势。同时，达尔文还告诉我们，我们与现生灵长类有着共同祖先。这就为探索人类的起源提供了重要的路径。

二、　何以为人？

人类起源于非洲——这一达尔文当年的推测，今天已被证明是不争的事实。正因为只有非洲才有古猿的化石证

---

① 达尔文《人类的由来》，第 255 页。

据，我们才能明确这一点。在进化的谱系树上，我们之所以与今天的黑猩猩、倭黑猩猩、大猩猩、猩猩以及长臂猿关系较近，并不是因为彼此间的相似性，而是因为**同源性**（homology）。今天对动植物的分类不能仅仅根据相似性（similarity），同源性才是主要原则。我们不能因为鲸的外形如鱼，就将它归为鱼类。同样道理，蝙蝠与鸟类一样都能飞翔，但彼此间相差甚远。人类之所以与其他灵长类在生物分类体系上有着亲疏远近的亲属关系，是因为同源，而后经历进化，以及不同程度的分化。然而，我们之所以为人，还因为我们在行动上和身体结构上已经发展出我们的猿类近亲所没有的一些特点。

首先，我们是**双足行走**的动物。人类祖先变成双足行走大概发生在 500 万年前。这一行动方式导致了我们祖先的生活方式的剧变。双足行走也是区分早期古人与类人猿的核心所在。我们的祖先之所以从四足行走的动物演变成为完全的双足行走，最初可能是因为气候的变化导致环境的改变所引起的。恩格斯在他的《劳动在从猿到人转变过程中的作用》中也提出了这一设想。[1]

双足行走被认为是对开阔的草原环境的适应。站立者具有许多优势：能看得更远，能腾出双手携带物品，还能减少暴露在毒辣阳光之下的身体表面。化石与其他考古证据也显示，直立行走出现在石器制作和脑容量扩张之前。

---

[1] 恩格斯《劳动在从猿到人转变过程中的作用》，北京，人民出版社，1952年版。

最早的古人类虽然双足行走，但依然保留了和类人猿相似的许多特征，并且拥有出色的攀爬能力，以此来躲避猛兽的袭击。

为什么古猿会转变成为双足行走的早期古人？有两种解释。**第一种解释**与 500 万年前席卷非洲的环境变化有关。当时，全球气候变得寒冷干燥，撒哈拉以南非洲地区草原扩张，雨林面积减缩，树栖灵长类动物的栖息之地也随之缩小。与此同时，地质上的转变加深了纵贯埃塞俄比亚、肯尼亚、坦桑尼亚的东非大裂谷。裂谷的下陷使两侧山脉变高，导致裂谷西部气候潮湿、树木茂盛，东部则因气候干燥转变为乔木稀少的草原。由此，我们和黑猩猩的共同祖先产生了分化[1]：在西部的发展成为今天的黑猩猩家族，而处于东部的则在开阔的草原环境中开始适应，开创新的生活。[2] 这支进入东部草原的古猿，越来越敢于到开阔地带寻找食物，但在夜间为躲避猛兽会返回林中生活。或许为了行动更为便捷，或许为了方便在草丛中发现食物与野兽，它们中的一部分开始站立起来用双腿行走。这种适应性变化让它们更有机会活下来，它们的基因也就传递下去，最终进化成为直立行走的人类。[3] **第二种解释**是由于草原的酷热。绝大多数的草原动物都有独特的生理机制，使它们的大脑不至于因为体温升高而受损。人类无法如此，我们保

---

[1] 人类与其他猿类，如大猩猩、猩猩、长臂猿等，在更早的时候分别分化出来，各自进化。
[2] 科塔克《人性之窗》，第 109—110 页。
[3] 参见上书，第 110 页。

护大脑的唯一做法就是抑制体温升高。我们的祖先或许就是因此而站立起来。通过对灵长类动物比例尺模型的研究可知，相较于双足行走，四肢行走会在日照下多暴露60％的体表。直立之后还可感受凉风吹拂，而不是地表的热气。①

其次，我们之所以为人还因为我们与其他灵长类有着不同的生理构造和技能，最重要的便是大脑结构。同现代人相比，我们最早的古人祖先——南猿阿尔法种的脑容量很小（430 cc），勉强超过今天的黑猩猩的平均值（390 cc）。颅骨形状也与黑猩猩相似，只是大脑相对身体的比例要大一些。人类在进化的过程中，脑容量不断增大，因此身体也会相应发生改变。脑容量变大意味着头颅骨加大，而后者就需要产道扩大，产道扩大必然要求骨盆扩大，但这又会影响直立行走。于是，自然选择使因应直立体位需要的骨架与脑容量扩大之间取得平衡，婴儿的脑容量和颅骨尺寸会在一段时间内增长显著。

再次，大约在250万年前，我们的祖先就会制作石器。直立帮助他们腾出手来使用工具和武器对付草原上的野兽，还可以运送东西，把肉食动物的剩余食物带上。现代高等灵长类也能在学习过程中适应环境，我们的早期祖先的文化能力不可能弱于当今的高等灵长类。

最后，牙齿。牙齿缩小是进化的标志。早期古人的特

———————

① 参见：科塔克《人性之窗》，第111页。

征之一就是有着厚厚的牙釉质的大的臼齿，这有助于他们进食粗糙的食物。坚韧和富含纤维的草原植物只有经过充分咀嚼伴以唾沫方能下咽。咀嚼也会使犬齿退化。虽然我们以双足行走作为区分人类及其支系和非洲类人猿的重要特征，但是许多人类的其他特征也是随之产生的。早期古人类的大的臼齿（尤其是后臼齿）及其厚的牙釉质现在虽然已经不见于人类，但也是我们追溯人类祖先的线索。[①] 既然灵长类都起源于非洲，那人类又是如何形成今天的地理分布呢？人类历史上的迁移有着许多的记载与证据，贸易、征战与殖民，以及因为其他原因的移民，是促成人类遍布于这个星球的主要原因。因而，我们在此主要关注人类祖先的史前迁移。

三、"走出非洲"？

自从人类祖先直立行走之后，在接下来朝着现代人进化的过程中，继续分化，我们因此有了一些旁支，比如同属于智人的就有尼安德特人、北京猿人等等，这些旁支都在历史长河里最终灭绝。在人类起源与进化的探索和考证上，长期以来一直依靠的是考古发掘所获得的各种类人猿化石。考古学家、灵长类学家以及古生物学家等使我们了

① 参见：科塔克《人性之窗》，第 111—112 页。

解到人类祖先大体的历程。在非洲，我们有众多的化石材料证明，我们的人族（hominine）祖先大体有哪些。我们也知道，他们当中一部分在 200 多万年前走出非洲，成为今天我们所了解的、分布在欧亚两大洲的一些猿人的祖先。我们基本了解，在物种演化的谱系树上我们与其他物种、其他高等灵长类的分岔所在。在过去，考古学家们都以为这些分布在非洲和欧亚两大洲的猿人就是现代人类的祖先。如果没有分子生物学进入这一领域，这还将被认为是既定事实。分子生物学在人类起源及其分布和迁徙上的研究今天已经被称为分子人类学（molecular anthropology）。分子人类学并没有否定各种古猿和猿人化石的学术价值，也没有否定 200 万年前走出非洲的事实。但是，在分子人类学家看来，那批 200 多万年前走出非洲的早期古人，并非今天的人类的祖先。

学术界对人类祖先什么时候走出非洲产生分歧是从 20 世纪 80 年代后期开始的。"走出非洲"说（"Out of Africa" Hypothesis）代表着 20 世纪 80 年代末出现的新的观点，认为人类是在进化成为现代智人（modern home sapiens）——解剖学意义上的现代人——之后才走出非洲，这就和原先的看法有了很大的不同。我们知道，按照原先的看法，人类祖先走出非洲的时间要比这早得多。但我们这里谈的"走出非洲"，它的时间却不过在 10 多万年前，现在甚至有科学家认为，现代智人走出非洲远没那么早，按照这部分科学家的看法，这一人类起源与进化的重要节点不过发生在六万多年前![1]

那么，究竟为什么对于人类祖先走出非洲的时间的看法存在着 200 万年以上的差距呢？这是因为分子生物学进入了这一领域。长期以来，对人类起源的研究主要倚重的是考古学、古生物学、古脊椎动物学等学科学者的努力。他们通过考古发掘来获得化石材料，将发掘所得进行仔细分析和考察，与其他化石资料、现生人类骨骼和猿猴骨骼进行对比，确认其是否为现代人和其他猿类的共同祖先的骨骼化石，并就其究竟处于进化过程中的哪一阶段进行解读。这些学者最期待的就是发现过渡性的猿人的全副骨骼。非洲是追溯人类起源的宝库，考古学家发现了大量人类和猿类共同祖先的化石，以及大量处于 500 多万年前到 200 万年前之间的人族（homine）化石。其中，最为著名的是发现于今天的埃塞俄比亚阿法地区哈达尔（Hadar）的"露西"（Lucy）。"露西"的出土，引发了学术界的轰动和高度关注，因为她全身 40％ 的骨骼尚存，因此可以复原出全副骨骼。根据测定，露西大约生活在 300 多万年前。她身上带有大量的类人猿的特点。除了直立行走之外，她显然有较强的攀爬能力，生活中可能会花较多的时间在树上。她上肢与腿的长度比例更接近类人猿。露西身上从猿到人的过渡性很明显。[2]

虽然今天我们把"走出非洲"说归功于分子生物学家，

① *Human Evolution* (https://en.wikipedia.org/wiki/Human_evolution).
② 参见：科塔克《人性之窗》，第 118—119 页。

但是，最早提出这一假设的却是一些美国考古学家。早在20世纪60年代，他们便发现，常规的进化观点无法解释在欧洲和中近东的一些考古遗存。这些遗存表明，大约在四万年前，已经存在很长时间的旧石器中期文化似乎被一种全新的文化，即旧石器时代晚期文化所取代。其间，不存在任何过渡迹象。这种全新的文化以高度发展的洞穴壁画、使用器物上的艺术表现，以及以各种动物的骨、角为原材料的工具的广泛使用为代表。于是，这些考古人类学家推测，原先生活在旧大陆上的古代人类或者人族动物，如欧洲和中近东的尼安德特人（homo Neanderthals）、亚洲的"古人"（archaic Homo sapiens，如"北京猿人"等）等，并没有进化成为解剖学意义上的现代人，反倒在竞争中被代表新文化的新人所取代。按照他们的看法，解剖学意义上的现代人在非洲形成，然后迁徙到各大洲。最初，这一假设相信，走出非洲的解剖学意义上的现代人在迁徙途中与旧大陆上的原有古人有不同程度的混血。

分子生物学家曾经否定这种推测，认为现代人与旧大陆原先的古人如尼安德特人、北京猿人等毫无关系。然而，近些年来，德国马克斯·普朗克人类学研究所（Max Planck Institute of Anthropology）的首席科学家、瑞典学者帕波（Svante Paabo）通过基因检测发现，现代人其实带有尼安德特人的基因。而东亚人携带的尼安德特人基因多于欧洲人。[1]

---

[1] 参见：帕波《尼安德塔人：寻找失落的基因组》，邓子衿译，台北，夏日书屋，2015年版。

这很容易理解，从空间距离看，东亚距离非洲要比旧大陆的其他地方都远得多，由此可以推知，最早抵达东亚的现代智人，应该是较早走出非洲的现代智人当中的一批。这批人也一定更多或者更有机会与尼安德特人发生基因交换。当代的东亚人均为这批现代智人的后代，当然可能携带更多的尼安德特基因。然而，根据分子人类学的研究，生活于70万年前到20万年前的北京猿人至多只能算现代人的远房亲戚，基本上与我们无关。无论是北京猿人还是尼安德特人都不是我们的直系祖先。

美国考古学家的"走出非洲"假设后来得到了分子生物学家的有力支持。1987年，加利福尼亚大学伯克利分校的几位科学家在《自然》上发表一篇论文，从分子生物学的角度证明了人类的确是在进化成为解剖学意义上的现代人之后，才离开非洲进入其他大洲的。这些科学家声称，他们已经破解了人类起源之谜。他们对来自非洲、欧洲、中东、亚洲、新几内亚、澳大利亚的147位妇女所捐赠的胎盘进行了基因标记研究。通过对147个个体的线粒体脱氧核糖核酸（mitochondrial DNA，线粒体DNA）的检测和推演，发现现代人出现于10万年前到20万年前之间。这就是说，人类祖先就是在这段时间内从"古人"进化为解剖学意义上的现代人。这就是有名的"线粒体夏娃假设"（the Mitochondrial Eve hypothesis），因为经过推演证明这随机抽取的来自几个大洲的147个个体都可追溯到同一位非洲妇女身上。[①]

线粒体 DNA 的作用是在氧气帮助下，将我们的食物转化为人体所需的热量。线粒体是细胞内的"能量工厂"，其中包含的少量遗传物质，就是线粒体 DNA。它之所以能帮助解释人类演化，原因有二：第一，它只得自母亲，所以不存在任何重组，这是它最为神奇之处；第二，它积累了相对说来频率较高的基因突变，因此像是较为准确的分子钟，可以告诉我们百万年来的变化。这一假设后来又受到了不少人的修正，但均与年代有关，现代人形成于非洲之后再走出非洲的说法已成定局。

分子人类学已经成为探索人类起源、进化的主力。正如发现线粒体 DNA 在人类演化中的作用一样，分子人类学通过分析人类基因组织和 DNA 遗传信息，来探索人类起源、族群衍化等多方面多层次的问题。在分子人类学领域，最重要的遗传标志有二：其一是线粒体 DNA；其二为 Y 染色体 DNA。分子人类学家之所以用线粒体 DNA 来推演人类起源，乃在于它是严格的母系遗传，而且不会随着个体生命的终结而结束。而 Y 染色体 DNA 只来自父系，而且只能由父亲传递给儿子，它会随着个体生命的结束而结束。由于线粒体 DNA 和 Y 染色体 DNA 都是单倍体，在我们的身体里只有一份，因此不会发生复杂的基因重组。所以，这两种 DNA 更能完整、直接地记录人类父系或母系的遗传

---

① 参见：科塔克《人性之窗》，第 143—145 页。

信息。分析它们就能追溯人类进化的历史。[1]

四、 多地区起源？

"多地区起源说"（Multiregional Hypothesis）通常又称为"多元说"。在分子生物学进入这一领域之前，该说在人类起源和进化的研究领域一直居于主导地位。虽然主张现代人起源多元，但是坚持这一假设的学者也都认为，人类祖先是从非洲来的。与"走出非洲说"不同的是，多元说主张，人类祖先走出非洲时处于人类进化过程中的"**直立人**"（Homo erectus）阶段，也就是我们所说的"古人"阶段，时间在大约距今 200 多万年前。直立人走出非洲之后，渐渐地分布到许多地方，因为考古学家在许多地方都发现了直立人的化石。仅在我国，就有"北京猿人""蓝田猿人""南京猿人"等等。此外，还有距今 170 万年的"元谋猿人"。在欧洲，除了尼安德特人之外，还有早得多的海德堡人（Homo heidelbergensis）。除此之外，在印度尼西亚也有直立人化石出土。

由于这些化石都被认为是人类祖先或者与人类祖先有着亲戚关系，所以长时间以来，现代人被认为是在这些不

---

[1] 见"维基百科"词条：Molecular anthropology（https://en.wikipedia.org/wiki/Molecular anthropology）。

同的地区独自进化而来。这就是说,在人类起源进化的问题上,一直到直立人阶段,基本没有异议。问题的关键在于直立人之后。我们也清楚,直立人已经开始离开非洲分布到今天欧亚两大洲的一些地区。多元说主张的就是,解剖学意义上的现代人,是在非洲的直立人和迁移到欧亚的直立人的基础上独自进化而来。

目前,"走出非洲说"已经被普遍接受。要想证明分子生物学的成就是错的,那必也得通过分子生物学的实验手段来实现。所以,在没有其他分子生物学实验的结果能推翻这一假说的条件下,只有接受这一说法。但是,"走出非洲"的说法,也无法令人完全满意。其中,最令人难以理解的是,如果解剖学意义上的现代人与他们无关,原先已经存在于欧亚非三大洲的"古人"是如何消失的?这也是至今仍然有一些考古学家坚持多地区起源说的原因。目前,在国际学术界,坚持多地区起源说的学者主要有密西根大学人类学系的考古学家迈尔福德·霍尔普夫(Milford Wolpoff)和他的一些同事、中国科学院院士吴新智、澳大利亚国立大学的考古学家阿兰·索尔尼(Alan Thorne)。所以,国际上又把多地区起源说称为"霍尔普夫-吴-索尔尼假说"(Wolpoff-Wu-Thorne Hypothesis)。这几位考古学家依然坚持,人类祖先早在直立人时代,即距今 200 多万年前就已经走出非洲。欧亚非三大洲的现代智人都是在各地区独立进化形成的,但在这一过程中存在着基因漂移。然而,多元说最大的问题是,所有这些分布在几个大洲的直立人化石都是残缺或碎片化的，我们很难通过它们了解这些直立人较为完整的面貌。

五、人类存在着不同的"种族"吗？

如果人类起源单一，如"走出非洲"所表明的那样，人类就不存在不同的种族。但是，如果人类是多地区起源，那就可能为种族分化的形成提供线索。人类是否存在不同的种族，或者究竟可否被划分为不同的种族？这是一个令人争论不休的问题。长期以来，种族被认为是存在的。达尔文的《人类的由来及性的选择》一书中就反复出现种族这个词。可见，在达尔文的眼里，人类存在着不同的种族。

那么，如何理解**种族**呢？美国人类学家克鲁伯（Alfred L. Kroeber）曾说，种族是通过遗传而繁衍的群体，或"次物种"（subspecies）。他认为，在自然科学上，种族概念是有意义的，但在社会科学上，种族概念没有任何意义。[1] 今天，科学研究证明，人类不存在种族，因为所谓次物种的形成要求物种在地理学上有相互孤立、隔绝的分支，而人类缺乏足够的孤立和隔绝条件来发展出分离的群体。[2] 在克

[1] 参见 Alfred L. Kroeber, *Anthropology: Biology and Race*, New York: Harcourt, Brace & World, INC., 1963, p. 78。
[2] 参见：科塔克《人性之窗》，第 6 页。

鲁伯的时代，人类对自身的认知尚未达到这一步，因此，克鲁伯有这样的认识已经很不简单。克鲁伯强调文化对于人类多样性的意义远比人类的自然属性重要。但他依然认为，为了了解人类的来龙去脉，学术研究需要对为什么有着共同祖先的人类会出现如此不同的外在表征这一现象进行解释。① 由于种族这个概念在历史上扮演了极不光彩的角色，所以，我们应该记住这个概念滥用的结果所带给人类的教训，从而避免类似的事情再度发生。

种族英文词 race 原来并没有什么"科学"的含量。早年，它在美国人的社会生活中意思如同"kind"，也就是"某种"的意思。例如，20 世纪上半叶之前美国报刊经常出现诸如"爱尔兰种族"（Irish race）、意大利种族（Italian race）、中国种族（Chinese race）、日本种族（Japanese race）等这类字眼。如此表达显然十分随意，也完全不符合我们对种族的理解。至少，种族应该与一个人的体质表型有关。但所谓的爱尔兰种族、意大利种族之类的人群并不在外表上与主流的盎格鲁-撒克逊人群有多大差别。如果按照现在一般人对种族的理解，日本人与中国人属于不同的种族？所以，种族一词原来是十分专断、随意而且不严格的分类。但是，有一点是明确的，那就是被称为"某某种族"者，在社会上一定不是占有优势或者优越地位的群体。美国报刊上大概从未出现诸如"盎格鲁-撒克逊种族"这样的称

① A. L. Kroeber, *Anthropology*, p. 78.

呼。据此，我们也可以推知，当人类试图在自身内部"科学地"划分不同种族时，那一定是外在社会条件出现了某种政治经济学意义上的改变。

　　我们在本书的第一章已经了解，瑞典博物学家林奈大概是已知的第一位尝试科学地划分人类种族的学者。林奈是迄今为止依然在使用的生物双名分类体系的创始人。当年，他试图对所有的动植物进行分类，人类的生物多样性当然不会逃过他的法眼。在林奈之后，还有许多人做过尝试，其中最有名的当数德国哥廷根大学教授布鲁门巴赫（J. F. Blumenbach）。他在1779年把人类分为高加索（Caucasian，俗称白种）、蒙古利亚（Mongolian，俗称黄种）、亚美利加（American，俗称红种）、[1] 埃塞俄比亚（Ethiopian，俗称黑种）、马来亚（Malayan，俗称棕种）五种。[2] 布氏把所有的"人种"特征计算之后进行种族分类，但主要基于对肤色、发型和发色、眼睛颜色、身高、头部以及身上某些部位的测量。布氏的分类影响深远，直到今天，美国人依然用"高加索人"来泛称白人。林奈和布鲁门巴赫生活的18世纪正是理性张扬的时代，思想界讴歌科学与进步。所以，种族分类在那个时代里出现，不能不考虑到启蒙主义的时代背景。

　　19世纪虽然在科学上取得巨大进步，但由于资本主义

---

[1] 后来发现有些美洲原住民之所以皮肤红是因为他们在身上涂赭红色的颜料，"红种"也就从分类中消失了。

[2] 参见：George M. Fredrickson, *Racism: A Short History*, Princeton: Princeton University Press, 2002。

经济高速发展，导致人类历史上第一次经济危机的出现。这个时候的种族分类转向种族主义。**种族主义**（racism），又称"科学的种族主义"，是一种意识形态，它试图在科学上证明不同种族之间所存在的不平等是天经地义的，相信某一种族无论在各方面都优于其他种族。种族主义的崛起与殖民主义扩张有关。因为殖民统治的需要，殖民地当局多有对殖民地人口进行分类的做法。种族主义的出现与殖民当局的治理需要也就有了因果关系。当时的知识界人士也多有种族主义谬论，其中以法国贵族戈比诺（Arthur de Gobineau）为最。戈比诺在 1848 年出版了厚达 1400 页的《论人类种族不平等》（*An Essay on the Inequality of the Human Races*）。他认为，种族创造了文化。因此，人类白、黑、黄三大种族本身构成了天然屏障，种族混血必将最终使人类社会处于混乱之中。在他看来，黑人体质上强壮，但知性能力缺乏；亚洲人则体质和思想平庸，但因为有着强烈的物质主义进取心，所以可以在某些方面获得成功；白人在智力上最优秀，体质上最美，是唯一有能力创造美的种族。除了三大种族划分之外，戈比诺还在白种人内部做了雅利安人和非雅利安人（Aryans vs non-Aryans）之分。比如地中海地区各族群和亚平宁半岛各族群就不是雅利安人。戈比诺的思想在当时的欧洲社会产生了相当大的影响，而且成为纳粹种族主义的思想源头。[1] 与之相关的是，在

---

[1] 参阅：Robert Edward Dreher, *Arthur de Gobineau, an Intellectual Portrait*, Madison: University of Wisconsin Press, 1970.

19世纪和20世纪的前期，欧洲一直流行"白人的负担"的种族主义谬说。这类宣扬种族仇恨的言论随着局势的日益严峻愈演愈烈，最终发生了19世纪末和20世纪初的东欧排犹以及稍后纳粹德国的种族屠杀。

人类存在着不同种族的观念一直延续到相当晚近的阶段。二战结束不久，在1950年，联合国教科文组织鉴于纳粹德国滥用种族概念滥杀无辜的反人类暴行，发表关于种族的宣言。这一宣言指出"种族"具有误导性，谴责纳粹德国给人类社会带来灾难。该宣言还是做了种族分类，把现生人类分为三大支，即：类蒙古利亚分支（the Mongoloid Division）、类尼格罗分支（the Negroid Division）、类高加索分支（the Caucasoid Division）。[1] 此后，有不少体质人类学家依然致力于种族分类学研究。但一个有趣的现象是，人类的种族被越分越多，从三种、四种、五种、六种，一直到三十多种，其划分标准也不断有所变化。除了普遍采用的肤色、发型发色等等，还发展出以脑容量、血型频率（blood-group frequency）、基因频率（gene frequency）等来进行界定。

到了20世纪60年代以后，体质人类学者似乎渐渐对人类难以划分种族的困境有所感受。其实，种族分类就是致力于研究人类不同群体在体质上的亲疏远近，通过比较来确定不同种族，这就很自然地进入了越深入越困惑的怪

---

[1] Ashley Montagu, "Statement on Race," in *Four Statements on the Race Question*, Jean Hiernaux and Michael Banton eds., published by the UNSCO in Paris: Oberthur-Rennes, 1969［1950］（http://www.unesdoc.Unsco.org/images）.

圈。1961 年，美国人类学家盖恩提出"地理性种族"（geographical races）的概念，并指出，人类共有九大地理性种族。其下又有 34 个区域性种族（local races）。[①]

盖恩总结出如此之多的区域性种族说明了一个重要的、具有认识论意义的道理：群体间的差异远远小于群体内的个体间的差异。[②] 美国人类学学会发表于 1998 年 5 月的《关于"种族"的宣言》（AAA Statement on "Races"）指出，遗传学分析的证据（DNA）表明，所谓的种族内部包含了人类生物性不同的 94%，而形成所谓"地理性种族"的基因仅占 6%。这意味着"种族"之内的差异（human variations）远甚于"种族"之间的差异。[③]

既然种族概念在科学上站不住脚，那么，我们应当如何理解在现实生活中经常看到的"种族差异"呢？人类学对这方面的理解采取了解释的路径。在此，达尔文的"自然选择"具有它的解释力。这就是说，我们之所以有肤色不同和其他方面的差异，应该是我们祖先离开非洲到不同的环境里的适应和基因漂移、突变等因素共同作用的结果。有着"人类生物多样性万花筒"之称的非洲，也给我们提供了这方面的例证。

非洲存在着许多地理学意义上的"死胡同"（cul-de-

① Stanley Marion Carn, Human Races (3rd edition), Springfield, IL : Charles Thomas. ,1971, pp. 3 - 22, 116 - 132.

② 克鲁伯早在 1923 年时就指出过，参见：A. L. Kroeber, *Anthropology*, p. 80。

③ 转引自：Conrad Phillip Kottak, *Physical Anthropology and Archaeology*, McGraw Hill, 2006, pp. 88 - 89.

sacs），它们构成了特殊的"小生境"（niche），有着特殊的气候和其他自然环境，生活于其中无异于"与世隔绝"。在这样的条件下生活千百年必然会给体质带来变化。决定人类肤色深浅的是**黑色素**（melanin）。这是一种产生于表皮或外层皮肤的化学物质。深肤色者的黑色素细胞会比浅肤色者的产生更多更大的黑色素颗粒。黑色素可以避免阳光中的紫外线辐射引起的伤害，如晒伤、皮肤癌等。因此，常年生活在热带地区的人群肤色均较深。在今天的世界，各种肤色的人杂居一处；但在 16 世纪之前，地球上肤色最深的人群都生活在热带地区。人类的祖先在南北回归线之间的地带生活了上百万年，所以深肤色是自然选择的结果。阳光强烈程度与肤色的关系的另一证明，是今天非洲肤色最深的人并非生活在植被繁密的热带，而是来自阳光强烈的稀树大草原。基本上，我们可以看到这样的情况：从非洲热带往北走，越往北人们的肤色越浅，往南走也有这样的情况。美洲居民之所以没有这样的情况，原因在于他们的祖先是肤色较浅的亚洲人，进入美洲不过是 18 000 多年前的事。此外，我们注意到，许多黑人头发是典型的羊毛状卷发。体质人类学家认为，这也与适应有关。生活在炎热的环境里，这样的卷发实际上形成了隔热层，有助于头部不至于被炽热的阳光灼伤。[1]

　　另外，生活在寒带的人往往鼻道细长，这也是一种适

---

[1] 参见：科塔克《人性之窗》，第 9—11 页。

应，有助于冷空气进入肺之前先通过较长的鼻道预热。我们看到生活在东北亚寒冷地带和北极圈内的一些族群，他们在体质上也形成了一些特点。比如，脂肪较厚的脸部和"蒙古褶"（遮挡了泪阜，俗称单眼皮），体质人类学家认为，这些可能是适应寒风凛冽的区域环境的结果。总之，人们之所以会有不同的所谓"种族"特征，其实都是对所处自然环境长期适应和基因频率等作用的结果。同时，也表明这些人与其他地区的人少有基因交换的现象。所以，如果把这些地方的人看作"人种"的典型，那真是倒果为因了。①

---

① 参见：范可《漂泊者的返乡之旅》，北京，知识产权出版社，2017年版，第143页。

第三章　文化与文明

在第二章里，我们提到，人类的进化除了依靠自身的生物性状的改变适应之外，更多地依靠社会性因素。这是达尔文在《人类的由来及性的选择》当中说过的话。那么，我们的祖先成为解剖学意义上的现代人之后，可以通过哪些与我们身体改变无关的因素来影响自身的进化发展呢？人类学对此的回答可以用一个词简略概括：文化（culture）。在人类学里，简单而言，所谓文化就是我们思考、行动以及互动的方式。这些方式是我们作为一个社会成员通过学习而得来的。"通过学习"说明，文化不是本能，不是先天的东西——尽管，正如列维-斯特劳斯所说的那样，我们在某些方面的确存在着本能与文化之间的模糊之处。许多规则见之于所有人类社会，因此看似是先天的，但是我们看到，它们实际上都受到了文化的形塑，"乱伦禁忌"（incest taboo）就是如此。

本章讨论文化，也议及文明（civilization）。这是两个既重叠交叉，又相互争夺的概念。在过去，尤其在殖民主义时代，文明代表着高级的文化，它睥睨天下，视他者为野蛮。所以，除了文化之外，我们还应当回答：什么是文明？

一、 人类学观照里的文化

文化是人类学里最重要的概念之一，这个概念之所以能在英文学术界大行其道，与人类学知识穿越学科壁垒所产生的广泛影响不无关系。然而，我们在第一章已略有提及，并不是所有传统的人类学都是以文化作为主要研究对象的。例如，在英国人类学界，长期以来的关键词和研究对象是"**社会**"（society）。这种情况，直到 20 世纪 70 年代"**文化研究**"（cultural studies）兴起之后，才有所改变。[①] 需要说明的是，文化研究现在已经是一个专门领域，该领域的研究对象——"文化"，在理解上未必与人类学完全一样，但有所交叉是明确的。文化研究针对的主要是晚期资本主义社会的文化现象，包括传媒、流行文化（popular culture）等其他所谓的"文化产品"（cultural products）。

尽管英伦人类学是社会人类学，但却是以"文化"起家。英文里的"文化"来自德语 kultur，原意为"驯化"（domestication）——将野生动植物培育成为家养的品种。古罗马政论家西塞罗（Cicero）用这一概念来隐喻人在精神上的成长。从而 kultur 意味着一个人有好的教养和精神品质，但这些必须通过培养（cultivation/*Bildung*）来获得。德国思想家赫尔德（Johann Gottfried von Herder，1744—

---

① Susan Wright, "The Politicization of 'culture'," *Anthropology Today*, Vol. 14, No. 1, 1998, pp. 7-13.

1803)是将文化引入现代话语的第一人,他就是根据西塞罗的思想来定义文化。① 我们将会看到,有些人类学家的文化定义与这样的理解有所不同。然而,细究之余,我们发现,这些定义都没有离开德意志思想渊源。

如上所言,在德语里,文化既然意味着内在的教养、精神上的完美这类必须通过教育和培育才有可能造就之"物",就必须在某种氛围或者环境里才可能实现。因此,尽管德语里的文化为内在的精神上的一种状态,但却是同外在的条件密不可分的。同时,内在精神也必然会体现于外在的、可见的、物质或者精神的客体上。

20 世纪 50 年代初,美国人类学家克鲁伯和克拉克洪曾经收集过人类学家对文化所下的定义。② 当时,他们收集到的定义有 162 个。今天,关于文化的定义有增无减。尽管绝大部分人类学家都根据自己的具体研究给文化下个"为我所用"的定义,但这些定义大体都差不多,差别仅仅在于抽象或者具体。根据总结和归纳,正如本章开篇所提及的那样,文化可以理解为:我们作为社会成员而习得的一整套思考、行动,以及与他人互动的方式。人们往往会把文化与**传统**(tradition)相提并论。这是因为传统意味着传承,而文化也依赖传承,它包含了许多世代延续的东西。

---

① 参见:Adam Kuper, *Culture: The Anthropologists' Account*, Cambridge, Mass. and London: Harvard University Press, 1999, p. 31。

② A. L. Kroeber and Clyde Kluckhohn, *Culture: A Critical Review of Concepts and Definitions*, Cambridge, Mass. : *Papers of the Peabody Museum*, Harvard University, vol. 47, no. 1, 1952.

但是，文化与传统显然有别——尽管在日常生活中，人们经常未加区分地对待文化与传统，给人以前者比较灵动、后者相对僵滞一些的印象。传统是现代主义创造出来的概念。以前的传统无论在中文还是欧洲语言当中，都是一个与法律有关的字眼，代表着王位的递嬗或者对某种经由法律程序传承下来的东西的拥有与珍视。现代主义者将"过去"与"当下"做了切割，凡属"过去"之物，均看作传统。所以，吉登斯才说，在17世纪之前，不存在"传统"，"传统"到处都是。①

　　尽管我们说传统不等于文化，但有一点必须明确，那就是，文化延续靠代代相传。我们都是从家里开始习得我们的文化。父母还有家里的其他亲人，比如爷爷奶奶、姥姥姥爷等，都是我们最初的文化教员。法国社会学家布迪厄（Pierre Bourdieu）有一个十分著名的概念——"习性"（habitus），就说明了"家"是我们文化习得的第一个场所。布迪厄思考的问题是：为什么我们的行为并不是在权力的强制下被规范？② 行动如何被规范，如何根据有规律的统计模式进行？在他看来，这些都不是因为服从于规则、标准或者有意识的动机才有的。他的探索是对困扰西方知识界的老问题之一——个体与社会之间关系的反应。提出"习性"这个概念目的就在于回答这些问题。布迪厄指出："社

---

① Anthony Giddens, *Runaway World: How Globalisation Is Reshaping Our Lives*, London and New York: Routledge, 2000, p. 57.
② Pierre Bourdieu, *In Other Words: Essays toward a Reflexive Sociology*, Stanford: Stanford University Press, 1990, p. 65.

会化的身体（即个体）不站在社会的对立面；它是一种存在形式。"① 布迪厄的概念并不把社会与个人视为两种独立的存在，而是把它们看成相同的社会现实的两个维度。

引起布迪厄做这些思考的是他早年在阿尔及利亚从事田野研究的经历。他在卡比勒社会（Kabyle society）发现，那个社会的团结并不是根据成文法或者法规这类的东西，而是情感和荣誉，"它们存在于每一个个体的意识里"。② 那么，这是如何形成的？布迪厄认为，考虑诸如行动模式这类问题时，应该把时间（time）视为本质性的组成部分。③ 这么一来，习性就是我们早期社会化经验的结果。在我们早期社会化的过程中，外在的结构内化于我们，习性为我们的行动设定了结构性的限制。我们主要在早期社会化的过程中有了感觉、抱负、实践的基本取向。正因为人的早期社会化主要发生在家里，布迪厄甚至视住宅为传统和文化延续的载体，是最基本的文化习得场所。④

美国人类学在 20 世纪 30—50 年代曾经流行过"文化与人格"研究，讨论的其实也是这类问题。美国学者认为，每一个个体都在成长过程中被文化所熏陶，从而来自同一

① 转引自：David Swartz, *Culture and Power: The Sociology of Pierre Bourdieu*, Chicago: University of Chicago Press, 1997, p. 96。
② Pierre Bourdieu, "The sentiment of honour in Kabyle society," *Honour and Shame: The Values of Mediterranean Society*, ed. J. G. Peristiany, London: Weidenfeld and Nicolson, 1965, pp. 191 – 241.
③ Pierre Bourdieu, *Outline of a Theory of Practice*, Cambridge: Cambridge University Press, 1977, p. 8.
④ Pierre Bourdieu, "The Kabyle house or the world reversed," in Pierre Bourdieu, *The Logic of Practice*, Stanford: Stanford University Press, 1990, pp. 271 – 283.

文化的个体会在行为等方面有些相似性。美国学者将个体在文化中的成长过程称为**濡化**。在这一过程中，我们习得了我们文化中一些最基本的价值、规范。而文化上的许多美德恰恰遏制了人性当中消极的，或者"恶"的东西。我们从家里首先接受的大多是我们文化的重要价值，这些价值告诉我们什么是对的和错的，我们如何与他人互动，我们自己如何行动，等等。文化如同我们头脑里的图式结构（schema），就像航海图（chart）那样，指引我们的行为，使个体成长为基本符合社会期待的人。文化形塑和改变了我们的动物性本能，使我们成为所谓的"万物之灵"。布迪厄的"习性"概念告诉我们，早期社会化是我们为文化所"化"的最重要阶段。韦伯曾说，人是悬挂在自己编织的意义之网上的动物。人类学家格尔兹（Clifford Geertz）认为，文化就是这样的网。[1] 这些网如何开始编？打个通俗的比喻：家对每一个个体来说，就是第一只编织这种意义之网的蜘蛛。

当然，家庭仅仅是开始，社会化伴随着个体生命的全过程。在这一过程中，每一个个体都会随着年龄的增长而不断地变换自己的身份和角色，这也是社会和文化所要求的。当一个人成婚之后，身份和角色有了相应的变化，就有了与单身时不同的责任和义务，如何来担当就是丈夫或者妻子所扮演的角色。为人父母之后，社会对我们的要求

---

① 见：Clifford Geertz, *The Interpretation of Cultures*, New York: Basic Books, 1973, p. 5。

也有了相应的变化。这些，都需要不断地学习。但是，主要是早期社会化决定了我们的价值观和行为取向。

由此，我们需要对什么是文化做一个小结。英国人类学者泰勒的文化定义至今仍然被广为援引。本章开篇虽然也对文化下了个简明扼要的定义，但是泰勒的定义还是有必要知道，因为这个定义具体、直观地说明了文化的内容：

> 文化……是一个综合的整体，包括了人作为社会成员所获得的知识、信仰、艺术、道德、法律、风俗，以及其他能力和习惯。①

在这一定义里，关键的字眼是"人作为社会成员所获得"（acquired by man as a member of society）。泰勒的定义强调了人的习得并不是通过生物性遗传，而是因作为社会成员成长于特定的文化传统当中而实现。濡化就是孩子习得自身文化的过程。因此，我们可以确认文化有如下几个特点：

其一，**文化是习得的**。人类具有其他动物所没有的学习能力。在实验室条件下的高等灵长类如黑猩猩，也具有学习能力，但十分有限。有证据显示，它们与人类在这方面的差距从很小的年纪便显示出来。初生儿与初生的黑猩猩，其学习能力在生命的前两年里几乎同步，或者差距微乎其微。但很快，黑猩猩便瞠乎其后。之所以如此，是因

① Edward B. Tylor, *Primitive Culture*, New York: Harper Torchbooks, 1958 [1871], p. 1.

为人类具有独一无二的使用**象征**的能力。象征也是符号，它与它所指的东西不存在着本质性的联系。

在文化学习的基础上，人类创造、记忆、处理各种观念。格尔兹指出，文化如同观念，建立在学习和象征的基础之上。"文化是一系列控制机制——计划、食谱、法规、指示，就像电脑程序那样的行为治理。"[1] 人们在濡化的过程中吸收了这样的程序，渐渐地将已然确立的意义系统和象征内化，并由这些内化的东西在生命过程中引导他们的行为和感知。

正如前文已经提及，每个人从一出生便通过有意识或者无意识的学习和与他人互动，来内化或者归并到一个文化传统中。有的时候，文化的习得是直接的，比如：父母要求孩子，在别人帮助他们或者接受别人的赠予时，应该说"谢谢"。有的时候，孩子还通过观察来习得文化。他们会根据身边遇到的情况来矫正自己的行为，这并不需要每次都有人教导，而是通过自己成长的过程中的所见所闻来认识自己文化的是非标准。在很多情况下，文化习得是下意识的。比如，在北美社会里，人们习惯于在交谈和排队时保持一定的距离，男性见面时习惯用力握手。这与拉美人和中国人的习惯有很大的不同。这些都不是有人教他们这样做，而是在文化中下意识地习得。[2]

① Clifford Geertz, *The Interpretation of Cultures*, p. 44.
② 参见：Conrad Phillip Kottak, *Mirror for Humanity: A Concise Introduction to Cultural Anthropology*, Boston: McGraw Hill Higher Education, 2007, p. 43。

其二，**文化是共享的**。文化不是属于一个人，而是属于整个群体，个人只是这个群体的一员。如上所述，我们都是通过别人的言传身教和自己的观察、体验，有意识或者无意识地习得我们的文化。一个社会的成员便是这样，通过共享信仰、价值、记忆、期望等，联结起来。濡化就是通过提供我们共同的经验来连接每一个个体。在我们的文化里，凡事都讲究不走极端，这是我们的传统所推崇的。中国人的宇宙观就是阴阳五行，其核心就是如何平衡，即孔庙匾额上的"中和位育"或"致中和"这样的观念。不管今天中国社会发生了多大的变化，人与人之间的关系变得如何功利圆通，但这些观念确乎是我们文化的精髓，而且依然在我们的生活里有着重要位置。譬如，我们推崇集体主义。这在传统时代通过血缘、地缘等因素来维系，也就是所谓的"乡党"。这种集体主义是有限制的，与现代社会的团体精神或者集体主义判然有别——后者主要是通过共同利益、志趣、爱好以及信仰和意识形态等要素，来建立和维系。但我们传统的集体主义观念在不同的政治条件下，也很容易转变成权力进行社会动员和社会控制的资源。而美国社会则有着不同的情况。美国文化的核心价值是个体主义（individualism）。这种崇尚凡事自己解决不依赖他人的精神，是在"拓荒"年代里孕育出来的。美国人相信每一个人在某些方面都是独一无二的，这种观念通过濡化、传媒等渠道，渗透到美国社会的方方面面，是铸就所谓"美利坚性格"（American Character）的主要养分。

今天的父母是昨天的孩子。如果他们成长在中国或者北美，他们所习得的价值和信仰就会通过代际传递下去。大部分成年人都是下一代人濡化过程的中介，就像他们的父母那样养育着下一代。虽然文化持续变迁，基本的信仰、价值、世界观、孩子的养育方式却坚持不懈地延续下来。我们的孩子们在饭桌上浪费食物，父母可能就会告诉他们粮食来之不易，李绅的诗句"谁知盘中餐，粒粒皆辛苦"就是在这样的场合为人们所熟悉。美国的父母见到孩子没吃完盘中食物，可能会提醒他们，在这个世界上还有许多人连饭都吃不饱。总之，正因为我们都得经过早期社会化，我们在与父母、亲人、同侪的互动中，耳濡目染地习得我们的文化。我们接受我们文化的核心价值、观念等，就是从家里开始的。这就是布迪厄之所以把住宅，也就是"家"，视为产生习性的场所。而习性就是一个特定的社会的社会成员所共享的、内化的、"习惯成自然"的东西。

其三，**文化是象征的**。我们有着独一无二的象征思考能力，这是人类之所以为人和我们习得文化的最为重要的条件。如果没有象征能力，我们也就只能停留在高等类人猿的阶段。**象征**是一个语言或者文化里，用于表示其他东西的语言或者非语言符号。人类学家莱斯利·怀特（Leslie White）把文化定义为：

> 依赖象征……文化由工具、手段、器皿、服装、装饰、风俗、制度、信仰、仪式、游戏、艺术品、语

言等所构成。①

从这段话来看，怀特显然认为，文化的起源与使用象征的能力有关。用象征符号来代表所象征之物是人类特有的能力，这也是语言的重要功能。语言是人类独一无二的财富，没有其他动物能够发展出任何如同语言那样复杂的象征系统。

象征通常通过语言，但同样存在着大量的非语言的象征。例如：国旗象征着国家，金色拱门图案象征着麦当劳，以及各种组织、学校的徽章符号（logos），等等。这些都是非语言的象征符号。严格而言，**符号**（sign）是一种**象征**（symbol），但象征并非仅为符号。严格意义上的符号只传递一种意思，比如徽章符号只能代表特定的组织机构或者学校，还有就是交通标志符号。所以符号与其他象征相比，它的意义十分明确，不可能模棱两可。我们很难想象交通符号会产生使人不知所措的感觉。如果一种交通符号令人困惑，那就必须改变它。对于其他象征来说，它们的意义可能就不那么单一，它们虽然有着大体的所指范围，但可能每个人对同一个象征有着不一样的理解或者感知。例如，基督教的十字架是这种宗教的象征，但每一位基督徒可能对它的意义有着不尽一致的理解。再比如，早期新石器时

① L. A. White, *The Evolution of Culture: The Development of Civilization to the Fall of Rome*, New York: McGraw-Hill, p. 3; Cited in Conrad Phillip Kottak, *Mirror for Humanity*, p. 43.

代遗址普遍出土的许多女性小雕像，无一不是体态丰满、第二性征突出。这类小雕像究竟象征什么？考古学家普遍认为象征作物丰收、人丁兴旺。但这毕竟是今人的认识。即便这是一种共识，也不见得必然如此，一定有人有不一样的认识。对于远古人类来讲，是否如此？是否这种雕像仅有一种含义？显然不一定。

千百年来人类正是通过共享的学习能力、象征思考能力以及使用语言、工具和其他文化产品的能力，来组织自身的生活、应付环境的挑战。今天所有的文化都能使用象征来创造和维系。人类的近亲——黑猩猩和大猩猩，也有最起码的文化能力，但没有任何一种动物具备将文化发展到人类所具备的程度的潜能。[1]

其四，**文化是包罗万象的**。对于人类学家来说，文化包括了太多的东西，包括好的品位、教养、教育，懂得如何欣赏艺术品。但是，不仅是受过教育的人有文化，所有的人都为文化所"化"。文化最有意义之处在于它影响人们的每日生活，尤其是影响孩子的濡化。文化还包括了许多可能不少人觉得不值得过多关注的东西。比如，在过去，人类学家不会去讨论有关流行文化（popular culture）的问题。但在高度商业化的今天，我们就得予以重视，因为流行文化在很大程度上影响了人们尤其是青少年的行为。了解今天的都市文化，我们就必须考虑到各种传媒，包括多

---

[1] 参见：Conrad Phillip Kottak, *Mirror for Humanity*, p. 44.

媒体、卫星手机、自媒体在人们生活中产生的影响。而一个名人，如歌星、影星、体育明星等，对年轻人在价值导向上所产生的作用也不容小觑。所以，对人类学而言，文化应该是包罗万象的。

其五，**文化是整合的**（integrated）。文化并不是一些不同事项的杂乱组合。它内部的各个部分是有所关联的。人类学的整体观告诉我们，文化内部的某一个部分发生变动，会影响到它的其他方面也相应地发生变动。从整体观的视角来看，文化就像一部机器那样运作，要求各部分各司其职有序地配合。马林诺夫斯基认为，文化可以解析为三个部分：物质文化、精神文化、社会组织。三个部分彼此相关。只有物质文化达到一定程度，才会有精神文化的需求，而社会组织也随之进一步复杂。物质文化满足人们的生理欲求，也就是衣、食、住、行这类欲求；精神文化必须在基本生理欲求得到满足的前提下才有所需求，这时人们会有各种宗教、艺术活动。人们的社会组织也会随着人们不同层次的欲求的满足而日益复杂精细化。[①] 许多传统社会走向工业化社会之后，家庭规模变小，流动性加强。人们不再聚族而居，毗邻而居的人可能完全不认识，人与人的关系变得疏离，过去那种熟人社会不复存在。在美国社会，由于工作机会的增加和商业化，在人们的生活中，工作与婚姻和家庭职责开始竞争，人们在家庭生活中陪伴亲人孩

① 参见：马林诺夫斯基《文化论》，费孝通等译，北京，中国民间文艺出版社，1987年版，第4—9页。

子的时间减少。与此同时，离婚率则稳步上升，而结婚的年龄也越来越迟。美国人口统计局数据显示：1955 年的女性平均结婚年龄是 20 岁，到了 2002 年则是 25 岁；男性也相应地从 1955 年的 23 岁变为 2002 年的 27 岁。[①]

我们说，文化是整合的，但并不仅仅取决于主要的经济活动和相关的社会模式，还取决于一系列的价值、观念、象征、决断。文化训练它们的成员，使他们在人格上有相同的特质。一系列独具特点的**核心价值**整合着每一个文化，并且使之与其他文化有所区分。中国文化中独具特色的核心价值取决于传统的宇宙观，因此，讲究处事得体和强调血缘、地缘等社会关系使得中国人的文化模式与其他文化判然有别。整合了美国文化几个世纪的核心价值是与基督教相关的工作伦理和个体主义。同样，其他文化也有各自的主导性价值，这些价值同样整合了这些文化。

二、 为什么文化会变迁？

文化变迁是谈论文化时的老生常谈，但一定是不容回避的话题。没有任何东西是一成不变的。古希腊哲人赫拉克利特说，人的双脚不能同时踏入同一条河流，讲的就是这样的道理。文化在我们的生活世界当中最为稳定且世代

---

① 转引自：Conrad Phillip Kottak, *Mirror for Humanity*, p. 45。

相传，所以也经常被理解为传统。但即便是传统，也会不断变化，有些会随着时间的流逝渐渐退出历史舞台；有些则可能是今人挪用一些过去曾存在的元素所进行的发明。到了全球化的今天，传统本身变得可以被选择了。这些说明了文化变迁的一个方面，但在这里，我主要想谈谈文化变迁的机制（mechanism），也就是究竟是什么推动着变迁持续进行。人类学研究表明，影响文化变迁的因素至少有如下几个方面：

第一，**能动性与实践**。濡化过程总是会有些并不那么全然"听命"的力量存在。如果我们考虑濡化也同社会化那样伴随人的一生，那么在事实上，每一代人在此过程中都会对文化变迁起一定的作用，哪怕这种个体作用可能微乎其微。但有的时候，每一代人中的某些个体却也可能直接对文化改变产生明显影响。这种情形在全球化和信息四通八达的当下世界尤其可能发生。

我们因濡化成长为社会和文化所期待的个体，而在社会继替的过程中，我们又把从上一代人那里接受的文化传给我们的下一代。不仅我们传递的大多是布迪厄意义上的习性，我们的传递行为本身也是习性。在这不知不觉的传递过程中，我们其实都会把一些新的东西传下去而不自知。这种集腋成裘的传递最终可能导致文化在某一方面发生改变。文化变迁，归根结底还是"人为"因素促成的，所以我们应该考虑文化与个人之间的关系究竟在哪些方面隐含着可能导致文化变迁的因素。这是能动性（agency）与实践

（practice）的问题。**"能动性"**是指个体自己以及在群体内部所采取的行动，这种行动足以影响和改变文化的一致性。

　　如果我们将文化视同某种结构性的存在——在某种程度上确实如此——并认为结构是指那些看似"与生俱来"的、带有某种强制性力量的要素，那么在理论上文化应该是不易为人所动的，然而，在事实上未必全然如此。个体虽然为文化所绑缚，但也不等于完全被动。将能动性和实践的理念引入人类学的文化理解，当然是因为布迪厄思想观念的影响。在布迪厄的语境里，谈论结构与能动性时，我们也可以将结构视为制度性的规约，如此，也就可将其理解为人类学意义上的文化。我们每个人在社会化的过程中，将外在的一些压力内化，从而使我们不觉其为压力。就像涂尔干说的，人人都觉得接受学校教育是顺理成章的事，殊不知这种对社会要求下意识地自觉接受，正是社会压力内化的结果。然而，如果每个人都完全被动地嵌在结构里，那就很难指望社会或者文化变迁具有任何内生性的资源。这显然不可能。事实上，人们总是积极地、创造性地运用文化，并不是盲目地服从文化的法则。如果不是这样，那么每一个社会里的个体岂不就像美国科学家、科普作家艾萨克·阿西莫夫（Isaac Asimov）笔下千人一面的"机器人"（robots）？所以，人们通过不同的方式习得、理解、操控着相同的文化法则，或者强调不同的、更适合自己利益的法则。而所谓的**"实践"**指的正是一个社会或者文化里的个体，各有自己的动机和目的，以及不同程度的权力（power）和影响。这些又与个体的性别（gender）、年龄、族别、阶层，以及其他的社会变量有关。人类学的实践理论讨论的就是各自有别的个体如何通过一般的和不寻常的行动与实践，来影响、创造、改变他们的生活世界。人类学家认识到，文化体系与个人之间存在着互惠关系。文化形塑了个体对外在事项的体验和反应方式，但个体在社会的功能和变迁上又扮演着积极的角色。[①]

从人类学的视角看问题，每个社会都会产生一些因为感受到文化限制、压力，而充满反叛精神的个体。这可能是现实与理想存在着巨大落差所致。但是，这些个体却也会因为一些举止或者其他行为而对既定的文化发生作用。例如，同性恋现在被越来越多的人所接受。这完全是同性恋者为自身摆脱社会排斥而奋斗的结果。在以宗教——如基督教、犹太教、伊斯兰教——为核心的文明里，同性恋行为在传统上被视为反常而不为所容。但在今天的犹太-基督教区域，也就是欧美许多国家，人们对待同性恋的态度已经大有改变，同性恋得到许多人的容忍甚至同情。这就是能动性因素导致的巨大变迁。再比如，曾被视为离经叛道、现在却风行世界数十年而不衰的牛仔裤加 T 恤的着装风格，也是因为个人因素而流行开来。当年形象叛逆的影星马龙·白兰度（Marlon Brando）以其出神入化的演技惊艳世界，他在影片中如此着装也成为经典，圈粉无数。着

---

① 参见：Sherry B. Ortner, "Theory in Anthropology Since the Sixties," *Comparative Studies in Society and History*, No. 26, 1984, pp. 126 - 166.

装风格看似小事，但从另一个角度看，如果它影响了风尚，引起人们在行为、举止、态度上的某些改变，那就不是小事。欧美社会在传统上人们外出时往往着装正规，行为举止也因此会有些拘谨。而 T 恤和牛仔裤显然让人随意许多，日常生活中经常这样装扮必然在各方面要放松很多，这样也就间接地影响到人们的举止、言谈。

所以，我们说濡化塑造个体，而每一代的个体当中都会出现一些人并不一定被动地接受传统的熏陶，他们不断地寻求其他方式让社会认可。他们的行为可能在一些方面看似与濡化的方向相反，但是，如果没有濡化的力量，他们的存在也就不是"出格"或者"不符合常规"的，也就不会那么引人注目。而人们会成为他们的粉丝，恰恰说明，他们的所作所为诱发了人们潜意识里尚存的、一些尚未被文化彻底规训的"桀骜不驯"。恰恰是这样的有逆常规甚至出格的个体，在一个信息四通八达的社会里，易于影响到社会的某些层面，会在一定程度上改变人们的一些价值观念，影响到其他人的濡化过程。这样的情形，在流行文化于部分年龄层中大行其道的今天，越来越常见。

第二，**传播**。一直到 20 世纪中期，仍有些人类学家孜孜不倦地追寻人类文化是如何传播开来的。这部分学者主要来自德国和奥地利。他们试图在空间上描绘出人类文化发展的图谱。这一学派的一个基本预设是，早期人类不够聪明，而许多人类群体之所以共有一些相似甚至相同的器物、习惯、制度等，是传播的结果。传播的源头可能是特

殊的文明，如古代埃及，或者某些受到上帝启示的区域，
这些区域构成了文化向外辐射、传播的中心。如今，虽然
传播学派基本为人们所"淡忘"，但他们的一些具体设想仍
被继承。博厄斯在某种程度上即是传播学派的继承者。当
然，博厄斯一反传播学派的宏观企图，转入微观研究，他
只注意在幅员相当有限的地理空间里的文化传播现象。这
是因为他和他的学生研究美洲印第安社会时发现，不同群
体的文化中有许多相似之处。他们认为，这种情况应当是
不同印第安群体之间相互采借（adoption and borrowing）的
结果。所以，**文化接触**是导致文化特质传播、交换的根本
原因。

第三，**涵化**（acculturation）。涵化是文化传播和变迁的
机制，指不同民族或者族群因毗邻而居，长期密切接触，
所产生的文化交流。[①]它通常带来两种后果。其一，两个群
体彼此之间在文化上互有采借，会说彼此的语言，文化上
有所趋同，但各自依然持有自身认同。这种情况较常见于
力量均等的族群之间，常见于我国西南一些民族。其二，
一个群体在文化上趋同于另一个群体，但依然持有自身的
认同。这种情形经常发生在强势群体与弱势群体毗邻而居
的场合。例如，欧洲许多小国的民众都能说周围大国的语
言。我国新疆的锡伯族也是这样。与新疆其他民族相比，
锡伯族规模很小。长期与这些民族一起生活，锡伯族能说

① Robert Redfield, R. Linton, and M. Herskovits, "Memorandum on the Study of Acculturation," *American Anthropologist*, No. 38,1936, pp. 149 – 152.

他们的语言，但他们不会说锡伯语。福建西南部多有客家人与闽南人比邻而居，客家人都能说闽南语，闽南人却不会说客家语。二者相较，闽南人恰在当地要强势得多。另外，在殖民贸易的影响下，许多地方的口岸城市出现的"洋泾浜"语言（pidgin language），也是涵化的例子。这是一种因为不同文化的成员接触而发展起来的、便于沟通的混杂语言。洋泾浜英语是一种简单的英语，英文语法和当地语言语法杂糅在一起，首先出现在 19 世纪的上海，后来也出现在巴布亚新几内亚和西非。持续的文化接触会带来各种变化，例如许多有殖民历史的城市会出现混杂的餐饮、菜谱，如澳门的"葡餐"、粤菜的"叉烧""罗宋汤"等。这种不同文化之间的持续交流导致各种形式的文化**混杂**（cultural hybrid）。许多不同文化在音乐、舞蹈、穿着、工具、技术等方面，都出现了文化交换。

仅仅文化趋同并不意味着认同的改变。有不少群体彼此之间在文化上毫无区别，却声称彼此有别，这说明认同（identity）没有发生改变。如果认同改变，那就是同化（assimilation）。同化意味着某一群体丧失其原有文化，融入、认同于同化他们的文化。这在一些政治家或者政客的眼里可能是件好事，但对人类文化的多样性而言是一种损失。

第四，**发明**（invention）与**创新**（innovation）。发明是原创性的。所发明的事项原先并不存在于自然界或者我们生活的世界当中。它是人类创造、发现的，对我们的生活有用的成果和智慧结晶。轮子是人类的一大发明，制陶也是。制陶业在人类定居之后方有可能出现，所以是农业社会的结果。而农业是人类发展过程中最重要的发明之一，它在中近东地区、墨西哥、中国华北平原和长江下游地区各自独立发生。农业的发明给人类社会带来巨大的影响。人类因此而得以定居，社会分工得以发展，并进一步导致社会、政治、法律上的变化，包括财产观念的出现和在财富、阶级、权力上的分化。

创新则是在原有的发明基础之上的进一步发展。例如，相对轮子而言，各种车辆的发明就可以被当作创新——因为如果没有轮子的发明在前，不可能出现进一步的想法。每一种创新都是对原有发明的改进，而且新创新会淘汰旧有的创新。例如，数码成像技术基本上淘汰了胶片相机、录像机、录音机；在教室里，多媒体技术则淘汰了原先的投影仪，等等。这方面的事例不胜枚举。

三、 文明（及其与文化之间的权力关系）

文明通常指的是人类外在的、可视的物质与精神上的成就，包括各种技术、制度、生活方式、举止言谈等等。除此之外，文明还可以是一种话语。文明话语体现了一定条件下的权力关系。文明和文化之间的关系一直是一个社会人文科学上，尤其是人类学上的话题。过去，文明被用来作为一种标志与其他在文明话语中被认为野蛮或者蒙昧的一切区分开来。因此，文明代表着高度发展的文化。但是，人类学家并不认为文明代表的是某种超乎各种人类文化成就的存在。早期的人类学家如爱德华·泰勒在他著名的文化定义里，实际上是把文明与文化等量齐观，表达了人类学的平等价值观。我们今天读到的他的文化定义，往往在"文化"之后跟着省略号——省略了"文明"。原文的第一句应该是："文化，与文明，是一个综合的整体。"（Culture, and civilization, is a complex whole.）泰勒的定义反映了文明概念在演化观上的位置，而他不同意这样的看法。显然，在他看来，文明与文化不该有如此区分。泰勒是文化进化论者，相信人类社会处在不断进步的过程中。但是，处在不同演化阶段的人类群体在本质上并无不同。所以，文化与文明的区别只是量的问题，而不是质的问题。换言之，人类本质都是一样的。因此，他对文明与文化的界定反映的是他的基本假设，也就是，所有人类心智是一致的。

泰勒把文明和文化等量齐观体现了他的价值观。但在当时，并不是每个人都这么看。可是，如果认为当时所有学者都把文明视为高于文化的另一种存在，那就错了。可以说，正因为有"文明"，才有了"文化"；后者应该是作为"对抗"前者的一种思想表述而出现的。

追根溯源，这两个词出现的历史语境极为不同。如前所述，文明被视为一种外在的，通常是可见的精神力量和物质的、技术的成就，是与各种文化成就相联系的，而且被视为普世的。但在"文明"前加上形容词，以界定某种文明的从属性，在考古学上很重要。考古学者在发掘时，如果发现城址、文字记录、金属冶炼遗迹，即可界定这样的遗址为某种"文明"，如埃及文明、美索不达米亚文明、黄河流域文明等等。而缺乏这类遗存的人类遗迹则称为"文化"——在考古学的意义上。这种情形也说明，文明在字源上与"城市"（city）有关，标志着全然不同于乡村的另外一种生活方式和制度设计。更重要的是，城市往往标志着社会分工细化、阶级的出现。城市与文字都被视为国家政权存在的明证。金属冶炼也往往与兵器制作联系在一起，这就说明军队等国家机器的存在。

在现代性话语还处于孕育之中时，"文明"已经在欧洲的上流社会流行开来。在当时的欧洲王室，能说法语被视为有教养；王公贵族无不以法国王室的做派为时尚。在当时的西方，法国确实是一个强而有力的大国。在法语里，文明被表述为进步的、积累性的人类成就。因为理性是人类独一无二的获赠，所以所有人类在本质上都是相同的，都能实现文明的目标。[1] 在 18 世纪，经济上远为落后的德意志国家尚未统一，其境内各种大小不一的政治单元和自治城邦林立，松散地结合在"神圣罗马帝国"旗下。神圣罗马帝国，启蒙思想家伏尔泰曾挖苦说，既非神圣，也非

---

[1] 参见：Adam Kuper, *Culture: The Anthropologists' Account*, Cambridge, Mass.: Harvard University Press, 1999, p. 5。

罗马，亦非帝国。因而，比之于法兰西核心为公民权与社会的理念，德意志的民族概念则建立在语言和文化上。[1] 然而，德意志却又有着深厚的思想传统。政治上松散、文化上强大的德意志，很自然地会起来对抗强势的法兰西风尚。与启蒙运动大体同时，德语地区掀起了浪漫主义运动，其终极指向是德国统一。在德意志思想家眼里，德意志完全有理由统一起来，建设一个比法国更伟大的国家。在这方面影响深远的思想家是赫尔德。他在一本出版于 1764 年的书中激烈地挑战伏尔泰所宣称的文明的普世性，称颂情感和语言是一个共同体最基本的要素，社会应该是一个牢固的、神话般的共同体。赫尔德宣称，不同的民众（Volk，即 people——人民）各有其自身的价值、习惯、语言、"精神"。从这一立场来看，伏尔泰的普世主义是乔装打扮的地方主义，他所谓的普世文明不过是法兰西文化而已。

有些人类学家把上述伏尔泰和赫尔德之间有关文明的不同看法称为"伏尔泰-赫尔德之争"（the Voltaire-Herder debate），认为这一争辩对当代学者仍然具有挑战性。赫尔德对伏尔泰那种超越边界的普世主义的批评令人联想到 20 世纪人类学家对传教布道、发展扶贫、少数族群政策、全球化的批评。同时，伏尔泰-赫尔德之争也提醒我们，人类学在批评的尺度丈量下，自身也可以扮演文化帝国主义的中介角色。文明与文化之间的区别后来在德语国家继续发

---

[1] Thomas Hylland Eriksen and Finn Sivert Nielsen, *A History of Anthropology*, London and Ann Arbor: Pluto Press, 2001, p. 13.

展，文化被视为经验的和有机的，而文明是可识的和外在的。① 换言之，批评和挑战那些无视地方社群和个人诉求的权力与势力已经是人类学研究中的常态。

从历史的角度看问题，文明与文化之争是思想的竞争。这一竞争反映了不同国家之间在权力关系上的不平等。法国在启蒙运动和大革命之后，无论从哪方面来衡量，都成为欧洲大陆上无可争议的文化大国。法国思想家讴歌结束了君主制度的共和制，相信这将是所有人类社会的方向，并以此来定义文明，相信文明如法兰西将是世界的未来。这种无视地方性和多样性的普世"文明"，在当时的一些德国思想家眼里，是威胁具体的、地方性的文化的危险之源。而"文明"也已确立其在权力中心的地位——在当时尚未统一的德国境内，众多政治单元的宫廷里都说法语、亲近法国。到了 18 和 19 世纪，德国出现了统一的呼声时，亲近法国的德意志王室和贵族们成为知识分子攻击的目标。在他们的眼里，上流阶级缺乏本真的文化。而上流社会使用的法语是外来而非内生的，徒具形式，无非是为了体现其身份和地位。被权力中心排除在外的知识分子，选择了强调以个人的完善和科学及艺术上的成就为发展的诉求。知识分子多集中在大学里。大学成为对抗宫廷的大本营，孕育出了这种人文和哲学性的文化观，培育和成就了个体

---

① Thomas Hylland Eriksen and Finn Sivert Nielsen, *A History of Anthropology*, p. 13.

力量的就是文化。在这个意义上，德语语境里的"文化"
实在与我们语言中的"教养"相去未远。

　　以上简要说明了文明的内涵，以及文明与文化这两个
概念在历史语境里所呈现的权力关系。文明代表着一种普
世性的标准与实践，它证明了一种线性的演化观自启蒙以
降尤其是法国大革命以来，贯穿在时代的思潮里。而德意
志的文化代表着一种具体性对一般性、"地方主义"对普世
主义的对抗——这是伏尔泰-赫尔德之争的核心所在。文
化，正是在文明所带来的对地方世界的紧张当中浮现并进
一步凸显出来。

四、"文明的过程"

　　在中国古籍里，"文明"一词最早出现于《易经》。《易
经·乾卦》里有"见龙在田，天下文明"的句子。关于这
个句子的意思有许多解释，大多是些诸如阳气上升、光明
英华之类。也有人试图将它理解为内在的修炼有所成就、
告别野蛮的一种境界。这些解释都可以自圆其说。把它解
为接受典章教化而到达一种堪称"文质彬彬"的境界，非
常符合常人对于文明的理解。无论在外国还是在中国，文
明还被理解为个人行为是否文雅，是否有高尚品味的态度、
方式（manner）。这是因为文明被用以理解人类在蒙昧和野
蛮之后的状态——一种线性的社会演化观。德国社会学家

埃利亚斯（Nobert Elias）对文化和文明做过详细的考察疏证，展现一幅二者既相互争夺，又彼此重叠，甚至交汇、互融的历史社会学画卷。

在埃利亚斯看来，德国"血统"的文化与法国"血统"的文明之争，就是当时德意志对文明理念的普世性意义不满而引起的。当时，德意志内部已经在孕育着统一，欲建立民族国家，在意识形态上抗拒法国的文化霸权是很自然的。他指出，普世的文明概念对于帝国（如法国和英国）的统治阶层而言，有着一目了然的理由，而文化的概念则映照着有着自我意识的民族（如德国）持续不懈地寻找与建立政治意义和精神意义上的新的边界。埃利亚斯认为，观念不仅是意识形态的产物和统治的工具，我们还可以通过对历史事实的分析来考察这些观念是如何产生和扩散开来的。因此，他分析了欧洲宫廷是从何时和如何开始改良和规范行为举止，对人的身体及其功能的约束和限制日渐增加。这是一个外在社会强制性植入个人从而成为个人自我强制的过程，羞耻之心也随之而生。对于德国人而言，文明进程是外在的习惯性将正式的法则强加在表达的和本能的行动上的过程。埃利亚斯将这一过程与国家权力的扩展联系起来。[1]

虽然涂尔干早就提出内化的社会压力（social constraint）会终使人们不觉其为压力的理论，但埃利亚斯是从

---

[1] 参阅：Adam Kuper, *Culture*, p. 32。

弗洛伊德（Sigmund Freud）那里获取关于自我强制力产生的灵感的。弗洛伊德的中心关怀是文化与本能的问题。而人类的培育过程是纯粹的外在力量所强加的。因此，"每一个文明都是建立在对本能的压制和放弃之上"。① 在弗洛伊德眼里，是"升华"（sublimation）孵化了文化创造性，然而为此得牺牲许多性的自由并控制冲动。显然，埃利亚斯并没有接受弗洛伊德的泛性欲论，但接受了他关于个人自我控制能力是外在力量所强加并且为个人所接受并内化的理论。在他著名的《文明进程》一书中，他试图理解，在过去约五个世纪的发展过程中，欧洲人是如何走到自诩文明（civilized）而视其他人为野蛮或者蒙昧这一步的。他解释了礼貌、谈吐、羞耻等一系列社交上的行为规范，是如何在欧洲的中产阶层当中流行起来。简而言之，那就是，资本主义的发展使一些人致富，这些人不满于没有什么政治上的权利，为此，他们学习起统治阶层的社交礼仪和生活方式，寻求权力的认可；同时，也因为自身经常出入社交场合而注意起自己的仪表和行为，等等。

　　埃利亚斯回答了一个十分普遍的问题：为什么大家会用"不文明"来形容一些不够礼貌、举止粗俗、缺乏公德的行为举止？如果我们觉得"不文明"就是野蛮行径，那被认为是文明的行为举止又是怎么来的？为什么"文明"往往与礼貌、客套和其他高雅的品味联系在一起？从他的

① Sigmund Freud, *Civilization and Its Discontents*, London: Hogarth Press, 1961, p. 7.

答案里，我们可以看出，走到被称为"文明"的行为样式，是一个社会学和心理学的过程。社会压力被内化为心理压力，导致产生"耻感"这种心理防线。埃利亚斯也注意到整个风尚变化过程背后的政治经济学动因。著名美国学者查尔斯·蒂利（Charles Tilly）批评说，对于埃利亚斯，凡发生在 17 世纪的事情都是"现代性"的。但这不正说明，埃利亚斯以他的方式发现，17 世纪是欧洲乃至于人类历史发生巨大变化的时代？它正好说明，"文化是整合的"这一道理——社会或者文化某部分变化都会影响到其他部分的改变。

第四章　我们如何生存？

　　人类作为生物物种之一如何养活自身并且繁衍至今？从生物有机体的角度而言，我们的祖先在自然界远远不是最为强健的动物。仅靠我们机体的生理学能量，人类祖先无论如何无法在自然选择中胜出。然而，我们胜出了，而且是"完胜"。完胜的法宝是什么？前面的章节曾提及，人类主要是通过文化来应付自然界的挑战，并在演化的过程中不断地繁衍、壮大，成为这个星球上最具智慧和最为成功的物种。鉴于人类成为食物生产者（food producer）仅仅是一万多年前的事实，而且从那之后才在演化的路上跑步前进，那么，我们就得询问，究竟那时发生了什么致使变迁成为常态？本章内容涉及两个主题：其一，究竟是什么因素激发了人类社会演化从几乎"僵滞不变"的慢车道转到"恒变"的轨道上来，而且"变"的速率越来越快？为此，我们将讨论动植物的驯化。动植物的驯化将人类推上了变迁的轨道，人类自此迎来文明的曙光，同时也预示着更为残酷的未来。其二，我们还得解释，人类如何因应适应的需要而形成生计模式，由此来理解我们祖先的生存性智慧。狩猎采集生计模式虽然早在驯化之前就已经存在，但时至今日，世界上依然有一些人群的生计方式可以归为这一类别，因而我们不能将之排除在我们的考察之外。我们认为，不同的生计模式不应该有高下之分，它们都是人类智慧在不同生存条件下的具体体现。

一、　从搜寻食物到生产食物

　　在历史上的大部分时间里，人类是食物搜寻者（food forager）。这意味着我们的祖先为了果腹得不断地处于游徙状态之中，在此过程中通过采集或者狩猎来获得食物。如果说人类历史长达数百万年，那么这样的状态一直存在到距今 12 000 多年前。在漫长的岁月里，人类的生活方式几乎保持不变。他们发掘块根、摘取果实、猎杀各种动物，以维持生计。食材都来自野生动植物，是大自然的赐予。所以，在人类历史的 99% 以上的时间里，人类是真正意义上的"靠天吃饭"。今天，仍然还有一部分人保持着狩猎-采集的生计方式，但无论从哪方面来讲，我们都不能将他们与远古时期的人类等同。他们不是从来没有接触到外来者，不是与现代文明毫无关系。他们生活在现代国家里，都是所在国家的公民，而且在许多方面还得到所在国家的特殊关照。但是，他们的生计和生活方式无疑可以作为了解我们的祖先生活的参照。由于今天的食物搜寻者基本都生活在极地、沙漠边缘和原始热带雨林等我们这个星球的边缘地区，我们不难设想，如果没有某种特殊的机遇，人类可能还延续着这样的生活状态，因为今天的食物搜寻者的处境告诉我们，他们的基本生计方式依然沿用的是祖辈的传统。我们由此得以蠡测，人类曾经在很长的时期内，生活在一种近乎"停滞"的状态之中。

究竟是什么机遇使大部分人类的生活走上持续变迁的轨道呢？考古资料告诉我们，大概在 12 000 多年前，人类开始定居下来。这是因为人类在这个时候开始有了驯化的动植物。**驯化**（domestication）就是把自然界的野生动植物物种转变为"家养"的"品种"的过程。驯化在人类历史上的革命性意义在于，它使畜牧经济和农业经济的发展成为可能。而农耕的发明使人类得以从游徙生活转为定居；定居所导致的社会分工和其他发展，则是人口众多的、复杂的人类社会能够存续下来的重要条件。总而言之，驯化是人类对自然环境做出的一项最为重要的干预。① 一旦人们有意识地进行驯化这样一种定向选择实践，社会和文化必定迎来革命性的改变。

驯化何时发生，在何处首先出现，如何出现？这不仅是学术课题，也是公众话题。文化人类学家对驯化给人类社会带来的转型与进步表现出强烈的兴趣。在现有考古资料的条件下，人类学者普遍接受驯化大约发生于公元前

---

① 埃里奇·伊萨克《驯化地理学》，葛以德译，北京，商务印书馆，1987 年版，第 1 页。

12 000 到前 11 000 年之间。首先发明农业的地方是亚洲西
南部的两河流域。但是，我们所驯化的动植物的原始物种
并不都来自那个区域。这个事实说明，驯化并不是在一个
区域内出现。换言之，人类分别在几个不同的区域驯化了
不同的动植物。

关于驯化和农牧业起源的传统观点是线性发展和环境
决定论的混合论。古希腊人相信，人类经济发展经过了三
个阶段：狩猎采集—驯化动植物—农业发明。古希腊人注意
到经济的分带现象和气候的分带大体是一致的。有学者认
为，这种一致的事实，很容易使人们臆测自然条件能解释
食物生产社会的多样性，例如草原必然发展出游牧社会。
当这种线性观念与自然条件决定论结合起来，必然导致这
样的想法：经济发展呈现阶段性，但自然条件决定什么阶
段在什么地区可以持续下去。印度和其他亚洲地区的文献
里也有类似概念。甚至在《圣经》里也有这样的顺序，虽
然在《创世记》的第四章，游牧的出现晚于耕作。[①] 但在古
希腊人的观念里，这种线性观不是一直向前的，它到了驯
化阶段之后，就退化了，继而又周而复始地开始新一轮线
性发展。这说明，后世人类学的进化论与古希腊这些思想
毫无渊源关系。

到了 19 世纪，随着对美洲了解的加深，德国学者洪堡
（Alexander von Humboldt）和人文地理学家拉策尔等人，感

---

① 埃里奇·伊萨克《驯化地理学》，第 3 页。

到用这类顺序观念来解释缺乏说服力。游牧不是狩猎采集和耕作之间的过渡阶段。西半球有许多可以驯化的动物，但却不见有从猎人进化而来的牧民。而且旧大陆仅有的一些畜牧社会和定居社会毗邻而居。在没有农民的澳大利亚，原住民是狩猎采集者，但却没有发展出畜牧业。有些地方还存在着一些既狩猎采集又部分耕种的社会，但除了狗之外，却没有其他驯化的动物。19 世纪是史前考古和人类学迅速发展的时期，人们发现，许多相同的环境却没有出现相似的适应。这些观察直接导致了**传播论**的出现。许多学者认为，传播是使人们共享类似的适应或者文化事项的唯一因素。

在西方思想里一直有着传播的观念，所谓"人类的摇篮"的说法便是其中之一。这种说法的意思是，人类在天意的指引下，从这样的摇篮或中心向外扩散。传播的观念到了 19 世纪下半叶，在德语国家的民族学里占了上风。

除了固有的传统观念的因素之外，欧洲人在地理大发现之后建立的殖民帝国，以及欧洲和美洲动植物的迁移与相互引进，对于推动传播思想也起了作用。这些宗主国和殖民地之间，以及殖民地与殖民地之间的相互传播，使世界迅速发生了改变。资本主义发展起来，商业进一步繁荣。在殖民地开发之后迅速工业化的国家，开始向一些传统国家要求打开通商交易的大门。然而，尽管欧洲自殖民地开发以来，在科学技术和经济发展上进步巨大，但有些发现却使一部分学者突然想到，人类天赋的能力可能极为有限，因为轮子和犁这些简单的发明，到处都在使用，但这绝不可能是因为所有地区都发明了轮子和犁铧。于是，有些学者就总结说，也许曾经有过一些发明的中心，这些发明就是从这些中心传播出去的。[①] 这种所谓的发明的中心的说法，我们今天自然觉得荒诞。但是，如果排除当年传播论者设想的文化圈及其有关天启之类的论说，这样的说法并非没有一点道理。只是传播的过程并非神的启示，而是没有同样发明的其他人类群体采用别人的发明的结果。从这个角度看问题，与一些传播论者所宣称的正好相反，文化事项之所以传播开来，恰恰说明的是人类的聪明。他们能迅速地了解何者最有价值，从而尽快地为我所用。而传播论者却认为，文化之所以依靠传播，主要原因在于早期人类普遍不够聪明，所以他们只配当文化的搬运工——把别的地方的发明搬过来，这就是传播的过程和本质。这种荒诞不经的预设今天已无人理会。

当代学者承认，确实存在着若干个农业发明的中心，驯化的动植物分别来自这些中心的野生动植物，然后再分别扩散到全球各地。今天的人类吃的是他们自己生产的食物——五谷和肉类等，或者别人为他们生产的食物。可以预测的是，如果不是其他原因，按照目前的变迁速率来看，当代所剩无几的狩猎采集人口将在今后的几十年间完全改

[①] 参见：Robert Heine-Geldern, "One Hundred Years of Ethnological Theory in the German-Speaking Countries: Some Milestones," *Current Anthropology*, Vol. 5, No. 5, 1964, pp. 407–416。

变他们的生活方式，成为食物生产者，人类也将就此和伴随了他们大部分时间的狩猎采集生活方式彻底告别。当然，这可能是许多人类学家所不愿看到的。

目前，普遍接受的观点是，在世界范围内，独立发明食物生产的至少有七个区域：中东，驯化的动植物有小麦、大麦、绵羊、山羊、牛、猪等，时间是 10 000 年前；中国南部，驯化的动植物有水稻、水牛、狗、猪等，时间是7000 年前；中国北部（黄土区域），驯化的动植物有小米、狗、猪、鸡，时间是 7500 年前；非洲的撒哈拉以南地区则有高粱、珍珠米、非洲米，时间是 4000 年前；墨西哥中部则在 4700 多年前驯化了玉米、蚕豆、南瓜、狗、火鸡；秘鲁中南部在 4500 年前驯化了马铃薯、藜麦、美洲驼、羊驼、几内亚猪；美国东部在 4500 年前也有驯化了的藜属植物、向日葵、南瓜等。[1]

著名的美国生物学家戴蒙德（Jared Diamond）认为，史前的不同人群开始生产食物的时间是不一样的，有些人群甚至在历史上从未获得过这方面的任何信息，澳大利亚的原住民就是如此。而那些驯化野生动植物的人群，有些独立发展了驯化，如古代中国人；有些则是从邻居那儿获得，如古代埃及人。[2] 澳大利亚原住民显然因为与其他人群隔绝的原因而从未得到这方面的信息，也从未有过任何意

---

[1] 参见：康拉德·菲利普·科塔克《人性之窗——简明人类学概论》，范可等译，上海，上海人民出版社，2014 年版，第 163 页。

[2] 参见：Jared Diamond, *Guns, Germs, and Steel: The Fates of Human Societies*, New York and London: W. W. Norton & Company, 1999, p. 86。

义上的驯化实践。我国驯化粮食作物也很早，但是经由我们的祖先所驯化的物种与其他地方的一样，具有鲜明的"地方特色"，这与所在地的自然条件和野生动植物资源有关。美国华裔学者何炳棣对黄土与中国农业的起源有深入的研究。他认为，旧大陆农业起源并非仅限于西南亚的两河流域，中国北方的黄土区域和长江以南都是旧大陆农业起源的地区。北方黄土高原的农作物是"小米群"，由华北粟（*Setaria italica*）与黍稷（*Panicum miliaceum*）组成，与以大小麦为主的西南亚作物群完全不同。这两种俗称的"小米"都是最耐旱和本土的，从而批驳了农业及其文化"西来说"。后来，他根据 20 世纪 70 年代发现于浙江余姚河姆渡的 7000 多年前的遗址，认为中国是最早孕育出水稻的区域。[①]

今天学术界普遍认为，尽管全球范围至少有七个区域独立进行过驯化，但从全球史的视角来看，绝大部分人类能成为食物生产者，主要还是传播的结果。从我们普遍食用的动植物来看，可以认为，世界范围内以农业丰富了人类食谱的最重要区域有三个：西南亚（中近东）、东亚（长江中下游和黄河流域）、中南美洲。中近东在农业起源上的成就众所公认，我们今天大量的主食品种和畜群就是来自于此。东亚提供了今天世界上最多人口的主食品种。而中南美洲所驯化的可食性植物种类极大地丰富了人类的食谱

---

① 何炳棣《黄土与中国农业的起源》，北京，中华书局，2017 年版，第 1—20 页。

——尽管当地没有发展出畜牧业。这几个地区所驯化的动植物品种已为全人类所共享，如此，不以传播来解释是难以理解的。

戴蒙德认为，旧世界的地理促进了植物、动物、技术（如车轮和交通工具）和信息（如著作）的传播。首次种植驯化的物种是从中东到埃及、北非其他地区、印度，最终到中国。[①] 他认为，许多作物在地理分布上都是处于相同的纬度和气候带上，这就解释了为什么食物生产没能大规模地在人类社会中分别出现——因为生态条件使得传播成为不可能（在那样的条件下，来自其他气候带或者纬度的作物难以存活）。这一事实从相反的角度解释了传播现象。与过去的民族学传播学派不同，戴蒙德认为，传播并不意味着当时的人们智力低下，相反，那是一个聪明的选择。试想一下，如果驯化是偶发的，那么这种现象不可能普遍发生。所以，传播比起独立发明也就更令人信服。这大概是东半球相同气候带和纬度上，同样的驯化动植物种广泛分布的原因。

二、 生计模式

生计模式（subsistence patterns）是人类社会各种生活

---

① Jared Diamond, *Guns, Germs, and Steel: The Fates of Human Societies*, pp. 176-192. 但是，鉴于长江中下游是稻作的发源地和华北黄土区域特殊的小米群种植，远东和近东有过交流是必然的，否则东亚就不会有麦类作物。新旧大陆之间的交流传播是 15 世纪地理大发现之后才有的。

经营模式的统称。不同的生计模式可视为不同的生存策略。前现代时期人类社会存在着四种生计模式：狩猎采集（包括捕鱼）、园艺农业、密集农业、畜牧。许多在密集农业基础上发展起来的现代社会是工业化社会，其表现为服务业、制造业等在整个经济体里的权重远远超出了农业。工业化对文化和社会制度的改变产生深远的影响，尤其在资源配置等方面。由于在居处和资源使用上的作用，工业化也对性别关系产生了影响。

一个社会的生计模式与家庭形式有密切联系。我们通常将**家庭**（family）定义为通过亲属关系组织起来的社会、经济单位。家庭成员在经济上和社会上相互依存。一般而言，家庭形式有两种：**核心家庭**（nuclear family）和**扩展家庭**（extended family）。一个核心家庭是一个生育单位，包括一对父母和孩子。扩展家庭包括了其他亲属成员，如祖父母和其他已经结了婚的兄弟姐妹。在中国和印度，扩展家庭往往包括三代人：祖父母、父母和孩子。由于祖父母通常只与一个儿子生活，所以中国传统上最为多见的扩展家庭又称为**主干家庭**（stem family）。在印度，祖父母可以同其他已经结婚的儿子及其孩子生活在一起，组成较为庞大的**联合家庭**（jointed family）。这两类家庭都是父系的。

生计模式会偏好一些社会组织而排除另一些。例如，狩猎采集社会就难以形成不同的社会阶层。但也有例外。如北美西北海岸的瓜求图印第安人（Kwakiutl Indians），既不种植也不畜牧，但早在欧洲殖民者到达之前，他们已经依靠丰富的海洋和森林资源而生存并形成了非常复杂的社会结构。

生计模式还与政治组织形式存在着不那么容易使人察觉的关系。例如，狩猎采集者往往构成一种有着灵活性结构的地方性**游群**（band），他们自由游徙，采集和捕猎所处生活环境之内各种可食用的植物和动物。这样的生计方式难以发展起复杂的社会体系。从事畜牧业和园艺农业生计模式的社会往往构成**部落**（tribe），它们有着区域性组织来处理行政和防御事宜，但食物生产的盈余仍不足以支持复杂的社会等级结构。

在一些案例里，园艺农业社会有足够的经济实力来支持等级性的政治组织或者**酋邦**（chiefdom）的存在。然而，在园艺农业生计模式下的酋邦如果没有其他经济活动的支撑是不可能的。这些经济活动包括经常性和广泛的贸易活动。在通常的情况下，只有密集农业社会才有能力生产多余的食物来支持各种专业化和政治单元（如酋邦、国家等）内的社会分层。

环境对于人类社会里一些看似"自然的"特质——如性别角色和婚姻模式——的生成有所影响，但这主要依靠作用于生计模式。一定类型的生计模式会比其他模式更适宜于某些环境。例如，生活在卡拉哈里沙漠（Kalahari Desert）里从事传统狩猎采集生计的昆桑人（! Kung San），就充分利用了卡拉哈里沙漠里的植物资源。而在世界的许多地方，园艺农业社会多样化的种植实践显然适宜热带雨林和其他山地环境。尽管如此,把文化与环境之间的相关性强调为某种决定性因素是不严谨的,把特定的社会组织方式的形成归因于特定的生计模式也是不严谨的。然而,可以确定的是,人们开发所处环境的方式有助于形塑他们的社会组织。[①]

各种具体的生计模式与一般意义上的生计模式并不是平行的范畴,但了解具体有别的生计模式却更为重要。为此,我们在介绍各个具体模式时,并没有根据逻辑关系将不同的生存模式放在生计模式部分介绍,而是平行地分别讨论。

三、 狩猎采集模式

狩猎和采集是人类在驯化动植物之前,作为食物搜寻者的生活常态,也是迄今为止延续时间最长的生计模式——从人类作为一个生物物种形成之后直到今天。许多**狩猎采集社会**(hunting-gathering society)之所以能存续到今天,就是因为该类型社会中人们的生计方式是人类最古老而且可能是最为成功的适应[②]——通过采集野生可食性植物

---

① Mari Womack, *Being Human: An Introduction to Cultural Anthropology*, Upper Saddle River, New Jersey: Prentice Hall, 2001, p. 100.

② Richard B. Lee and Richard Daly, "Introduction: Foragers and Others," in Richard B. Lee and Richard Daly eds., *The Cambridge Encyclopedia of Hunters and Gathers*, Cambridge: Cambridge University Press, 1999, pp. 1 - 19.

的果实和渔猎动物来维持生计。他们经常会因为寻找植物或者追踪野兽而移动迁徙，这样做有助于避免过度消耗特定地方的可食用植物。

狩猎采集社会有群体规模小和人口密集程度低的特点。大部分群体的成员数量低于 100 人，然而，他们的活动范围相对而言却是很大的。之所以能保持较为恒定的小规模，是由于不同形式的生育间隔（birth spacing），包括以延长哺乳期禁止性关系（postpartum sex taboos）。这一过程从新生儿诞生之后开始，可以延续三四年之久。这样做可以使产妇全力照顾孩子数年。长时段的哺乳帮助避免过早地食用对孩子而言难以消化的成人食物。

如果一个妇女在哺乳期偶然怀孕，她可以选择"溺婴"（infanticide），避免新生儿影响到对另一尚处"襁褓"之中的孩子的抚养。控制人口和溺婴的决定是典型的家事，而且经常是由母亲决定。①但是她的决定一定是与群体价值相适应的。她还会将所使用的技术通过母女关系代代传递下去。通过避免过度开发环境、控制人口，确保整个群体的生存。

由于总是处于游动之中，他们通常不搭建永久性居所。非洲卡拉哈里沙漠的昆桑人和乌干达热带雨林的恩布提人（Mbuti）用树木枝条和树叶等搭建简单的住所。狩猎采集者没有私有土地，但与其他同一亲属群体者共享领地。对

---

① James Woodburn, "Discussions, Part V—Population Control Factors: Infanticide, Disease, Nutrition, and Food Supply," in Richard B. Lee and Irven DeVore, eds. , *Man the Hunter*, Chicago: Aldine, 1968.

于他们来讲,土地的所有权是没有意义的,因为野兽的行动与人们概念化的边界无关。对土地的严格限制会使人们难以捕猎动物,从而导致对特定区域内的植被的过度开发,尤其在久旱之际。

狩猎采集者拥有的物件都是对于他们的生存必不可少、便于随身携带的工具,例如弓箭、梭镖、石斧、掘棒等。但是,他们所拥有的最重要的东西是他们对环境和资源所掌握的知识。他们必须运用他们所具有的生物学和解剖学知识来追寻、猎杀、肢解猎物。对于生活环境中的植物,他们也都拥有广博的知识,知道哪些可食、哪些不可食。他们这方面的生存智慧令人十分惊叹。加拿大人类学家理查德·李(Richard Lee)对生活在博茨瓦纳境内的昆桑人的研究说明,狩猎采集者在许多方面值得我们深思。他们无与伦比的"地方性知识"使自然界成为他们的"粮仓",所食用的野生植物果实和根茎达 105 种。这是十分惊人的概念,说明昆桑人开发了所居环境中至少是绝大部分可供食用的植物。多样性的食物使他们即便在旱涝严重的季节也有能力保证基本的营养需求。① 所有的狩猎采集社会都有自己的医药知识来对付疾病,也都能在没有任何现代医疗设备的环境里接生婴儿。比起许多农业社会和工业社会中

① 美国科学院甚至从他们多样的食用性植物中推举出一种豆类——晋豆(tsin bean, *Bauhinia esculenta*),列为世界上最有前景解决粮食匮乏问题的 36 种植物之一(参见:Richard Borshay Lee, *The ! Kung San: Men, Women, and Work in a Foraging Society*, Cambridge: Cambridge University Press, 1979, pp. 256 - 259)。

的人，狩猎采集者花费更少的时间在生计上，从而有更多的闲暇陪伴家人。例如，比起所有其他社会的男性，昆桑父亲们与孩子在一起的时间要多得多。[1] 正因为许多狩猎采集社会有这么一些特质，著名人类学家马歇尔·萨林斯（Marshall Sahlins）称之为"原生的丰裕社会"（the original affluent society）。[2]

因为狩猎采集社会规模很小，每一个成员都习得相同的生存所需要的能力和技艺。群体成员基本没有社会差别。所以，这样的社会自然是**平均主义**（egalitarianism）的。所有的重要决定都是集体协商一致同意的，所有群体成员或者大部分成员都对此有所贡献。任何人都没有权利在群体内发号施令。

狩猎采集社会的分工体现在性别和年龄上。男性承担了较多的狩猎工作，女性则是采集工作的主要力量。但是，女性有时也参加狩猎活动，而男性也经常参与采集。在大部分狩猎采集社会里，由于女性是采集工作的主要承担者，因而能提供80％—90％的食物。而阿拉斯加和加拿大北部的因纽特人主要以狩猎为生，男人成了提供食物的主要力量。[3]狩猎采集生计下，老人因为有较多的经验而获得社会的尊重。

我们必须认识到，当代许多狩猎采集者实践的其实是

---

[1] 参见：Richard Borshay Lee, *The ! Kung San: Men, Women, and Work in a Foraging Society*, pp. 256 – 259。

[2] Marshall Sahlins, "Notes on the Original Affluent Society," in R. B. Lee and I. DeVore (eds), *Man and the Hunter*, pp. 85 – 89.

[3] Mari Womack, *Being Human: An Introduction to Cultural Anthropology*, p. 102.

夹杂其他经济成分的生计，如南美热带区域有园艺业，东北亚则放牧驯鹿，在南亚、东南亚以及非洲的一些地区，狩猎采集者有着规律性的交换，等等。鉴于这种多样性的事实，应如何给予狩猎采集以更为合理的解释呢？人类学家认为，生计仅仅是定义狩猎采集者的一部分内容，还应该有社会组织，以及宇宙观和世界观。这是理解当代狩猎采集者的三个标准。

狩猎采集者把自然环境当作"家"（home），与我们将家视为情感所系之处是一样的。在布迪厄的眼里，"家"就是习得文化，是形成"习性"的基本出发点。打个不太恰当的比喻，我们在"房子"里成长为基本符合社会文化所期待的成员，狩猎采集者则在自然环境里养成他们的"习性"，成为他们的社会期待的成员。正如我们会照应我们的居处，他们也会关照他们所在的环境。因而，我们看到，许多族群都对自然敬畏有加，懂得善待它、尊重它。许多狩猎采集社会对自然环境的珍视与信仰结合在一起。一旦将周围环境看作自己的家园和各种灵性之所时，还会对它进行折腾和滥施淫威吗？狩猎采集者对待环境的态度值得我们学习、深思。

四、园艺农业模式

园艺农业（horticulture）和随后讨论的密集农业不是农

业发展的两个阶段，而是人类面对不同的自然条件采取的不同适应策略。园艺农业名称的由来乃在于种植作物的多样性。换言之，园艺农业指的是在一定单位面积的"苗圃"（garden）里种植多种作物，这些作物通常有不同的生长和成熟季节，所以园艺农业者可以最大限度地利用土地。"**刀耕火种**"，也就是"游耕"（shifting agricul-ture），是园艺农业主要的农作方式。**游耕**意味着土地的使用不是永久的。通常随着土地肥力耗尽，园艺农业者便会开垦新的林地，或者重新开发已经抛荒多年的土地，但是不可能多次反复，因为地力恢复需要相当长的时间。美国学者哈兰（Jack R. Harlan）认为，典型的游耕需要每年实耕八倍的土地，土地耕作一年之后要休耕七年之久肥力才能恢复。[①] 所以，耕地最终必定会离住处越来越远。到了一定时候，人们便会放弃原来的居所，搬到离土地或者待开垦的处女地较近的地方。正因为如此，园艺农业者的家屋往往较为简陋。人们集中住在半永久性的村庄里。扩展家庭成员共享使用土地的权利。扩展家庭是一个单边世系群的组成部分，世系可以从母方或者从父方。例如亚马孙雨林里的亚诺玛米人（Yanomami）是父系（patrilineal）群体，而新几内亚的许多群体则是母系的（matrilineal）。

今天，地球上仍然有相当部分的人口从事园艺农业。我国西南一些少数民族传统上也是游耕社会，比如瑶、景

---

① 转引自：何炳棣《黄土与中国农业的起源》，第3—4页。

颇、佤等民族。园艺农业适合气候湿润的热带雨林区域或者山地,这些地方的耕地易于水土流失,犁铧在此派不上用场。由于地力会随着土地使用时间的延长而递减,因而在若干年之后,游耕者便会将耕地抛荒,让其自然恢复。农作程序往往是这样的:先把植被砍掉,曝晒些时日后,放火将之烧为灰烬。土地经火烧之后变得松软,便于掘坑播种,草木灰则可以肥田。播种之后就坐等收成了。

游耕农业的生产效益当然不会太高,因为这样的经营方式缺乏(也不需要)几乎所有农耕社会都有的其他农作程序,包括农田基本建设、施肥、除草等中耕环节。所使用的工具也是技术含量最低的**掘棒**(dibble stick),然而在那样的条件下却十分有效和必不可少。此外,还有用于平整土地的简单工具,轻且便于携带。

典型的游耕社会日常对付的动植物与狩猎采集社会虽大致相同,但却存在着本质上的差别——园艺农业者对这些动植物有着更多的控制,在更为方便、更为多产、人为因素也更多的园地里,重新安排资源。他们不仅有许多驯化的植物,还有猪、鸡、狗等动物。园艺农业的基本逻辑就此不同于狩猎采集社会:对自然环境的控制大为增加。种植作物要求人们对阳光、水分、土壤有一定的控制。园艺农业适应程度取决于这三个变量之间的关系。[1] 而在我们的观照里,狩猎采集生计在大自然面前显然要被动得多。

---

① 参见:David W. Haines, *Cultural Anthropology: Adaptations, Structures, Meanings*, Upper Saddle River, NJ: Pearson Education, 2005, p. 39。

　　园艺农业社会的劳务分工也是依据性别和年纪。通常
男人负责清理园地，女人负责种植和照顾，同时也负责喂
养猪、鸡等驯化了的动物。男人经常还是武士，负责管理
村子的公共事务。园艺农业社会的政治组织多种多样。在
大部分情况下，正如亚马孙地区的亚诺玛米人那样，权力
是非正式的，取决于对他人产生影响的能力。极端的例子
也有。马林诺夫斯基告诉我们，在南太平洋的特罗布里恩
德群岛，酋长的身份是世袭的，他们能强迫其他人为他们
劳动。他通过所拥有的财富来获得权力，并通过他的姻亲
们的劳动来增加财富。酋长可以从他管辖的每个村子获得
一个妻子。妻子往往是村落头人的亲戚。事实上，村里的
所有人都得为酋长工作。因此，一个酋长的财富多寡和权
力大小取决于他有多少个妻子。①

五、 密集农业模式

　　受马尔萨斯和马克思双重影响的美国人类学家马文·
哈里斯（Marvin Harris）自称为文化唯物主义者（cultural
materialist）。他对农业的演化有自己的一套理论。他认为，
任何一次生产技术的革新都是人口对土地形成压力的后果。

---

① 参见：Bronislaw Malinowski, *Argonauts of the Western Pacific: An Account of Native Enterprise and Adventure in the Archipelagoes of Melanesian New Guinea*, New York: E. P. Dutton & CO. , INC. , 1961[1922], pp. 63 - 64。

按照这样的理论，园艺农业文化转变为更集约和劳动力投入更多的**密集农业**（intensive agriculture）文化，首先是因为人口的增加，导致了农业技术的创新。这种理论虽然机械，但有一定的道理，然而不是绝对的。在很多情况下，我们必须考虑到自然环境所提供的条件。而且，园艺农业并非必然得转变为密集农业。一种生计方式能够持续到20甚至21世纪，在很大程度上也是受到了地理和自然条件的限制。

在密集农业社会里，人们趋向于生活在扩展家庭中，这是因为密集农业需要大量的劳动力，而修筑控制水利的设施更是如此。许多工作都不是单门独户的家庭所能完成的。农民通过投入自身的资源和继承权来积累土地和其他东西。私有财产观念在密集农业社会已经十分明确。生产的盈余足以支持各种分工。在密集农业社会里，并不是所有人都是农业生产链条上的成员，各种专门化的技艺和匠人都是在密集农业社会出现的。在不同的社会分工的基础上，出现了社会分层。资源配置的权力落入了一小部分的精英之手，而这些人的任务就是维护社会秩序，保护财产，以不同的方式储存生产盈余，以及进行慈善、赈灾活动等等。在政治组织上，密集农业不仅支持**酋邦**的存在，也能支撑国家形式的政治组织。

比之于园艺农作，密集农业无疑生产力更强，粮食产量更高，能养活更多的人口。在密集农业的条件下，社区通常更为庞大。发达的密集农业社会往往田园阡陌，村庄众多。人们在生产上的投入远非园艺农作社会可比。但是，密集农业文化显然与园艺农业文化共有许多特点：均仰仗于驯化了的动植物；都是定居或基本定居。然而，比起园艺农作，密集农业显然对于土地的生产能力和水有更多的控制，在作物上也形成一定的分工，有些密集农业社会种植的主食是麦子，有些则种植水稻，凡此种种。这种日益增长的控制和"单一"作物种植的专门化趋向，支持了更多的经济和政治活动。这种专门化农业生产所创造的盈余有助于社区的整合。比如，中国一些地区农村里的宗族组织，有劝学、赈灾的功能，并以大规模的祭拜祖先活动来整合社区。这些活动的资源就是来自于密集农业社会所创造的盈余。国家的产生，无论从哪一个角度来看，都与密集农业社会出现有关。

与园艺农作不同，在密集农业社会里，土地是永久性使用的。在大部分情况下，如果土地够用，农人不会继续开荒。道理很简单：首先，可以转变为可耕地的土地越来越少；其次，开荒需要较多的劳动力和较大的工作量，因此应该是不得已而为之的事。哈里斯的理论在这里似乎行得通：农人只有感受到人口压力之后，才会去开拓荒地，因为必须为更多的人口提供口粮。由于土地被持续使用，所以在种植过程中一定得下功夫。因而，密集农业社会成员的劳动量比经营园艺农作者要大得多。园艺农作通常在雨季来临之际掘坑播种。之后，在收成季节来临之前，通常不会再去照顾田园。密集农作则不同。农人在播种和收成之间，一定还有其他农事要做，包括中耕除草、施肥，以及从事农田基本建设，例如修筑梯田、加固水坝和田埂等等。这些工作都需要高强度的劳动投入。

　　既然说密集农业是一种适应策略，那么它所适应的是什么样的环境呢？它同样需要园艺农作所需要的几个要素，比如根据阳光、水、肥力安排种植不同的作物。但在这所有的一切当中，密集农业和园艺农业最大的差别在于对这些条件的控制。园艺农作基本上是靠天吃饭；密集农业则不同，往往对水有着更好的管理，还有行之有效的对农田的长期施肥，以及作物的专门化。从几个农业发明的中心地区所发展出来的作物，之所以各有不同，当地不同的自然和气候条件是主因。对此，戴蒙德的书里多有描述与分析。何炳棣在《黄土与中国农业的起源》一书中也强调了这一点。黄土地的农业以种植"小米群"作物成为世界农业发源地之一，是与当地的土壤、植被、地貌、气候、水分等条件分不开的。他指出，中国农业起源地是半干旱的黄土区域内很多小河流域的台地和丘冈，不是泛滥平原，而且在公元前 6 世纪之前并无灌溉，甚至外来麦类的种植方式也是"华北式"，而不是两河式，是旱种，而不是灌溉的。这种独特的农业体系，"很显然是因地制宜，积累长期经验才逐渐发展形成的"。[1]当地干燥缺水已经有几千年历史，形成了黄土地农业独有的状况。

---

[1]　何炳棣《黄土与中国农业的起源》，第 1—26、174—175 页。

人类对水的控制出现在河谷地区，这很容易理解。河水泛滥或者河床干涸对农业都是威胁。因此，人类最初往往是通过在上游修筑灌溉水渠将水引到新的土地上。在下游，堤坝或者排水沟则可掌握时机控制水流，有助于从河流三角洲所特有的沼泽中获得农业用地。这种与河流博弈的状况可谓早期农业发展的心脏。[①]

肥力是农业生产重要的、必不可少的要素之一。在游耕体系里，草木灰提供了很好的肥力，但很容易消耗掉。在不同的田地轮作而不焚烧林木植被是一种选项。然而，如果土地年复一年、高产出地使用，添加肥料必不可少。一种做法是将有机质撒在田里，让其渗入土壤。动物的粪便和腐烂的粮食杂草等，都是有机质肥料。更方便的做法是利用河流冲刷下来所沉积的淤泥。人工筑就的水利渠道等会使河流改道和改变流速，也会使淤泥沉积，从而提供给农耕者重要的、新的物质，以保证耕地肥力可持续。

密集农业与园艺农业最本质的不同之处还在于所种植的作物在多样性上大大减少，呈现出专门化（specialization）的特点。人们在生产实践中一定会发现，有些作物易于种植，人们对它们无须过多关照；有些更有保证，每年的产量大致差不多；有些则可以给人们带来很高的回报，易于储存，而且对水、肥料、阳光等条件的变化所产生的反应十分明显；而有些可作为粮食的植物对驯化的反应更为积

---

① 参见：David W. Haines, *Cultural Anthropology: Adaptations, Structures, Meanings*, p. 53。

极，等等。更为耐寒的作物当然也就更为可靠，成活、生长容易，便于储存和改良，这种粮食作物就更可能在农耕生产中成为主角，这就是专门化。在中东，这种植物是小麦和大麦；在美洲主要是玉米；在亚洲则是水稻。

仅靠河水灌溉和淤泥虽然可以加强肥力，但为了使肥料能更深地渗入土壤则另有要求。使用锄头当然有帮助，但是不太理想。锄头翻地不仅效率低下而且极其消耗体力。如果干旱时间较长，土壤会变得更为坚硬，锄头可能不起作用。犁的发明和使用，使土地得以深耕，这就更接近于理想条件。其结果就是肥料和空气可以更深入地在地里发生作用。由于犁铧沉重，靠人力拉动十分费劲，所以耕牛和骡、马这类牲口对于犁耕农业的价值可想而知。

以上描述简要地论及了农耕技术的提高和改良过程。这些提高和改良意味着劳力投入日益密集。我们可以从水稻种植的三个方面来看密集农业的含义。在东南亚和我国南方，水稻是优越的粮食作物。水稻可以在园艺农业的苗圃——"临时性"农田（swidden）里生长，也可以在密集农业中播撒式（broadcasting）生长，还可以通过育苗插秧（rice transplanting），在大规模的稻田中生长。稻田往往通过密集的沟渠控制水利，因而稻田本身和这些控制水源的沟渠里又可以有鱼类和各种微生物。鱼类不仅补充了农民的蛋白质摄取，其粪便和其他微生物又有利于肥田。我国南方的产稻区域多有这种组合。贵州许多苗族、布依族、侗族的稻田同时也是"鱼塘",提供食用的鱼类。有客人到访时,主人会下田抓几条来制作酸汤鱼待客。

对于农业社会而言,最为重要的是持续使用土地的能力,生产耐受力强、可靠、更能提供热量以及更容易储存的粮食。日益完善的水利灌溉和排放系统带来更高的产出。增加劳动投入提高了单位面积产量。水稻插秧种植加大了劳动投入,带来丰收。其结果是,密集农业的农耕者在数字上赢得了比赛。但最终的后果则远远不是数字所能说明的。①

在密集农业社会,社会和文化变迁比之于狩猎采集社会和园艺农作社会要明显复杂得多和大得多。密集农业使部分人口得以离开农业生产领域,这是城市能够出现的原因。而城市的成长会使社会分层进一步加剧或者细化。例如,专门从事贸易的人出现了,而贸易进一步加强了领导层的权力。他们需要组织有效力的军队来保护商人和商贸路线。各种巨大的公共建筑的出现也是社会分层的体现,掌控权力和拥有资源的精英阶层命令人们为他们做事。

近几十年来,一些人类学家强调,密集农业导致妇女社会地位下降,因为她们不再主导食物生产。随着犁铧、耕畜等密集农业必不可少的工具的使用,基本的农作任务转为男性承担。女人们转而从事辅助性活动,如照顾牲口。家务成为她们的主要工作,例如,密集农业导致印度社会

---

① 参见:David W. Haines, *Cultural Anthropology: Adaptations, Structures, Meanings*, pp. 52-55。

产生"深闺制度"（purdah system）——女性被严格地限制在家内。传统中国的许多精英家庭，甚至一般人人家，也有类似的制度存在。

狩猎采集社会和园艺农业社会的生计模式无法让妇女处于这样的位置，因为社会上所有人都要参与生计活动。而由于群体经常迁移，女性当然也如此。在一些阿拉伯国家的城市里，女性在隔离的后室里生活很是普遍，而乡村妇女得参加生产劳动。过去，我国汉族许多地区的女性裹小脚，如果没有密集农业，这种限制女性活动的习俗不可能出现。

阶级分化也影响到密集农业社会里女性的地位。在一些阿拉伯国家里，社会阶层高的女性受到比低社会阶层的女性更多的限制，因为这些女性无须参加生产活动。这些女性有受教育的自由。在我国历史上也如此。社会阶层高的女性的脚往往比阶层低的女性裹绑得更小，这意味着她们无须参加体力劳动。但她们也比低阶层的女性更有机会接受教育。家庭会让她们与兄弟们一起接受私塾教育，甚至专门为她们聘请塾师。阶级分化对女性地位的影响在现代社会里也有许多证据。根据苏珊·奥斯特兰德（Susan Ostrander）对美国中西部一些城市当中属于最富裕、最有影响力、社会上最显赫的家庭女性的研究，上流社会的妇女都对她们的丈夫卑躬屈膝，为其充当下手。这些女性对她们生活中较为重要的环节和领域没有话语权。女性在丈夫的家族企业中如同志愿者，他们参与工作，但却没有薪水。①

六、 畜牧模式

畜牧（pasturage）生计的出现同样是驯化的结果。在农业社会，人们靠种植粮食等可食用植物为生，畜牧社会的人们则靠畜群为生。因而，在与环境的关系问题上，首先应当考虑的是牧群的价值，因为它直接涉及畜牧的逻辑。畜牧作为一种生产方式，在逻辑上与密集农业基本相同，都是专门化的食物生产。密集农业社会倾向于种植少数几种主食作物，游牧社会倾向于牧养少数几种动物。在选择哪种动物牧养的问题上，与密集农业社会选择哪一种粮食作物的逻辑是相同的，那就是选择高产出、耐受力强、便于培育的动物。耐受力强意味着动物不容易生病、受伤；便于培育也就是便于人为地定向选择，意味着牧人可以根据观察和经验进一步改良畜养动物，使之成为人们所预期的，有更多的肉、奶等产出的品种。牧群还提供副产品，如毛、皮以及骨骼。除了主要的用途之外，动物的毛发还可以提供制造刷子的原料，血可以食用，等等。甚至有些动物的排泄物也有其用途，如牛粪可以作为燃料，尿可以用来清洁。还有一点，动物必须是比较听话、便于成群放

---

① Susan Ostrander, *Women of the Upper Class,* Philadelphia: Temple University Press, 1984, pp. 37 - 69.

牧（herdable）的物种。

畜牧社会牧养的动物中，最常见的是牛、山羊、绵羊。畜牧社会也养育其他动物，但这是基于其他目标。例如，放牧时牧民们往往骑马，因此畜牧社会经常也饲养马匹。放牧羊群时，牧人骑马活动，但还必须有牧羊犬。所以在许多畜牧社会（但绝非所有）里，马和狗因是牧人的帮手而被禁止食用。

畜牧者必须以其他方式与自然相处。但这是为了牧群的缘故。他们可能得根据季节变换而到不同的地方放牧，而季节取决于气温。例如，在夏季，牧群可以赶到比较远的山里，在冬季则就近在谷地里放牧。如果在季节分为雨季和旱季的地方，牧群在雨季时会被赶到较高处放牧，旱季里则沿着河流放牧，便于牧群饮水。即使在没有季节变换的时间里，也需要移动。大部分牧群，尤其是大的牧群，往往需要在辽阔的草场上放牧。

牧群较大是游牧生活的特点之一。牧养的动物不像在游耕或者密集农业社会那样，仅作为食物的补充而存在，而是最重要的食物来源和生活重心。放牧相对较大的牧群自然比较有利，但有时也会难以驾驭，并且多有困难之处。在有些季节里，有些资源，比如水，可能会很缺乏。放养的牧群越大，压力必然越大。在缺水的季节里，植被状况自然也不会好，因此牧群连果腹都成为问题，所以会变得十分脆弱。畜牧的困境在于，一旦遭遇这种情形，往往会是致命的。所幸的是，这样的情况不常发生。灾难性的状况可能会导致游牧群体与邻近的农业社群发生冲突。在北美,农人为了防止畜群闯入靠近河流的田地,会竖起栅栏。然而,在干旱少雨的季节里,牧群可不管这些,它们会破坏篱笆闯入田地以接近水源。我们可以设想,在古代,遇到这样的年景,游牧群体可能就会侵入农业区域,从而引发冲突。我们知道,游牧者一定得与定居者发生交换,不管是直接的,还是以他人为媒介。因而,畜牧群体与农耕者在一定程度上是共生互惠的。但在年景不好时,这种共生就会转变为冲突。[1]

严格而言,游牧分为两种:**季节性的游牧**(transhumance)和"纯粹的"**游牧**(pastoralism)。两者皆"逐水草而居",即在不同的季节把牧群赶到水草较为充沛的地方去。不同在于,纯粹的游牧是牧民整个群体,包括老弱妇孺在内,一年到头跟着牧群走。这种群体在北非和中东十分多见。我国的蒙古族和哈萨克族牧民传统上也是逐水草而居的游牧者。有时,这类牧民的游动范围可达方圆数百公里,如伊朗的贝瑟里族(Basseri)和卡什凯族(Qashqai)。季节性游牧则是群体里的一部分人赶牧群到水草充沛的草场,其他人则留在村里。欧洲和非洲这样的例子较多见。在欧洲的阿尔卑斯山区和其他地方,牧民会在夏季时赶着牧群向高山草场迁移。许多家庭都有牧群,季节到时,通常由男人带上干粮、饮料以及其他生活用品,

---

[1] 参见:David W. Haines, *Cultural Anthropology: Adaptations, Structures, Meanings*, pp. 65 - 67。

赶着牧群进山，其他人照样在村子里从事其他事情。非洲南苏丹境内的努尔人（Nuer）季节性放牧牛群根据的是雨季和旱季之分。当地在 5 月至 8 月间降水量最大，草原变得如同沼泽，牛群如果长时间站立在这样的草地里牛蹄很容易染疾。为防止这种情况发生，牧人会把牛群赶回村落，让牛群处于地势较高的地方。当旱季到来时，牧人会把牛群赶到湖畔水边或沼泽边上的草场。①

季节性游牧者基本是定居的。首先，他们的移动根据的是更能被准确预知的季节；其次，畜牧虽然给家庭带来至关重要的收入，但这种生计往往伴有农耕或其他副业。乌干达的塔卡纳人（Turkana），通常是一部分男人赶着牧群到遥远的草场，大多数人则留在村里从事园艺农业和其他劳务。

畜牧主要分布在北非、东非、欧洲、亚洲，以及撒哈拉沙漠以南区域。主要放牧对象是奶牛、绵羊、山羊、骆驼、牦牛、驯鹿等。牦牛是青藏高原的牧群，驯鹿则是生活在东西伯利亚和我国境内的鄂温克等民族的牧群。此外，生活在北极圈内的萨米人（Samis）也以驯鹿为牧群。北极圈内虽然生活条件严峻，但是萨米人已经完全以现代化的条件和方式来放牧驯鹿。他们开着雪橇车或者使用其他交通工具，随着驯鹿迁徙。

---

① E. E. Evans-Pritchard, *The Nuer: A Description of the Modes of Livelihood and Political Institutions of A Nilotic People*, Oxford: Oxford University Press, 1940, p. 57.

　　西半球原先没有畜牧。我们今天所见的美洲牧民都是东西半球沟通之后的结果。在欧洲人进入美洲之前，唯一称得上与畜牧有关的群体生活在南美洲安第斯山脉。他们饲养骆马和羊驼，但只是用它们来服务农业与交通，也从它们身上获取食物和羊驼毛，所以不是典型的畜牧群体。晚近出现的牧民是生活在美国西南部的纳瓦侯（Navajo）印第安人，他们以放牧绵羊为生。这些羊最初是欧洲人带来的。今天，人口众多的纳瓦侯人是西半球最主要的牧民群体。此外，北美大平原印第安人养马，但不吃马。马是西班牙人 16 世纪带来的，马的机动性使平原印第安人的生产和生活方式发生了巨大的转变。他们放弃了农耕，改为骑马猎杀野牛。马既是他们重要的财富，又是他们的"生产工具"。所以，他们不是纯正的牧民，而是借马之力的猎民，这与农耕社会将牲口作为生产工具的道理是相似的。[1]

　　由于牧群动物不同，畜牧生计条件下的社会组织也有所不同。之所以如此，主要是因为所牧养的不同种类的动物，各有着不同的习性和需要，这影响了牧养它们的人们的生活。畜牧的劳务分工也同其他的生计模式一样，基本上是根据性别和年纪。例如，努尔人一般由妇女和孩子挤奶，只有妇女和儿童不在场的时候，男人才可以做这一工作。妇女还负责制作奶酪、编织筐子等。男性则主要负责放牧和照看牛群。年轻男性还得承担武士的职责。

---

① 参见：科塔克《人性之窗》，第 253—254 页。

相对于放牧牛群者,牧羊者的生活模式有些不一样。由于牛群可以喂养粮食作为补充,因而,牧牛者社会相对说来是更为定居的。例如,努尔人就有永久性的村落,但他们也在临时营地搭棚而居。在这样的社会里,妇女也得不时承担照看牛群的工作。而羊群必须在更为广阔的草场上吃草,它们必须被保护以防食肉动物的侵袭,有时它们还得被抱着渡过河流。因而,强壮的男人在以牧羊为生的社会里更受青睐。

许多畜牧社会间或也有有限的种植。努尔人种植黍(millet),但衡量男人的社会地位和财富靠的是牛群。旱季时,牛产奶量大为减少,努尔人也得做些渔猎工作,并且还采摘野生的可食性植物的果实和根茎以补充食物。尽管畜牧社会伴随有其他生计,但是他们将自身的存在与所放牧的动物紧密联系在一起。他们对所牧养的动物一般都有着很深的情感和敬意。例如,努尔人的名字经常得自他们拥有的牛,他们对着牛唱歌,他们的社会地位也与牛直接联系在一起。事实上,他们还说,牛可以摧毁人类,"因为因牛而死的人远多于因其他原因而死的人"。① 努尔人对自身与牛的关系有一种超自然的理解。在他们的神话里,最初,所有的动物都居住在一起。后来,这种情况被破坏了,其他动物均作鸟兽散。人类杀了乳牛和水牛的母亲们。水牛发誓要通过袭击人类为母亲复仇,而乳牛则说宁愿与人

① E. E. Evans-Pritchard, *The Nuer: A Description of the Modes of Livelihood and Political Institutions of A Nilotic People*, p. 49.

类一起生活，引起他们之间无休止的与债务、聘礼、通奸有关的争执，让他们相互仇杀。埃文斯-普里查德就说，努尔人告诉他，人类最终将与牛同归于尽。[1]

一般说来，畜牧社会的传承是**单边的**（unilineal）。努尔人、伊朗南部的巴克提阿里人（the Bakhtiari）等是父系的——也就是说，财产和移动路线的传承是由父亲传给儿子，代代相继。牧羊的纳瓦侯印第安人则是母系的，女子从母亲那里继承重要的权力，男子则从舅舅那里获得他们的社会地位。[2]

畜牧群体大小差别很大。努尔人以扩展家庭为单位生活，而有些游牧群体，如巴克提阿里人迁徙时组成的群体通常可达数千人之众，所牧的羊可达数万头。游牧群体的政治组织同样也是在规模上和复杂程度上千差万别。巴克提阿里人有领导层，他们的成员通过选举产生或继承而来。[3]

---

[1] E. E. Evans-Pritchard, *The Nuer: A Description of the Modes of Livelihood and Political Institutions of A Nilotic People*, p. 49.

[2] 转引自：Mari Womack, *Being Human: An Introduction to Cultural Anthropology*, p. 103。

[3] 同上。

第五章　人们为什么要交换和送礼？

　　作为上一章的延续，本章讨论人类社会的经济行为。人类学对经济学最大的不满是它的西方中心主义立场，许多基本预设都是建立在工业化社会的语境里，无视文化在形塑人的经济行为上的重要作用。人类学家希望经济学家对人类经济体系的多样性给予更多注意。马林诺夫斯基可能是第一位对西方经济学的一些基本预设提出质疑的人类学家。他对经济学上自我利益最大化的"理性人"（the rational man）假设非常不以为然。他认为特罗布里恩德岛民完全不是这么回事。他们的工作动机非常复杂，来自其复杂的社会与传统，目的并不是满足一己私欲，也不是功利性的。[1] 这一观点后来被人类学界普遍接受。正如许多人类学家所同意的，比之于现代资本主义经济"嵌入"（embedded）市场制度，其他社会文化的经济则可能嵌入在其不同的制度之内，并在市场之外根据不同的原则运作。这是人类学家在总结了大量的田野民族志资料之后所达成

---

① Bronislaw Malinowski, *Argonauts of the Western Pacific*, New York: E. P. Dutton & CO., INC, 1961[1922], p. 60.

的共识。

　　工业化使社会发生巨变，资本主义经济的发展及其可能带来的问题早在 17 世纪就引起了许多有识之士的讨论。苏格兰道德哲学家们在这方面可谓厥功至伟。今天经济学上一些最为基本的概念和假设就是在那一时代开始确立。亚当·斯密（Adam Smith）除了在《国富论》中提出"劳动价值论"之外，他还有另一个隐喻即"看不见的手"。在他的经济学论述里，这个隐喻所指就是市场。现代经济学认为，人们在经济活动中总在追求"个人利益最大化"。

　　人类学家认为，经济学的这一套概念难以解释前工业化社会中人们的经济行为。在前工业社会，人们的经济活动并不像现代资本主义经济那样嵌在市场制度里，而是嵌在其他的制度里——如亲属制度、宗教制度等等。① 人们的经济活动从社会一般生活中分离出来构成另一个领域，完全是工业化开始之后才出现的。所谓"个人利益最大化"在许多社会里也不是推动人们进行交换、贸易的动机，马林诺斯基关于"库拉圈"（Kula Ring）的研究就是个例子。库拉贸易不是为了营利，而是社会关系的维系。

　　简单而言，所谓**经济制度**（economic system）就是人类社会有关生产和分配的规则。如果暂不考虑现代性影响下所产生的一系列通过法律等规章制度建立起来的规则，在

---

① Karl Polanyi, "The Economy as Instituted Process," in Karl Polanyi, Conrad Arensberg, and Harry Pearson, eds., *Trade and Market in the Early Empires*, New York: Free Press, 1957, pp. 243–270.

人类学的意义上，有关经济活动的规则在不同的文化里是有所区别的。它们往往嵌入文化之中，与人们的社会生活息息相关。因此，我们可以认为，文化影响了这类规则的多样性。但是，这些规则在不同文化中并非都具有本质上的差异。我们可以看到，在不少社会里，不同的规则一起在人们的社会经济生活中起作用。尽管人类学家在整个 20世纪对人类文化之异的强调走到了下意识的程度，但是分析不同社会的人类的交换活动，我们会看到，所有社会在与"他者"的交往中，都有建立互信和友情的美德，或者至少有这样的趋势。①

一、 分配体系

传统社会的分配或交换与当代社会有着很大不同。但我们也可以归纳出某些相同之处。例如，分配制度在所有的社会里都与社会组织和权力有关。在一些社会里，资源配置可以成为工具，领导层用它来迫使他人为自己劳动、抢夺民众的财富，以及与民众在工资问题上进行"战争"。在其他社会里，有组织的分配系统使群体里的个人所得资源基本相当，这可以防止个人积累财富或者控制他人，并有效地强化了平均主义的关系。

① 参阅：Thomas Hylland Eriksen, *What Is Anthropology?*, London and Ann Arnor, MI.: Pluto Press, 2004, pp. 98 - 99。

几乎在所有的社会里，声望（prestige）在资源配置上都是重要的动力。马文·哈里斯曾经说过："在世界民族志的展示当中，最令人印象深刻和着迷的生活方式是'追求声望'（drive for prestige）的奇怪欲望。"[1] 他注意到，许多美国作家也察觉，这种欲望流行在美国文化里，在世界其他地方亦然："本世纪（20 世纪）早期，人类学家惊异地发现，在一些原始部落里，人们的炫耀性消费与炫耀性浪费的程度，甚至在最浪费的现代社会也有所不及。"[2]

声望的实现在不同的社会里所根据的是它们不同的分配系统。分配或者交换系统包括了**一般性互惠**（general reciprocity）、**平衡互惠**（balance reciprocity）、**再分配**（redistribution），以及**市场体系**（market system）。在小型社会里，比如狩猎采集社会，一般性互惠往往是它们的组织原则和唯一的分配方式。但这样的互惠方式普遍存在于人类社会，无论这些社会以平衡互惠、再分配，还是以市场体系为主。一般性互惠在其他社会中往往在家庭里奉行。本质而言，一般性互惠存在于所有人类社会。

人们经常说："没有免费的午餐。"这种说法从跨文化的角度来看，是可以说得通的。交换体系确立了群体内个人的责任，这种责任使得一个群体内部的成员相互依赖。一个人在交换网络上的位置可以决定其身份与地位。有民族

---

[1] Marvin Harris, *Cows, Pigs, Wars, and Witches: The Riddles of Culture*, New York: Vintage Books, 1974, p. 95.
[2] 同上。

志证明，在一些社会里，女性在群体里的威望取决于她控制经济资源和据此建立与外在社会的交换关系的能力。

分配体系与社会组织的其他方面密不可分、相互缠绕，包括生计模式、政治体系、亲属制度、宗教等等。在一定的意义上，被交换制度所决定的相互之间的责任关系可以形塑社会成员的行为，以符合社会的期待。交换制度具有强迫性的一面，但一般性互惠是个例外，在一些典型的再分配的场合则可能表现强烈。总之，分配体系决定了我们可以从一个相互依赖的网络中获得所需，无论是物质上的还是精神上的。[①]

人类学家发现，在前工业化社会里，分配可以通过"礼物"（the gift）赠予的形式表现出来。然而，礼物不是随意赠予的。礼物赠予有它的逻辑和功用，即便在最为公平的社会里，送礼与收礼的过程和方式，都受到了所在社会的逻辑的规约。这些逻辑的存在使得社会处于一种平衡甚至和谐的状态。在当代社会，礼物赠予依然存在于许多文化中，是人们之间相互往来、维系彼此联系的一种方式。

二、 礼物

在我们的社会里送礼是很频繁的事情，以至于不少官

---

① 参见: Mari Womack, *Being Human: An Introduction to Cultural Anthropology*, Upper Saddle River, New Jersey: Prentice Hall, 2001, p. 109。

员因此而陷入泥潭。很多事情没有礼物往来几乎都办不成。在其他国家，这种情况也是存在的。在一些法制严明的国家里，礼物的额度是有严格限制的。这一法律上的规定反映了曾经存在的送礼之风。任何法律制度的出台都是建立在社会事实之上，都是为了规约某些社会现象。所以，我们不应为人们之间相互送礼的风气感到不安，应该感到不安的是有关方面是否能对此做出规定，把人们通过相互送礼联络感情的社会活动限制到最小的范围。我们也不应把送礼之风视为中国文化中某种本质性的存在，因为它同样存在于其他文化里。民族志材料证明，礼物馈赠在传统社会里十分多见。

在我国社会里，礼物赠送经常带有交易的性质。在法制严明的国家里，这种情况也曾广泛存在。对送礼额度的严格限制就是为了杜绝通过礼物馈赠进行交易，把礼物馈赠及其回报限制在最低的程度，即限制在仅仅是为了表示感谢或者表示良好祝愿范围内。在美国，尤其是年纪在5—12岁之间的孩子们，有在家里举办生日聚会（birthday party）的习惯。来参加聚会的同学们都会带上个小礼物。举办生日聚会的同学的母亲会为每个参与者都准备一个回赠——装些小玩意儿的"treat bags"，在他们离开之前赠予他们。这是用来对他们的参与表示答谢，同时是对礼物的回赠。因为这些参加聚会的孩子们的父母得利用难得的周末为自己的孩子准备礼物，他们自己也参加，至少开车接送等，既花时间又花钱。事实上，是这些父母支持了这个聚会，他们也为自己的孩子的快乐做了付出。按照经济人类学的观点，这就是礼物交换。生日派对是典型的平衡互惠的例子，它具备了三个基本阶段：给予礼物—收受为有关的人接受—给予者接受收受者的回赠。这个系统在生活中不断重复。

"来而无往非礼也。"这句中国古话说明，互赠礼物关乎"礼"——这是我们将赠予或回赠的物品称为礼物的原因。在传统中国，儒家伦理讲究的是人伦格局。这一格局是系谱性的，以代际和年龄为轴。儒家伦理要求人们在交往时应根据不同的辈分和年纪施之以礼。所以，对于不同辈分的亲人，我们有不同的礼节，这套礼节的符号，是为所谓的"五服"，也就是在葬仪上根据与死者的关系所穿的孝服之类。在日常生活中，不同的礼节表现在礼物的呈现上，是谓"随礼"。这种礼规定了我们对不同的人所应具备的基本态度。在一个家庭里，这样的礼物馈赠一般说来是不期待回赠的。送礼者所期待的无非是长辈对自己有更多的关注。这样不期待回报的礼物馈赠，人类学上称之为"一般互惠"。父母给孩子东西一般不要求回报，但也不可一概而论。在此，文化的确扮演重要角色。

费孝通先生在《乡土中国》中谈到中西文化的亲子关系时曾指出，在传统中国社会子代对亲代有反哺的义务，而在欧美社会则不同，他们是亲子之间如同"接力"，子女没有赡养父母的义务。前者似乎更有人情味，但也造就了"养儿防老"的传统。在这样的传统里，父母在抚育、培养孩子上的付出，从长远的观点来看，可谓有所期待。从这个角度来看，有点像是所谓的"平衡互惠"。但在拉扯孩子成长的过程中，父母给予孩子的礼物所贯穿的却是一般互惠。而且，即便是这种意义上的平衡互惠，也不见得任何回报都必须是等值的。包含了信任、情感在内的互惠很难做到真正意义上的平衡。所以，简而言之，要求有来有往的互惠虽然有平衡互惠的意思，但事实上却可能是人类学家阎云翔所说的"不均衡互惠"。总之，在**平衡互惠**原则下，如果只收礼不还礼，必然导致最终不相往来。所以，礼物的往来是维系社会关系的一种基本方式。[1]

但是，究竟什么是礼物呢？或者，礼物的本质是什么？礼物与商品有什么本质上的不同？礼物交换是否不同于其他东西的交换？这些都是人类学家长期思考的问题。

在社会科学领域里，在这些问题上产生最深远和广泛影响的著作来自于马塞尔·莫斯（Marcel Mauss）。他在1924年出版的《礼物：古代社会交换的形式和理性》的核心问题是"为什么人们收到礼物时，总觉得有义务偿还"（feel obliged to reciprocate when they receive a gift）？这意味着礼物并非真的免费，因为它总是带来偿还的负担。在莫斯著作中作为案例的美拉尼西亚（Melanesia）、毛利（Mori）、瓜求图（Kwakiutl）社会里，人们总是回赠与他们所接受的礼物几乎等值的物品。于是，他萌生了"到底为

---

[1] 参见：阎云翔《礼物的流动——一个中国村庄中的互惠原则与社会网络》，李放春、刘瑜译，上海，上海人民出版社，2000年版。

什么要赠予"的问题。他的回答是，赠礼与还礼将所有相关的参与者联结起来。上述三个社会也因为"礼物经济"（gift economies）而闻名：东美拉尼西亚人高度仪式化的装饰性项圈和臂带（arm bands）交换、瓜求图人的"夸富宴"（potlatch），以及新西兰毛利人有关赠予本质的复杂哲学。所有这些都表明，礼物承负着赠予者的身份与认同，不同于西方商店里的商品，因而是某种有神秘力量东西。[①]

美拉尼西亚的"库拉圈"远近闻名。莫斯解释了东美拉尼西亚群岛的交换制度是如何通过那些贝壳制成的装饰品如项圈和手镯等物件的交换，来固化权力和参与成员的地位——尽管在事实上没有人从中获得物质性的"利"（profit）。参与者都经历了交换的三个阶段——赠予，接受，回赠（reciprocation）。这种交换的底线是建立社会关系。"赠予"（bestowing）帮助形成社会关系，如此依次循环，就此建立起社会。所以，莫斯认为，在礼物经济体系里，回赠是礼物接受者最关键的责任。回赠在三个例子里都是核心——通过回赠，个体维护了交换系统并在根本上维护了它们的社会世界。

莫斯对于回赠义务的讨论在解释毛利人的概念"豪"（hau）上进一步细化。"豪"是毛利人的词，原来的意思是

---

① 参见：Marcel Mauss, *The Gift: The Form and Reason for Exchange in Archaic Societies*, Translated by W. D. Halls, New York and London: W. W. Norton, 1990。亦见：Richard R. Wilk and Lisa C. Cliggett, *Economies and Cultures: Foundations of Economic Anthropology*, Boulder, Colorado: Westview Press, 2007, p. 159。

"物件之魂"（the spirit of things）。在交换当中，礼物赠予者所拥有的这类超自然元素——如"势"或者力量，会附在礼物上。换言之，接受者所收到的礼物并不是"无生命的"（inactive），即便是件赠予者放弃的东西，也是如此。这么一来，对于赠予者而言，所获的利益仅仅如同把盗贼扣在手里。这是因为礼物的活力来自森林的、健康的、土地的"豪"。当进入交换之后，"豪"会跟着每一位获得礼物的人，因为"豪"总是"想要"回到它原来的拥有者手中。① 这是每一受礼者必须回赠的原因。

对于北美西北海岸的瓜求图社会的夸富宴，莫斯认为是一种绝对的服务（total service）。包括上述两个例子在内，莫斯指出，在许多前现代社会里，哪怕是最简单的物品、财富、产品交换等，几乎不见是通过个人成交的。其一，参与交换的压力，均来自集体而非个人。参与的各方可以来自氏族、部落，或者是家庭的成员，他们或在本群体内已经有所对立，或者因为头人之间的对立而对立，或者二者兼有之。其二，所交换的不仅仅是简单的财富——可移动和不可移动之物，以及经济实用之物。严格而言，这些交换是礼貌性的行动（acts of politeness），包括宴会、仪式、军事服务、妇女、孩子、跳舞、节日和集庆等等，经济交易仅是其一。财富的传递仅仅是整个一般性和持续性社会关系中的一个特征。其三，通过某种无偿的礼物和

① Marcel Mauss, *The Gift: The Form and Reason for Exchange in Archaic Societies*, pp. 12 - 13.

献礼的形式，这些纯粹的服务和返方的服务都实现了其承诺，尽管这些承诺在本质上可能会强加在个人的痛苦和公共冲突之上。莫斯称其为纯粹的服务系统（the system of total services）。

"夸富宴"的原意是"去喂食"（to feed）、"去消费"（to consume）。这些生活在北美洲西北岛屿上、海岸边，以及从落基山脉到海岸线之间地区的部落都非常富有，整个冬天都沉浸在各种理由的节日般的大吃大喝的狂欢之中。同时，这也是隆重的部落集会。参与的部落原则上都是对手，在所有的仪式和其他实践中都彼此怀有敌意。这类狂欢甚至导致仇杀对方的酋长和贵族。为了击败对方酋长及其同伙（通常是对方的祖父、岳父或者女婿），一个参与的酋长可以耗尽所有专门为此而积聚起来的财富，以极度的奢靡浪费宴飨众人。在这个意义上，这种"送礼"是绝对的服务。它确实是氏族的个人和头人通过他们的作为来实现承诺。虽然在这一"服务"的行动中，头人表现得极度好战，但是，从长远的观点来看，这在本质上是一种"高利贷"（usurious and sumptuary）。贵族们知道这一斗争将在他们之中建立起阶序，这将最终给他们带来利益。[1]

不仅如此，在后来的更为系统性的研究中，人类学家发现，除了大规模的浪费性消费之外，参与的部落或者氏族实际上把一些东西给予可能需要这些东西的其他群体，

[1] Marcel Mauss, *The Gift: The Form and Reason for Exchange in Archaic Societies*, pp. 5 - 7.

然后等待下一次"夸富宴"给他们带来他们的地区可能没有的东西。人类学家还发现，除了再分配意义之外，夸富宴制度给参与者带来了地位和名声。比起他人，如果能赠予更多，酋长就能得到荣誉，在社区获得更多的尊敬和更崇高的地位。[1]

总之，莫斯和马林诺夫斯基的研究均认为，并不是所有人类社会的交易都追求在经济上获利。一些社会活动证明，经济行为或活动经常被文化所框定。但是究竟什么是所要求的、做何买卖，以及何种物质或者非物质的价值不能被自由转换？这些因文化不同而有异。正如我们如果想要理解，为什么在我们的文化里，卖件衣服和出卖身体二者在道德上有所不同，或者为什么在我们的城市里，一些居住小区的房价会比另一些高出四五倍，那就需要理解价值和交换体系，而这往往超出了经济概念的边界。事实上，在经济人类学的观照里，没有任何东西是纯粹经济的。所有的经济体和经济活动都有其地方的、道德的和文化的成分。[2]

综上所述，我们可以认为，一件礼物绝不仅是馈赠的物品而已。因为在所有的文化里，它还是如此有效和独特的物流工具，并且创造社会联系和展示道德价值。以上例子展示了人类学如何进入理解这一现象的路径。如同人类

---

[1] Richard R. Wilk and Lisa C. Cliggett, *Economies and Cultures: Foundations of Economic Anthropology*, p. 156.

[2] 参见：Thomas Hylland Eriksen, *What Is Anthropology?*, p. 88。

学的其他课题，这一研究同样是从对所谓的"原始社会"的考察开始的，所关心的是"原始交换制度"。

在《礼物》问世 20 年之后，另一部影响力堪比此书的著作出版，这就是卡尔·波兰尼的《巨变》（*The Great Transformation*）。在此书中，经济历史学家波兰尼指出，一个社会通过三种原则在经济上获得整合，即互惠原则、再分配原则、市场交换原则。**互惠原则**建立在信任和立即返还的基础上，包括以物易物和直接的物品与服务交换。**再分配原则**如果缺少至少相对中央集权化的权威的存在是不可能的。社会所生产的任何东西都必须上缴一定的比例给所认可的权威实体，而这一权威实体有义务把上缴所得的剩余价值返还给其子民。在现代社会里，税收是最主要的再分配原则的体现。在传统社会里，类似的做法更是普遍。**市场交换原则**整合社会经济靠的是物品和劳动力的买卖。买方和卖方无须认识对方。市场可将潜在的、数目众多的人整合进一个共享的系统。

《巨变》在经济人类学领域里产生了巨大影响。波兰尼不是人类学家，但在写作中大量地依赖人类学家关于"原始经济"的文献。值得注意的是，该书在很大程度上是一部关于西方经济历史的著作。"巨变"所指的就是向资本主义经济的过渡。这是他的关注所在。不仅于此，波兰尼还是自由市场经济的批评者。根据他的观点，与无情的市场竞争相比，互惠和再分配是更为自然和更为人性化的经济互动形式。在关于传统经济体系的讨论中，他提出了一些对经济人类学有意义的观点。他认为,"最大化"(maximization)并非人的本性。在许多社会里,人类的经济活动是为了生存和建立彼此之间的互惠联系,如不遵守规则将被所在的社会网络剔除。对个体而言,这是最严重的惩罚。

波兰尼还指出,经济系统构成社会整体的组成部分,并根据道德常规在不同语境里起作用。波兰尼拒绝了关于人的自然状态是居家层面的自给自足的传统观念,并援引新西兰人类学家、在伦敦政经学院任教的雷蒙德·弗思(Redmond Firth)对波利尼西亚人的研究指出,哪怕只拥有简单的技术和微不足道的能力去创造剩余价值,人们都会不同程度地参与交换。波兰尼强调,互惠和再分配并非只是小型和简单社会的治理原则,也在强大的帝国里发挥功能。[1] 虽然波兰尼的理论在批评资本主义体制的知识圈中更为流行,但他关于自由经济成长历史的看法对经济人类学兼具刺激和思想资源的意义。他不同意传统经济学领域"理性人"的基本假设具有普世性,极富意义地昭示了人们在经济生活中的多种样貌。最重要的是,他反对将经济视为独立于社会生活整体之外的存在。波兰尼与莫斯二者之间相似之处甚多——尽管前者没有援引后者。他们两人都认为,心理动机是复杂的,人有所得,就得与他人分享和获得社会接受;两人也都认为,互惠是强有力的社会黏合剂。

---

[1] Karl Polanyi, *The Great Transformation: The Political and Economic Origins of Our Time*, Beacon Hill: Beacon Press, 1944.

波兰尼有关互惠、再分配、市场交换三个原则的理念对社会文化人类学的影响具有深远意义。按波兰尼的看法，这三种交换形式是可以并存的。例如在当今社会，我们都可以感受到在礼物交换过程中所产生的多层的文化和社会意义；平均主义社会的互惠形式依然见之于我们的社会，而作为国家公民，我们也生活在由国家掌控的再分配体系中。市场交换更是我们生活的每日必需。波兰尼的三原则刺激了许多人类学家投入研究不同社会的经济领域和交换制度，并做出了跨学科的贡献。

三、　互惠与赠予

波兰尼的学说影响了许多人类学家。其中，最具影响力的当数美国人类学家马歇尔·萨林斯。他的论文集《石器时代的经济学》是经济人类学的经典之作。这本书深入讨论了传统社会的互惠形式。在充分汲取和发展波兰尼与莫斯的洞见的基础上，他提出了我们已经略有提及的三种互惠形式：一般性互惠、平衡互惠、消极互惠。

最典型的一般性互惠每天都在大部分人的家里发生：父母不计回报地抚养孩子成长，提供他们吃穿住行所需，为他们交学费，以及支付他们学习其他才艺的费用，等等。通常父母并不会期待回报。当然，他们可能希望日后得到爱、情感、关照，但这不是他们在给予时必然会想到的。

萨林斯认为,所有参与一般性互惠者都会凭直觉知道是否有回报,毕竟人同此心。在许多奉行平均主义的社会里,人们没有私有的观念,给予和接受都不会考虑是否有回报,他们甚至连这样的概念都没有。

平衡互惠是针锋相对的交换(tit-for-tat exchange)。当交换或者赠予时,发起交换的一方即赠予者期待接受者在可以预计的时间内给予等价的回报。库拉圈或者聘金在一些社会里就属于平衡互惠。地位低者向地位高者献礼、进贡(tribute)等,也属平衡互惠。平衡互惠有时要求回赠物价值要高于赠予物。这就导致了如夸富宴那样的制度出现。于是,互惠成为竞争,如果无法回赠价值更高的礼物,那就是失败者,意味着丢人和被羞辱。波兰尼或者莫斯都承认,传统社会存在着买卖行为,但是市场不重要,社会没有市场照常运行。

萨林斯把消极互惠定义为"一种无偿获得的企图"(an attempt to get something for nothing)。[1] 这一定义提醒我们,简单社会在群体内或许没有群己边界(boundary),但群体间确乎存在着边界。"他我之别"(Us/Them)普遍见之于这类社会,因此从他者中无偿获得自己想要的东西无疑是最好的。

萨林斯划出了三种互惠之间的边界。一般互惠和平衡互惠有利于社会整合。一般互惠往往发生于关系亲密者之

---

[1] Marshall Sahlins, *Stone Age Economics*, Chicago: Aldine, 1972, p. 195.

间。卡拉哈里沙漠的昆桑人的食物分配是为典型。他们以亲属关系构成游群，过着狩猎采集生活。无论是谁有所猎获都得与其他成员分享，其他人即便在狩猎中无所斩获，也照样得到所应得的一份。萨林斯认为，之所以如此，是与该社会的人们几乎没有私人财产有关。在这样的社会里，自私被认为是卑鄙的。那些最为慷慨大方的人往往得到全社会的尊重。

平衡互惠往往发生在彼此靠近的村庄之间或者有着同一认同的村落群内，以及彼此相识者和关系较远的亲友间，通过与所熟悉和信任的人交换礼物而建立起信任。马林诺夫斯基笔下的特罗布里恩德岛民在"赠送"贝类所制成的项圈等礼物的同时，也在他们的小船上载了大量用来交换的物资，包括食物和其他实用物品。所以库拉的价值还在于带动了真正的贸易。它本身仅仅是回赠的承诺，但讨价还价地交换其他物资贯串了这一过程，参与的各方都想从交易中尽可能得到便宜。平衡互惠对缔结和维系社会网络至关重要。因此，收受方如果不在合适的时间跨度内回报赠予方，那就意味着关系终结和交换系统瘫痪。[1]

消极互惠不具道德感，事实上毫无互惠可言。消极互惠往往发生在互不信任者或者陌生人当中。大公司兼并与之竞争的较小的公司——这种事经常在现代社会上演，几乎不会考虑被兼并买下的公司行政管理层下的众多员工的

---

[1] 参见：Richard R. Wilk and Lisa C. Cliggett, *Economies and Cultures: Foundations of Economic Anthropology*, p. 163。

利益。盗贼也绝不会考虑被盗者的利益。职业赌徒绝不会把对方视为牌友。所谓"一本万利"或者"无本买卖"都是消极互惠的体现。

　　萨林斯提出的三种互惠也遭受了许多批评。一种指责认为，萨林斯没有把他的模式运用到其他可能对这些原则有着不同表达方式的社会中来进一步审视。他所用的绝大部分例子都来自南太平洋地区。萨林斯的模式作为分析出发点或者理想型是合适的。该模式提供了一系列准确和简约的"量身定制"的概念，考察不同交换关系的道德性内容，并揭示道德、经济、社会整合如何相互作用和缠绕在一起。正如如何在三种互惠之间划分边界是一个实证问题那样，三种形式的互惠告诉了我们社会关系的不同性质。这种性质告诉我们，有关社会是怎样的一种整体及其与外在社会的边界。[①] 由于三种原则可以在一个社会里并存，因而这些边界也涉及了认同。所以，莫斯才会认为，拒收礼物如同拒绝团结，本质上是一种罪行。[②]

四、再分配

/

　　再分配（redistribution）是在获得了大量的物资之后（如食物或者其他用品），再将它们分配下去。这一过程在

① 见：Thomas Hylland Eriksen, *What Is Anthropology?*, pp. 91 - 92。
② 转引自上书，p. 97。

一些传统社会里经常伴随着庆典性的大吃大喝和财产赠予等活动与行为的展示。提供食物供人吃喝者被回报以声望和尊敬。前面提到的北美西北海岸的瓜求图人的夸富宴就是最为人所知的再分配案例之一。新几内亚的"猪宴"是另一著名的例子。

在此需要简要谈下夸富宴在再分配上的意义。正如我们所知,瓜求图社会分布的区域自然条件极其优越,大量的海产品和森林为他们的社会发展出政治等级创造了条件,这在狩猎采集生计社会里是绝无仅有的。但如果酋长或者氏族头人要扩大他们的影响和加强他们的声望,发起夸富宴是必不可少的。马文·哈里斯指出,夸富宴的目标是给人以更多的东西,或者展示能比对手摧毁更多的财富。如果赠予者是一个酋长,他可以通过赠予获得无与伦比的声望和敬意,为此,甚至不惜烧掉自己的房子。[1]

在庆典过程中,主宾之间相互竞争,把东西给予他人,尽量毁坏有价值的东西,以求占据优势,赢得名声。把有价值的东西和食物给予来宾,给予者不啻是在羞辱对方。为了避免被羞辱,来宾之后也会发起夸富宴,邀请原先的给予人参与。而所给予的食物或者其他东西的价值必须尽量超越原来的,以"偿还""债务"。这一过程其实也是再分配的过程,许多人分享了夸富宴发起者所给予的物品和食物。

在新几内亚,"猪宴"可以决定充满雄心的"大人物"

---

[1] Marvin Harris, *Cows, Pigs, Wars, and Witches: The Riddles of Culture*, p. 95.

（big man）和当地村落联合体（unite villages）的政治运气。村落联合体是相互间有义务的区域网络。如果一个大人物缺乏对他人的正式权威，就可以通过提高他的声望来扩大他的影响力。在人类学家埃尔曼·瑟维斯（Elman Service）提出的政治组织模式里，一个大人物综合体就是政治组织的部落形式。[①] 猪宴的组织在原则上与夸富宴相似。绝大部分的新几内亚人是园艺农业者，他们生产各种蔬果和根茎类植物供每日食物所需。他们也养猪和种植不同的薯类作物供猪宴消费和庆典性分配。

如果一个人要通过扩大他的影响和加强他的名声来成为大人物，或者维持其已经拥有的大人物的地位，他就必须安排猪宴。而他所能做的就是通过联合他的亲属成员来提供薯类和猪。最重要的是他的妻子们的贡献。大部分新几内亚社会行多妻制（polygamy）——一个男人可以拥有一个以上的妻子。在劳务分工上，女子从事园艺劳作与喂猪，因而只有已婚男人才有可能争取成为大人物。在这些社群看来，一个男人的生活可以没有猪，但如同一个没有身份的人，会被人瞧不起。

大人物不能强迫他的亲戚为他提供猪和薯类。因此，为了让亲戚帮助他成为大人物，唯有通过口才来动员他们。在过去的庆典上，最重要的、被用来再分配的是猪和薯类；但在现代猪宴上，用来再分配的有卡车、摩托车，以及成

[①] 参阅：Elman Service, *Primitive Social Organization: An Evolutionary Perspective*, New York: Random House, 1962。

千上万的美元现金。大人物是专门为他的对手——另一位大人物及其追随者举办猪宴的。举办者在这样的场合将他的有价值之物赠予他人,展示自己的富裕和聚敛财富的能力,同时也嘲弄宾客。大人物会说:"我赢了,因为我给出这么多东西来击败你。"

被邀请的大人物会在合适的时间内邀请原先猪宴的主办者来参加他的猪宴。而"回赠"的猪宴往往场面更大、更排场。这样的"回报"体系在交换网络的意义上联合了整个地区,强化了联盟,提供新几内亚的传统的冲突和村庄竞争的框架。①

许多酋邦的分配形式也构成再分配系统。酋邦内各部落或者次级政治单位得向酋长进贡,酋长再把这些贡品重做安排分配给其子民。酋长居处附近会有储存进贡物资的仓库。而在事实上,在贡品上交的过程中,比如收集和运送途中,地方上的各种人物会取走部分物品,在贡品重新分配的过程中,也如此被有关人物再取走一些。这些也都构成了再分配。

五、市场体系

市场体系建立在供需关系之上。与前面所提到的其他

① 参见: Mari Womack, *Being Human: An Introduction to Cultural Anthropology*, pp. 112 - 113。

交换形式不同，市场体系并不一定要在商品和服务的供应者与接受者之间建立持续的关系。典型的市场体系会建立在一个由有着不同专门任务和具体分工的社会角色所构成的社会里。在市场体系中，运送商品到市场，向买主和潜在买主促销商品、展示商品，以及在交易过程中对各种成本和利益进行磋商等，都耗费了大量的时间。

交换的市场体系可以在一个空间中组织起来，这就形成了市场（marketplace）。这是市场体系的中心所在，销售者在这个地方摆摊开店，展示和出售他们的商品。交换过程中的讨价还价是很自然的。在这一过程中，商品和服务等价交换。交换也经常通过现金成交。现金是货币的体现，货币是交换的一般等价物。

现金使得交换能在市场以外的地方进行，但这会弱化交换建立起来的社会纽带或者社会契约。在超市里，当顾客购物付款时，发生了非常有限的社会互动，互动的双方相互间并不了解。这种交换仅发生在买卖商品和服务的场合，不会涉及彼此的社会关系。"信用"（credit）使用在交换上则是"非人的"，购物可以通过电话、"中介"或查阅商品目录来达成。近些年来，互联网催生了"电商"的崛起，这在我国尤为发达。人们进行购买时完全不用与卖家见面。现金、信用卡、网络实际上使市场扩张，商品和服务的买卖在交易双方之间只需要有限的互动，甚至不需要互动。

然而，传统的市场却不是这样的。传统的市场是多种形式的社会互动的场所。在那里，伴随着货物交换的是信息交流。大量的民族志当中都有对市场的描写。在那里,人们在交易之后与朋友见面,喝茶、咖啡或者其他饮料,交谈、闲聊,进行各种娱乐活动,最后约定下次见,等等。在有些社会里,如在墨西哥中部地区,市场是当地人主要聚会的地方,当地人每天或者每隔五天便会徒步过去,除了做些买卖之外,更重要的是享受与朋友在一起闲聊的时光,分享该地区最新的消息。

市场在现代性的条件下无法与政治脱离关系。股票市场的浮动往往受到政治条件变更或者对政治变动的预期的影响。在传统的市场上,其实也常有政治在场,只不过影响力可能仅仅局限在非常有限的地域里。比如,在许多社会里,市场允许妇女享有一些在其他地方不可能有的特权。由于市场在经济上的重要性,这些妇女的影响力就可能进入地方政治场域。研究墨西哥妇女的朱迪斯·马蒂(Judith Marti)就认为,地方政府会因为市场上的妇女的要求,降低对卖主或者小贩的收费,以及改善市场的其他条件。在一些例子里,这些妇女是寡妇,她们的生活状况比其他女性更为无助和贫穷。如果她们不在市场上参与交换,情况可能更糟。为了获得收入,这些寡妇必须离家做事。她们多选择在市场上做小买卖。在那里,她们发现自己所处的境遇非常不如人意。所以她们为自己的权益采取了行动,境遇获得了一定的改善。[①]

---

① 参见: Mari Womack, *Being Human: An Introduction to Cultural Anthropology*, p. 114。

西非的阿散蒂（Asante）市场则体现了女性的自主性。阿散蒂妇女经常参与市场活动，体现了掌握自己命运的能力。在市场上，这些妇女决定所出售的新鲜蔬果的价格。她们觉得出售蔬果的工作不适合男人，市场完全成为女性所掌控的场所，她们决定进货的价格、维持市场秩序，并同加纳权威当局就生意上和市场维护上的问题进行磋商。然而，尽管阿散蒂是母系社会，妇女在市场上有充分的决定权，也因此在经济上和政治上有一定的权力，但在家庭领域，她们的角色依然如同丈夫的仆人。如同任何地方市场上的妇女，她们在社会上的地位依然低下。①

---

① 参见：Mari Womack, *Being Human: An Introduction to Cultural Anthropology*, pp. 112 - 113.

第六章　我们到哪里去?

在留美求学时的一次讨论课上，一位同学问任课教授："请问您是宗教徒吗?"教授答曰："如果是，那我情愿是佛教徒。"这则小事告诉我们，信仰一直是人们所关心的问题。正因为教授在讨论中对宗教信仰的存在有些积极的评价，才引发了那位同学的追问。同时，教授也流露他对某种宗教的偏好。作为一位研究泰国社会文化在国际上深孚众望的学者，做这样的回答一点也不令人奇怪。紧接着，教授又说，所有宗教的核心关怀都关乎"死亡"。

后来，在同一所大学任教的一位经济学家在和我聊天时也说："西方艺术是死亡的艺术。"（The western art is the art of the death.）这位教授来自波兰，酷爱收藏艺术品。因为在温哥华的某一画廊发现了一位中国国内无人了解、客死他乡的杰出画家的画作，便在北美收集这位画家的作品，还颇有收获。由于这位画家来自我的故乡，经由我导师的介绍，我们成了朋友。我发现，他不仅仅喜欢这位画家的作品，还热衷于中国传统的水墨画。我于是问他："你喜欢收藏中国人的油画，但生活中好像更喜欢水墨画，难道这当中有什么联系？"他回答说："我在周（即他发现的那位画家）的画作中看到了中国文化的元素。他的作品给人带来愉快和光明的感觉，所以我喜欢。这也是我想进一步了解中国传统美术的原因。"他也谈及在世界各地一些著名博物馆里欣赏古代中国文人画作，觉得有种静谧之感——大概就是所谓的"禅意"吧。接着又提起他从热爱西方传统艺术到对之产生一定程度嫌弃的原因，于是就有了"西方艺术是死亡的艺术"的断言。

的确如此。欧洲成为"基督教世界"（Christendom）之后，教堂遍布。建造教堂也是艺术家进行创作的机会，所有的题材自然都是宗教性的。其影响之深，以至于我们今天在欧洲和美洲各地看到的大量艺术品，诸如雕塑、绘画等，许多都与基督教有关。加之基督教中大量的耶稣基督道成肉身、末日审判之类的表述，死亡自然成为宗教艺术中的母题（motif）。进入现代之后，这一母题未见消失，它还是潜移默化地贯穿在许多后世艺术家的作品里。这种情况说明了什么呢？首先，死亡既然是基督教艺术（如果可以这么说）的母题，自然也就是基督教的母题。其次，大量有关死亡的意象见之于教堂和基督教及其他宗教的话语里，说明人世间的死亡和灾难，也就是佛教的所谓"无常"不仅不可预知，而且死后的世界根本就是不可知的。难道不是吗？基督教喜欢谈永生，佛教谈轮回转世，道教谈羽化登仙，凡此种种。几乎在所有的文化里，有关死亡的仪式都是仪式生活中的核心。无论是出于对死亡本身的畏惧，还是出于对亡灵的畏惧,隆重的仪式都是免不了的。可以认为,挥之不去的死亡阴影,使人们产生了对有关"生前死后"问题即"存在"之意义的思考。所以,宗教的终极关怀可以归纳为"到哪里去"的问题。

宗教信仰是人类文化中最为醒目的事实和现象之一,因此也一直是人类学家的核心关怀。不管同意或者不同意,宗教对于人类生活的影响之深是其他文化事项难以望其项背的。萨缪尔·亨廷顿(Samuel Huntington)——已故的美国政治学家甚至认为,当今世界的几大文明都是以宗教为核心的。这是他的文明冲突论的立论起点。无论这一说法有无道理,它至少说明了宗教的重要性。

一、 什么是宗教?

社会科学历史上的一些重要理论家都曾认真严肃地讨论过宗教问题:涂尔干论证了宗教是如何影响了集体成员对他们所在社会的认识;马克思探寻宗教在支持既定秩序和社会特权阶级地位方面的意义;韦伯阐释了基督新教伦理与资本主义精神之间的关系;弗洛伊德认为宗教源于家庭和群体生活的精神动力;列维-斯特劳斯则探求在神话和神圣故事背后的所有人类所共享的信息;而维克多·特纳(Victor Turner)考察宗教仪式,专注于审视其结构和功能。他们,当然还有其他一些学者,在知识的宝库里,为理解宗教的本质及其在社会里的角色，做出了重要贡献。

　　人类学家强调宗教的普世性，但这并不妨碍他们认为，即便信仰同一种宗教，每个独立的个人都有着自身独特的考虑，每个文化都有宗教传统，没有任何宗教信仰的社会是不存在的。然而，如同其他许多重要概念那样，要把存在于许多文化之内（或者之间）的千差万别的宗教信仰实践都定义为宗教并不是一件容易的事。

　　汉语的"宗教"一词来自日语。日本人用汉字组成"宗教"翻译"religion"。在汉语里，原先并无这一抽象的分类，尽管在基督教和伊斯兰教进入之前，我们已经有本土的道教和外来但已本土化的佛教。20世纪之交，这个范畴一被引入中国，便很快为知识界所接受。因为，"宗"和"教"在我们的语言里，都包含了religion所具有的一些意义。在汉语里，"宗"有传承的意思，如"宗奉"某人的学说，或者诸如"宗法自然"之类，而被宗奉者可能又被冠以"一代宗师"之类的美誉。因而"宗"字可以与"奠基者"这类概念相联系。所谓"宗教"之"宗"指的是宗教构成上的超自然的方面，如超越时空的限制；"教"则表示所有宗教所固有的伦理和教义的方面。传统上，我们的许多宗教实践都将文化的规训与超自然联系起来，其所循的原则自然是因果报应。这在其他宗教里也大体如此，如基督教的"末日审判"之类。韦伯有关新教伦理和资本主义精神之间具有相关性的讨论，也是一个例子。

　　关于何为宗教的问题，许多人——尤其是神学家或者宗教学者——会认为，宗教是一种制度性的存在，至少应该包括以下要素：宗教对象，即超自然存在（supernatural beings）；崇拜场所，如教堂、宫观、庙宇之类；宗教典籍（religious scripture）；教阶组织（hierarchical organization）。但是如果具备这四要素才算是宗教，那么，如何看待见之于人类社会的诸多形式迥异的信仰实践？难道信仰实践的多样性可以因为这样的定义而被排除在高贵的宗教殿堂之外？当年，许多深入部落的传教士和西方殖民者，就不认为众多非西方文化的信仰实践是宗教。在他们看来，那不过是迷信（superstition），与宗教不可同日而语。殖民地的征服和开发，靠的是剑和《圣经》。以虔诚的基督徒自诩的殖民主义者，诋毁殖民地民众的文化是自然的。但人类学家不能这么做。

爱德华·泰勒认为，宗教之最宽泛的定义就是对"灵魂"（spirit and soul）的存在的信仰及其实践。泰勒是一位悲天悯人的学者，虽然主张单线进化，但对殖民地民众充满同情。他关于宗教的这一定义体现了他的平等思想。尽管泰勒相信宗教有进化过程，但这一定义持续影响着后来的学者。人类学家总是将他们所研究的社会的本土信仰及其实践视如宗教，且对于宗教的功能和意义的解释，无不以此为出发点。根据泰勒的看法，我们可以这样定义：**宗教**事关"存在"（being），是人们与超自然互动的信仰及其实践体系。这一体系通过一系列的态度、信念、仪式等体现出来。而仪式（rite）则是信仰者与信仰对象——超自然存在沟通的桥梁。

虽然人类学家对宗教的理解有程度上的差异和不同方面的强调，但都认为宗教之所以在人类社会广泛存在，乃是因为它解释存在的意义，回答生前死后这类挥之不去的问题。所以，宗教首先是一套解释系统。它提供一种普惠性的终极关怀。其次，它还具有人生伴侣的意义，可以慰藉人们的心灵，释缓人们内在的焦虑和紧张。再次，宗教以其教义和仪式规训人们，使个体获得自律进而自治的能力。

著名美国人类学家、已故的罗伊·拉帕波特（Roy Rappaport）提出，宗教的出现是"人文进化"（evolution of humanity），具有人类进化（human evolution）所不具备的意义。[①] 人类进化是人类在自然选择的作用下，从其他动物中分离出来，形成独一无二的现代智人的过程；而人文进化来自于使用象征和语言以及对生命有限的认识，这是其他动物所不具备的。动物在威胁面前做出的各种反抗或者逃避是本能的反应。只有人类才真正认识到生命有限，个体必死。人类学家玛丽·道格拉斯（Marry Douglas）甚至将此视为"向善力量的伟大释放"的前提。[②]

人类学家认为，宗教是普世性的——完全没有宗教信仰的社会是不存在的。考古学家认为，目前所发现的"现代人类"（modern homo sapiens）最早的宗教遗迹至少可以

---

① Roy A. Rappaport, *Ritual and Religion in the Making of Humanity*, Cambridge: Cambridge University Press, 1999, pp. 3 - 4.
② 玛丽·道格拉斯《洁净与危险——对污染和禁忌观念的分析》，黄剑波、柳博赟、卢忱译，北京，商务印书馆，2018年版，第184页。

追溯到六万多年前——人们很仔细地埋葬死者,有些墓穴中发现有随葬的食物遗迹、工具以及其他物品。这表明人们设想死者在死后世界里还会使用它们。而世界许多地方都见出土的约三万多年前的女性小雕像,则被推测使用于宗教场合。这些小雕像都有着丰腴的体态和突出的第二性征。洞穴壁画中栩栩如生的动物形象表明,当时的人们可能想象着"猎杀"壁画上的动物便能促进他们出猎的成功,因为这些壁画都在洞穴深处,显然不是为了审美;而且壁画上的动物身上,往往带有被打击过的痕迹。遥远的过去的信仰实践在细节上是无法复原的,但是墓葬中处理死者的证据说明,远古人类相信存在着类似灵魂的超自然存在,并试图与这些超自然存在沟通,还可能想着去影响它们。

当然,我们未必知道远古人类是否真的理解死亡的意义,但无疑他们知道人一旦没有了灵魂,也就不复存在。或者人们对死者有许多幻想,设想他们去了某一特别的地方。许多社会相信,人死后,祖地是他们的归宿。许多民族都在人死后有"送灵"仪式——送死者灵魂回到他们想象中的"原乡"。这种仪式往往构成葬礼最重要的部分,我国西南的彝族、纳西族等民族就是如此。人类对于死后世界的想象,现在都认为与人们的宇宙观、自然观有关,但它所表达的情感一面却常常被忽略掉。亡人固然被设想生活在另一个世界里,但这样的设想与其说来自人们的超自然体验和思考,还不如说肇发于对死者的情感和思念。有些动物,如大象等,据说也会追忆死去的同伴,但是做出人类那样对死后世界的理解和解释是不可能的。所以，所谓人文进化在发生学的意义上，还应包括把仪式考虑为表达情感的一种发明。

二、 关于宗教的普遍性的几种解释

1. 理解的需要

人生的许多事情都需要解释。早期社会科学家如人类学家泰勒，对于宗教起源的推论就是一种解释，解释是为了理解。学者如此，常人亦然。泰勒认为，宗教源于人们对于梦境、失神（trance），以及死亡等现象的思考。死亡、距离、周围的房子、树林里的动物，一切都像是真的浮现在梦境里和迷狂的失神状态中。泰勒相信，对于初民而言，这些有生命之物出现在梦境里，说明了所有东西都有着双重的存在——物理性的、看得见的身体，与看不见的灵魂。睡觉时，不可见的灵魂可以离开身体到外遨游。死则意味着灵魂永远离开了身体。因为死者会在梦境里出现，所以人们会相信灵魂不灭。泰勒认为，这种对灵魂的信仰是宗教的最早形式。**万物有灵**就是他创造的术语，其所指就是对灵魂的信仰。[1]

---

[1] Edward Tylor, "Animism," in William A. Lessa and Evon Z. Vogt, eds., *Reading in Comparative Religion: An Anthropological Approach*, New York: Harper & Row, 1979, pp. 9 - 18.

　　泰勒的理论招来不少批评。这些批评大多认为，泰勒把最早的宗教形式设想得过于书卷气，忽略了宗教构成的情感部分。马内特（R. R. Marett）认为，泰勒的万物有灵论对于宗教起源来说过于复杂。在他看来，在万物有灵之前，应该还有"泛生信仰"（animatism）的阶段。所谓泛生信仰就是相信天地间存在着一种非人格化的超自然力量（force）。他用波利尼西亚文化中的"马纳"（mana）作为这种信仰的证据。对这种力量的崇拜是走向创造"灵魂"信念的前提。[①] 还有一种类似的观点认为，当人们相信超自然时，这些超自然会被"拟人化"（anthropomorphizing）——人们会赋予它们人的特性和情绪等。[②] 拟人化可能是一种理解的方式，人们试图理解那些难以理解的困扰、现象，或者事实。[③]

　　另一种观点与泰勒的解释类似。这种主张认为，宗教源于人类特性，是人类演化和自然选择的结果。例如，詹姆斯·麦卡伦（James McClenon）将宗教的产生与催眠术（hypnosis）或者进入另类意识状态的能力相联系。他认为，偏好进入催眠状态的习性可能助长体验某种难以解释的状况，而这种状况可能是史前萨满信仰（shamanism）产生的基础。麦卡伦将这一假设称为"仪式康复理论"（the ritual

① R. R. Marett, *The Threshold of Religion*, London: Methuen, 1909.
② Stewart Elliott Guthrie, *Faces in the Clouds: A New Theory of Religion*, New York: Oxford University Press, 1993.
③ Carol R. Ember and Melvin Ember, *Cultural Anthropology*, Upper Saddle River: Prentice Hall, New Jersey, 2002, p. 240.

healing theory)。^① 因为这种解释归因于人类的迷狂和难以解释的行为状态，所以与泰勒的理解接近。

2. 童年情感的复归

这种观点是弗洛伊德提出来的。早期人们聚族而居，所有男性都被一个暴君所压制，这个暴君占有了群体内所有女性。所有的儿子待成年之后都被暴君驱赶出去。后来，这些儿子们联合起来，回来杀了暴君，也就是他们的父亲，并将他给吃了。日后，这些儿子们悔恨不已，就有了图腾动物的禁忌。弗洛伊德认为，图腾动物是他们父亲的替代物（father substitute）。继而，食人场景出现在仪式场合，表现为吃图腾动物的形式。弗洛伊德以为，这些早期信仰实践随着岁月的流逝转型为对神的崇拜，神基本是以父亲为模板的。^②

弗洛伊德对宗教起源的解释不再为人类学家所接受。但是，他的一个观点却得到广泛的认可：童年的经验会对一个人的成长产生长期的影响，会强烈地作用于成年生活里的信仰和实践。人幼年时有着多年必须依赖父母的生活经历，在婴儿期和童稚的岁月里，都会下意识地将父母视为无所不知和强而有力。当成年人感到无助或者有需要时，

---

① James McClenon, "How Religion Began: Human Evolution and the Origin of Religion," in Richard Warms, James Garber, Jon McGee eds., *Sacred Realms: Essays in Religion, Belief, and Society*, New York and Oxford: Oxford University Press, 2004, pp. 3 - 10.

② Sigmund Freud, *Moses and Monotheism*, trans. by Katherine Jones, New York: Vintage Books, 1967[1939].

他们可能会下意识地进入童年时的情感状态。他们会求助于神或者巫术来帮助他们做他们不可为之事，就像童年时向父母寻求帮助那样，让父母来满足他们的需要。

3. 紧张与不确定性

这是马林诺夫斯基的观点。马林诺夫斯基根据田野工作中的发现指出，在所有的社会里，人们都会有紧张和不确定的时候，但人们会用技巧和知识来面对这些焦虑。有时这些技巧和知识不足以解决他们的焦虑，如怎样预防疾病、事故，以及难以抗拒的自然灾害，而最令人惊恐的预期就是死亡。人们对于不死有着最为强烈的愿望，因而宗教产生自宽慰和释缓紧张这类普遍需要。通过宗教，人们可以加强这样的信念：死亡既非真实，也非结局，人们在死亡之后会以另外一种形式活着。在宗教仪式中，人们会与死去的人交流，从而实现对自我的某些期许而有所宽慰。①

马林诺夫斯基对宗教产生的理解与弗洛伊德不同。弗洛伊德没有看到宗教积极的一面，但马林诺夫斯基看到了。虽然宗教仪式可以增加人们的信念与决心，但人们并不总是乞灵于神或者其他超自然存在。在可控制的条件下，如在近海捕鱼等，期盼收获的人们会有其他做法来表达愿望。

有些学者对宗教的积极意义强调更甚。在他们看来，

———————

① Bronislaw Malinowski, *Magic, Science, and Religion and Other Essays*, Garden City, NY: Doubleday, 1954[1948], pp. 50 – 51.

宗教不仅起了释缓焦虑的功能，更有治疗作用。卡尔·荣格（Carl Jung）指出，宗教帮助人们解决内在的冲突，使人成熟；马斯洛（Abraham Maslow）认为，宗教提供给人们一种对世界的超越性理解（a transcendental understanding of the world）；等等。[①]

4. 共同体的需要

这是宗教起源探索中最为重要的理论假设。上述各种理解都聚焦于宗教在心理学意义上的功用，并认为是人类社会的普遍需要。但是，有些学者认为，宗教的产生是因为社会的需要，它服务于诸多的社会需求。法国社会学家涂尔干认为，人们生活在社会里会觉得被某些力量所推拉。这些力量指挥着他们的言行，推动他们去辨别是非，拉动他们去做正确的事情。这些力量是公共舆论、习惯、法律。因为这些力量基本上是不可见和难以解释的，因此人们会对之有一种神秘感，这就导致他们去信仰神灵或者精灵。涂尔干就此指出，之所以人类社会有宗教，原因就在于人们构成社会而居。宗教信仰及其实践确认人们在社会中的位置，强化了共同体意识，提供给人们自信心。他认为，实际上，社会才是宗教信仰的对象。

涂尔干大量有关早期宗教的讨论都与对图腾制度的研究联系在一起。他相信，一些澳大利亚原住民图腾中的动

---

① 参见：Carl G. Jung, *Psychology and Religion*, New Haven, CT: Yale University Press, 1938；Abraham H. Maslow, *Religion, Values, and Peak-Experiences*, Columbus: Ohio State University Press, 1964。以上均筛选、转引自：Carol R. Ember and Melvin Ember, *Cultural Anthropology*, p. 240。

物祖先可以证明何为"神圣"（sacred）。图腾动物是象征，但它们是什么的象征呢？涂尔干注意到，人们组织为氏族（clan），而且每个氏族都有自己的动物祖先来区别彼此。因而，图腾是宗教仪式的焦点所在，并象征着氏族的精灵。它们是氏族成员最为重要的认同，而仪式确认它们就是氏族。

　　盖伊·斯旺森（Guy Swanson）同意涂尔干的一些解释，但他认为，涂尔干对社会如何选择崇拜对象的解释模糊不清。斯旺森的看法是，精灵或者神来自于社会当中的"统治性群体"（sovereign groups）。这些群体超越了社会生活的一些领域，如家庭、氏族、村落、国家。这些群体不会死，它们超越社会成员的个体生命。所以，人们发明的精灵或者神明其实是拟人化或者代表自己社会里强有力的决策集团；如同至上的统治性群体在社会里，精灵和神明都不会死，它们的目标和目的取代了社会个体成员的目标和目的。[①]

　　尽管对宗教起源问题有不少解释，现在基本上都把宗教视为一种象征系统。我们可以认为，宗教的出现也是一种适应，那就是对象征性的适应。因为它提供了解释，使人们释缓焦虑，增强信心。对于个体生命的意义，宗教的

① 参见：Emile Durkheim, *The Elementary Forms of the Religious Life*, trans. by Joseph W. Swain, New York: Collier Books, 1961；Guy E. Swanson, *The Birth of the Gods: The Origin of Primitive Beliefs*, Ann Arbor: University of Michigan Press, 1969, pp. 1 – 31. 亦参见：Carol R. Ember and Melvin Ember, *Cultural Anthropology*, pp. 240 – 242。

理解往往是超越性的（transcend），通过超自然，将短暂的人生置于永恒的期盼之中。

三、 宗教与科学

从人类学诞生伊始，宗教与科学的关系一直是学术关心的焦点之一，并发展出两个理论阵营。第一个阵营以泰勒、列维-斯特劳斯等人为代表，确信宗教与科学是有关系的。泰勒主张，宗教与科学是人类思维发展的两个阶段。列维-斯特劳斯将"科学"和"宗教"的对立视为人类思维普遍存在的结构性对立。詹姆斯·弗雷泽（James Frazer）在这方面也有讨论。他认为，当人们祈祷求神也无法解决问题时，只能试着自己处理。这时，科学就出现了。

另一个阵营以埃文斯-普里查德和汤比亚（S. J. Tambiah）为代表。他们认为宗教与科学完全没有关系，它们各有自己分管的事情，而且彼此对立。埃文斯-普里查德认为，宗教不同于科学，它"事关内心生活"（a matter of inner life）。因此，我们只能从信仰者的内心生活来理解宗教。[1] 汤比亚视宗教和科学是对宇宙（cosmos）思考的不同取向。他认为，"科学"或者"因果关系"的取向关注对宇宙的详细解释，而"宗教"或者"参与"的取向则把自身

---

[1] E. E. Evans-Pritchard, *Theories of Primitive Religion*, Oxford: Clarendon Press, 1965.

考虑为宇宙的一部分。[①]

长期以来,宗教与科学分别代表着非理性与理性。但也有人类学家建议应对此重新思考。爱娃·凯勒（Eva Keller）通过对马达加斯加和美国的两个基督教教派的研究试图证明,信仰宗教与否本身也是一种理性的选择。他们与科学家一样,都把宗教/科学看作理性和准确地解释世界的方法。[②] 当今,人们普遍接受这样的观点:宗教与科学并不是竞争性的信仰系统。人类学家也都承认,它们之间存在着相同之处:宗教和科学的途径都是解释（explanation）。不同之处在于,宗教的解释如同编程那样,通过象征来进行处理,因而宗教是一个意义系统;科学则提供了全然不同的框架来系统性地获得信息,并且通过可以控制的观察来验证信息。当应用于解决实际问题时,如设计和制造飞机、建筑一座摩天大楼,科学则体现为技术。但如进入应用场合,宗教则有巫术（magic）的意味。

宗教和**巫术**都是意义系统,但宗教强调的是解释,巫术则如同工具那样被操控。巫术和宗教的关系有如连续统（continuum）。所有的宗教在某些方面都有些巫术的意思,而所有的巫术也都有些解释的成分。[③] 这种观点与弗雷泽的

① S. J. Tambiah, *Magic, Science, Religion, and the Scope of Rationality*, Cambridge: Cambridge University Press, 1990.

② Eva Keller, "Why, Exactly, Is the World as It is?," in Rita Astuti, Jonathan Parry and Charles Stafford eds. , *Questions of Anthropology*, Oxford and New York: Berg, 2007, pp. 77 - 104.

③ 参见: Mari Womack, *Being Human: An Introduction to Cultural Anthropology*, Upper Saddle River: Prentice Hall, New Jersey, 2001, p. 209。

看法有所不同。弗雷泽认为，巫术、宗教、科学基本上是
三个截然有别的发展序列。人类首先因为无知，总想控制
自然，巫术便是这样一种行为。从目的上考虑，巫术同于
科学，是为"伪科学"（pseudoscience）；当人们发现无法驾
驭大自然时，就转向祈祷和祭拜，希望通过崇拜、讨好的
方式让超自然存在帮助他们；当事实证明宗教依然无济于
事之后，人类才真正踏入科学之门。弗雷泽认为，所有的
巫术都建立在两个原则之上，即**模拟律**（law of similarity）
和**接触律**（law of contact）。模拟巫术如出发之前模仿狩猎
行为的巫术，象征出猎收获甚丰。南欧的洞穴壁画上的动
物，身上都有各种被打击的痕迹。考古学家认为，这一事
实说明，这些洞穴壁画是为巫术仪式而作的。如果是为了
欣赏，难以想象有人会在伸手不见五指的洞穴深处作画。
接触巫术的例子我们有时会在电影或者书籍中看到。在不
少社会里，一个人如果恨某人，会诅咒他/她。所采取的方
法可能是找些仇恨对象接触过的东西，比如毛发、衣服等
等，甚至做一个象征该对象的布偶之类的东西，在上面施
法，如扎针、焚烧、浇上有毒或者污秽的液体等等，相信
所施的法术会感染到该对象。弗雷泽根据这两个原则，认
为所有的巫术都可以称为**"交感巫术"**（sympathetic
magic）。①

　　弗雷泽出版《金枝》之后不久，这一理论就招致马林

---

① 参见：James G. Frazer, *The Golden Bough*, London: Palgrave Macmillan,
1990, pp. 11 - 48.

诺夫斯基的挑战。马林诺夫斯基认为，不确定性和焦虑是
人们求乞神灵的因素。但在没有这些焦虑的情况下，人们
更多采用巫术。在他的眼里，巫术和宗教还是两分的，但
不存在着高下之别。什么是巫术行为，什么是宗教行为，
完全根据人们的心理需求而定。马林诺夫斯基还指出，技
术（广义上我们可以理解为科学）也同样存在于特罗布里
恩德岛民的生活中。比如，他们所制造的流线形的船只或
独木舟就反映了他们十分了解水流的原理。马林诺夫斯基
认为，没有一个社会能在毫无任何技术的条件下生存，人
们需要技术来满足基本的有机体需求。[1] 其他人类学家也
发现，科学和宗教之间实际上是可以互补的。科学无法回
答关于道德伦常的许多话题，而宗教在这方面扮演了
角色。[2]

四、 宗教与"故事构成"

比之于将宗教置于诸如是否理性、是否与科学相对抗以
及如何进行定义等方面，有些人类学家认为，我们应当把宗
教视为"故事构成"（composed of stories）。[3] 我们在前面已

① Bronislaw Malinowski, *Magic, Science and Religion and Other Essays.*
② 参见：Mori Womack, *Being Human: An Introduction to Cultural Anthropology*, p. 210。
③ 参见：Richard Warms, James Garber, Jon McGee, "Introduction: What Is Religion?," in Richard Warms, James Garber, Jon McGee eds., *Sacred Realms: Essays in Religion, Belief, and Society*, pp. x - xvi。

经提及，关于人类起源的故事可归纳为三种："神创论"
(the Creation)、"演化论"（the Evolution），以及"原型事
项"。前两种容易理解。如《圣经》的《创世记》等就属于
第一种。第二种如达尔文的理解。第三种指的是许多社会
所具有的关于自身也就是人类由来的神话故事。这些故事
是非理性的，充满想象力，但也是对起源的一种解释，例
如许多社会关于图腾的理解，以及关于人类起源于某种动
物或者植物的传说，等等。这几种我们都可以认为是"起
源故事"（the origin stories）。把宗教理解为"故事创作构
成"是不带褒贬立场的理解。宗教通过各种故事来解释我
们的世界、可见和不可见的空间与时间等。

在一定程度上，所有宗教都是故事的集成，这些故事
的叙述者和创作者都是集体成员。这些故事或许有一部分
被证明是可信的，但绝大部分却是难以证明的。例如，许
多学者相信，佛教的创始人悉达多王子——释迦牟尼，在
历史上确有其人，他生活在公元前 6 世纪到公元前 5 世纪
之间。但对他是否在菩提树下顿悟成为佛陀却难以考证。

全世界的宗教都得应对许多事情，但有不少是相同的，
否则我们很难把所有人类信仰形态归入一个范畴讨论。所
有宗教都有关于人类由来和死后的解释；许多宗教有关于
我们这个世界从何而来的理解；宗教奠基人、英雄、先知、
圣徒、神祇和精灵及其行动，往往是宗教叙事的主体；由
于灾难经常使前工业化社会分崩离析，人们流离失所，所
以关于洪水、旱魃、饥荒、火灾、地震等自然灾害也在宗

教故事中占有十分重要的一席。

"神圣叙事"(sacred narrative)是我们理解宗教故事的途径之一。这些如同篝火边的讲述对于信仰者而言,可以是意味深远的真理展现,为在这个世界上行动提供了蓝图和戒律。[①] 在一些案例里,具体字句本身成为神圣的,被认为是神或者其他超自然力量的口述和命令。然而,并不是所有的宗教故事都同样神圣。例如,基督教里围绕着圣诞和复活节的故事就是如此。几乎所有虔诚的基督徒都相信,耶稣基督被钉死在十字架上和死后复活是真实和极端神圣的——确乎有位历史人物名叫耶稣,他是神的儿子,被钉死在十字架上,但又复活了。这些故事赋予耶稣以人类救世主的使命。但基督徒对圣诞故事的理解远非如此一致。三个使徒真的按照启明星的方向找到了降生在伯利恒的耶稣?他们真的给耶稣带来黄金作为礼物,并且献香和没药(myrrh)?一些基督徒相信确有其事,但也有许多并不这么认为。很清楚,象征耶稣受难的十字架和耶稣复活叙事显然在神圣性上远甚于圣诞故事。

把宗教故事视为神话(myth),在宗教研究上是常见的做法,但我们应当对这样的做法持十分谨慎的态度。在一些场合,使用"神话"是合适的。一提起神话,我们总是想起那些解释世界或者宇宙起源的故事,以及各类文化英

---

① 参见:Richard Warms, James Garber, Jon McGee, "Introduction: What Is Religion?," in Richard Warms, James Garber, Jon McGee eds., *Sacred Realms: Essays in Religion, Belief, and Society*, pp. x‑xvi。

雄和时间空间被任意地压缩或者延展——这类在不同层面上的现实所构成的故事。这些固然具有宗教故事的特质，但在英文（中文亦然）里，神话经常被理解为过去的人们的信仰，如古希腊、罗马神话，或者其他不同宗教背景者的信仰。这种状况不啻体现了这么一种态度：关于这些故事的真实性如何，我们比他人知道得更多，有着更好的理解——这些都不是真实的，或者在灵性上对于现代人不太重要。这样的看法是一种偏见甚至歧视。每一个文化或者每一个民族都把自己的神话视为一种真理，如同古希腊、罗马人视自己的神话为神圣那样。现在宗教学中并没有所谓"耶稣神话"或者"摩西神话"的说法，所以也应当同样谨慎地对待美洲印第安人或者古希腊人的"神话"。它们同样都是宗教故事，只不过其中的一些被认为是真理，或者具有神圣性而特别重要。

五、 宗教与象征

　　使用和利用象征是宗教的一个重要方面。正如我们已经提到的，简单而言，象征是以某种东西代表另外一种东西。象征使我们得以离开所论及现象的时空条件来议论现象。我们能够在房间里畅谈田野里的遭遇，这就是象征的作用。象征自有其常规性意义，而这些意义能建立起来是因为人们对象征的理解大体一致。所有的象征都是信息库。

代际相传的信息库使文化超越个体的生命而得以传递。宗教象征囊括了重要宗教观念，帮助人们记忆宗教故事。象征有着多重的意义，例如，十字架是大部分人都知道的基督教的象征，但人们对它的理解不见得会全然一致，即便在基督教徒当中也是如此。人们实际上无法完整回答十字架的意义是什么的问题。之所以如此，乃在于十字架的意义有着众多的可能性，这对基督徒和非基督徒而言都是如此。因而任何对十字架的解释都将十分冗长，而且在本质上是不可能完成的。

象征能携带这么多信息对宗教特别有帮助。宗教活动往往展示象征，操纵和讨论象征，在有些场合里亵渎和玷污象征。例如，久旱无雨且祈雨无果时，我国北方农村的信众会吊打龙王庙里的龙王爷神像。类似情形也出现在许多文化里。通过以上这些行动，崇拜者创造和操控象征的意义。宗教象征进入脑际带来了各种与之相关的观点、想法和情感，而以一定的方式对待象征在事实上活化了观念和情感。例如，基督教的圣餐礼上，教徒们象征性地吃耶稣的身体，喝他的血。无论面包与葡萄酒本身是象征性的，还是如天主教所宣称的是为耶稣基督身体和血的变体（transubstantiation），目标并无不同，都是意味深远和象征性地领取圣餐。然而，与其他象征性事项一样，我们很难说圣餐礼究竟意味着什么，因为它意味着太多东西。但是，在领取圣餐的同时，基督徒表达他们的信仰、他们对于教堂的属性，以及他们的宗教认同。从而，圣餐这一象征凝聚和强化了共同体的成员资格、期待，并且展示了信仰，以及对一系列戒规和信仰实践的承诺，等等。

我们还需要思考象征的另一特质，即特纳所认为的，象征显现了"意义的极化"（polarization of meaning）。特纳主张，象征有意识形态和传递感知（sensory）两极。他据此指出，任何象征都有其意义的领域，涉及的是物理性的世界，比如血、大地、痛苦、高兴，或者其他感知、物件等。但象征还有另一个意义的领域，涉及的是社会结构得以存在的社会和道德原则。特纳发现，在恩丹布人（Ndembu）的仪式活动中，有种当地人称为姆德伊（Mudyi）的树经常出现。这种树分泌的白色汁液象征着母乳，也就是母系的象征。[1] 如同人类学家李亦园谈及中国人信仰仪式中牺牲的意义：它是实在的食物，设想神明会吃它们；同时，牺牲（指所献祭的动物）的完整性、形状大小，生熟程度，又象征着人与超自然存在之间关系的亲疏远近以及尊敬的程度。尊敬程度高者说明关系较远，低者说明关系较近或者很近。[2] 然而，我们并不清楚是否所有的象征在所有的文化里都存在这一特色。[3]

[1] Victor Turner, *The Forest of Symbols: Aspects of Ndembu Ritual*, Ithaca: Cornell University Press, 1967.
[2] 李亦园《中国人信什么教?》,《宗教与神话》,桂林，广西师范大学出版社，2004年版。
[3] 参见：Richard Warms, James Garber, Jon McGee, "Introduction: What Is Religion?," in Richard Warms, James Garber, Jon McGee eds., *Sacred Realms: Essays in Religion, Belief, and Society*, pp. x - xvi.

六、 宗教与仪式

/

涂尔干把宗教分为"信仰"（belief）和仪式（ritual）两部分。简单而言，前者是诸如信念和灵性这类思考与理解；后者则是关于信仰的程式性表达或者呈现。有些学者将仪式简单地定义为一些形式化行动的重复。然而，这样的定义显然过于宽泛而没有多少用处。早起洗漱后，做咖啡、喝咖啡、关心下天气、翻翻微信、用餐，这可能是许多人每天到达工作单位前的典型场景，这样的场景和行为每天都在重复，但这些重复的行为中，没有一项是宗教性的。

1. 仪式的宗教性与非宗教性

至少三个特质将宗教仪式与其他仪式区分开来。其一，与超自然沟通。换言之，在宗教仪式里，个人或者集体言说的对象，或者试图接触的对象，是超自然存在。人们往往试图将自身与超自然存在联系起来，无论这种超自然对象是神、精灵、祖先、物件，还是其他难以证明和言说的、按照自身所理解的，对世界某些方面的想象。

其二，宗教仪式总是假设任何发生在仪式中的事项并不是表演，而是真实存在的。正因为如此，信仰者相信仪式是可以作用于现实世界的。如果与电影、表演、小说等做对比，就可以理解这点。所有的这些形式都是讲故事，都有对世界的判断。在我们的社会里，电影、表演与小说也经常包含宗教事项，诉说着一些关于神、鬼、祖先之类的故事，包含了许多道德教育和娱乐内容。这些也都是宗教仪式的特点。然而，宗教仪式与电影、表演、小说之间存在着一个本质的不同，那就是它们大概是非信仰的"暂停"。这是什么意思呢？当我们去看戏、看电影时，我们实际上是在"假装"（pretend）相信我们看到的是真实的，因为我们知道戏剧和电影里的角色都是演员扮演的。

然而，除非被硬逼着去实践信仰，在宗教里没有这样的"假装"或者意识。对于信仰者而言，仪式中发生的一切被认为是真的发生。试想一个接触神灵寻求庇护的仪式吧。在这样的仪式里，信仰者并不是"假装"去接触神灵，而是确信自己真的在这么做。如果仪式成功，那就意味着受到了庇佑。所以仪式没有表演的成分。

其三，宗教仪式总会有神秘的部分而且总有一些戒律防止人们去探求究竟。如果宗教仪式从里到外均可一目了然，那仪式就不成其为仪式。宗教仪式当中的主持者总会以各种方式让人们了解，他们才是掌握解开仪式神秘性钥匙的人。这是保持他们宗教权威的方式。神秘性也是宗教仪式与其他非宗教仪式的不同之处。由于神秘性会产生吸引力和神圣感，所以不少非宗教性的仪式也会如法炮制。

2. 仪式的结构

对于宗教信仰者来说，仪式过程是神圣的，它与日常生活截然分开。在仪式过程中，所有的参与者都会形成一种维克多·特纳所说的"交融"（communita）状态。这种状态如同人们处在一种悬而未决的阶段，在这个阶段中，人们之间的等级、地位变得毫无意义，每个人都处于一种平等状态之中，但仪式结束又恢复到日常的格局。涂尔干说宗教有利于社会整合，就是建立在对仪式功用的思考之上。他认为人们的生活可以分为"俗"（profane）与"圣"（sacred）两个部分。因应这两部分有着不同的处理和应对方式。例如，在许多社会里，在仪式之前，教众必须恪守一定禁忌，谨言慎行，熏香沐浴，以示同日常生活区别开来，进入一种"圣化"状态，表示与神或者其他超自然存在的沟通结合。仪式结束，教众再度回到日常生活中。这是就宗教仪式的程序结构而言的。这样的结构并非某一宗教所专有，而是见之于所有的信仰实践，包括众多的不为宗教徒视为宗教的信仰实践在内。穆斯林在礼拜之前沐浴更衣、做大小"净"，基督徒上教堂之前穿上正装，等等，都是例子。

3. 仪式的类别

　　宗教仪式除了规律性的活动和礼拜之外，如果考虑到宗教信仰的多样性，我们必须关注那些不被制度性宗教认可为宗教的信仰实践。这些信仰实践其实也见之于制度性宗教里，但为其他名目所取代，所以一般人看不出这些仪式与民众信仰实践之间的意义关联。所谓仪式的类别并不是绝对的。在此，仅仅根据仪式目的简单进行划分。在具体仪式实践中，我们可能得考虑更多的方面。

　　人类学家发现，在前工业化社会里，举凡四季更替、生老病死都有一定的仪式相伴。范·吉内普（Arnold van

Gennep）将这类仪式称为"**通过礼仪**"（rites of passage）。[1]
每个传统社会在一个人遭遇生老病死的关口都要举行仪式。
这些仪式的社会意义在于对个人身份转换的确认。例如，
许多社会在孩子成长到一定的年龄时，就要为他们举行
"成年礼"。在这一仪式中，男孩子可能得经受某种仪式性
的考验或者承受痛苦的体验，方可被社会接受为成年男性。
经过了这一仪式，男孩与孩提时代告别，成为社会意义上的
"成年人"。这种成年仪式曾经广泛地存在于所有人类社会，
其表现形式多种多样。很多社会里，个体要接受文身。考古
资料证明，古代闽越人还有凿去犬齿的习俗。在我国古代，
所谓的"弱冠之年"指的是男孩到了 16 岁时就得把头发梳
成发髻。女孩也有相应的仪式。如我国西南有些民族女孩到
一定年纪之后，就得穿裙子，所以有"穿裙礼"，这是女孩
的成年仪式。从此之后，就可以进行社交、谈情说爱了。

这类仪式在许多现代社会还留有痕迹。而最重要的仪
式如婚礼、葬礼则在所有的社会里都保持下来。虽然在仪
式表现上肯定与过去有所不同甚至完全不同，但其社会文
化意义基本相同。这些仪式都意味着当事人的身份转换，
仪式得以举行意味着这一转换获得社会的认可。婚礼意味
着一个人从单身者甚至"未成年人"转变为丈夫和妻子，
可以名正言顺地为人父人母。葬礼之后，死者进入了祖先
的行列，开始接受后来者的祭祀和供养。

---

[1] Arnold van Gennep, *The Rites of Passage*, London: Routledge & Kegan Paul, 1960.

　　"通过礼仪"的另一个内容是大量见之于农业社会，根据四时更替所举行的各种仪式。农业社会的收成在很大程度上依赖于自然条件。任何气候的变更，或旱或涝，都会给收成带来影响，这就是所谓的年景好坏。大概是出于这样的原因，所有的农业社会都按照时令来安排农作程序，而这些时令经常都是重要的气候转换（我国传统上谓之"节气"）。出于对丰收的期盼，都会有相应的仪式。我国的文化是"乡土性"的，因而我们民间有许多年节岁时的仪式是农业时代的传承。由于有些仪式具有加强当事人信心的作用，因而有些人类学家称之为**"强化礼仪"**（rites of intensification）。人们在仪式之后，增强了信心，觉得有能力应付局面，实际上是一种精神胜利法。

七、 宗教与"神职人员"

　　所有信仰实践都有专门的人来组织或者主持。一般说来，这样的人我们可以用**"宗教职业者"**或者**"神职人员"**（clerics）称之。严格而言，这个名词过去仅用于制度性宗教中，如基督教、伊斯兰教、佛教、犹太教等。现在则泛称所有被认为具有与超自然存在和超自然世界沟通能力，并以此服务于社会的人士。这些人深谙宗教信仰义理，知道如何主持、操办和掌控仪式。人类学一般将这部分人士划分为两大类别，即**牧者**（priests）和**萨满**（shamans）。有些人类学家认为萨满不宜用来泛指其他"通灵者"而应仅限于指东北亚的仪式实践者。这个词来自鄂温克人,有兴奋和腾飞的意思。但是我国学者中有人指出,这个词还有"明白了""知晓了"的意思。万变不离其宗,"通灵"的萨满自然比常人更"明白"和"了解"如何与超自然存在沟通。而大部分人类学家则认为,这一概念也可以用来指见之于世界上所有文化当中有着相似特点的宗教执行者。另外,在我国学界人们常用"萨满教"来概括东北亚的萨满信仰现象。这样称呼也无不可,但它排除了其他宗教信仰之内的萨满现象。

关于萨满是否可以用来泛指有着相似特点的信仰现象的争论至迟在 19 世纪晚期就已经开始。从那个时候起,人类学家就分为两个阵营:一部分人主张人类学的基本目标就是要为不同人类群体的文化做准确和富有洞见的解释;另一部分人则认为,人类学家应该关心的是如何归纳出一些文化通则,使之能被运用于大多数人群当中。持第一种主张者往往严格地限制"萨满"的使用;持第二种主张者则倾向于将"萨满"做广义上的理解。[1] 由于这个术语强调的是基本相似性——这种相似性不仅见之于宗教经验,也见之于世界范围内许多社会对社会行为的组织和理解。

---

① 参见: Richard Warms, James Garber, Jon McGee, "Introduction: What Is Religion?" in Richard Warms, James Garber, Jon McGee eds., *Sacred Realms: Essays in Religion, Belief, and Society*, 2004, p. xiv.

没有单一标准可以区分所有案例中的宗教职业者是否为萨满。但判定一个人是否为宗教职业者或者萨满的最佳标志则是有的，即他们的执业本质（the natural of their employment）。在制度性宗教里，教士通常都是全职专业人士。而萨满在本质上则是独立操作者。换言之，教士从属于某一宗教机构，并为之所认可。例如，在教会里，牧师有自己的办公室，如果他因为诸如死亡、退出、调动等原因离开，那一定有人来填补空缺。而一个人之所以能拥有这样的办公室，首先是因其拥有神学院授予的文凭，并获得聘用他的教会的认可。如果牧师或者应聘者的信仰和行动与聘用他的教会差别很大，教会可以请他人取而代之。

萨满则是另一种情况。他们没有办公室，也不代表任何机构。萨满是能操控难以证明其存在源头的各种力量的个人，萨满的追随者均相信萨满具有这种常人所不具备的能力。他们能使用这种力量来治病救人和诅咒他人，也可以利用这种力量来判断某人有罪或者无罪，以及对某些事情的未来做出预测，等等。萨满相信他们的这种力量来自他们与神灵世界的直接沟通，这一世界里有神明、精灵、祖先等等。萨满无疑是其所属文化传统的一部分，但是他们都是个体性的操作者。一位萨满如果去世、离开，或者被他的社区所驱逐，他/她的位置并不需要如同制度性宗教的教士那样，必须有人来填补。其他与之有着竞争关系的萨满可以自然取得对手的位置，而去世的萨满的年轻亲戚也可以获得此位置，但他/她首先得证明自己能与非经验世界沟通。

虽然诸如迷狂（ecstasy）、失神和其他表明与非经验世界接触的例子在制度性宗教的教士和萨满中都很普遍，但确实有许多教士从未有过迷狂的宗教性体验。然而在理论上，所有的萨满都应有这样的体验。教士的权威来自于他所代表的制度和机构，所以追随者们无须通过见证教士们的宗教性体验来认可其权威。教士们可能体验过宗教性迷狂和失神，但他们无须如此"躯体化"（embodiment）——通过肉身的运动来表明他们与超自然世界正在发生接触，或者表示他们的虔诚——使神灵进入他们的体内。总而言之，教士们的宗教权威性来自他们所拥有的位置而非他们的宗教性迷狂体验。一个天主教徒在教堂内向神忏悔必须通过神父，似乎神父才能把忏悔传给神，神才能赦免忏悔者的过错或者恶行。

对萨满来说，他们声称自己与非经验世界的沟通是直接的，无须借助于其他权威。但萨满必须证明自己拥有在超自然世界旅行并与之沟通，或者能让"神灵附体"或者"灵魂脱体"的能力。人们之所以认为他们所做的仪式有效，是因为相信他们拥有这些能力。因而萨满的实践总是包括失神或者迷狂状态的展现。①

---

① 参见：Richard Warms, James Garber, Jon McGee, "Introduction: What Is Religion?," in Richard Warms, James Garber, Jon McGee eds., *Sacred Realms: Essays in Religion, Belief, and Society*, p. xiv.

八、 宗教与另类意识状态

　　萨满现象告诉我们，信仰实践可以使人进入意识的另类状态。由于这种情况发生在所有的宗教当中，因而需要做些讨论。这种**另类意识状态**（或称"变形意识状态"，altered states of consciousness）通常被声称为正在与超自然存在沟通。对于信仰者而言，这种状态是他们信仰之真理性的明证：神、精灵、祖先、福音等都是存在的，是他们的切实感受。对于局外人而言，根本无法证明这些超自然的存在，也会对出现另类状态者可能有所怀疑。然而，确实可以通过科学技术手段证明、了解，处于这种状态的个体身体上所出现的变化。当人们有这样的经验时，他们的身体和大脑出现了可以测度的改变。在纯粹的物理学意义上，他们经历了意识的另类状态。①

　　进入这种意识另类状态的技艺，在不同的宗教里有丰富多样性。在犹太教、基督教、伊斯兰教传统中，信仰者通过冥想、沉思、复诵祷文、反复祷告、唱歌等进入这样的状态很常见。还有许多其他的方式我们并不熟悉。例如，在有些社会里，使用致幻性的药物是仪式的组成部分——这在中南美洲的原住民当中十分常见。在许多地方，人们还会通过折磨和伤害自己来达到意识的另类状态——将自

① 参见：Richard Warms, James Garber, Jon McGee, "Introduction: What Is Religion?," in Richard Warms, James Garber, Jon McGee eds. , *Sacred Realms: Essays in Religion, Belief, and Society*, p. xiv.

己用绳子吊起来是北美印第安人在太阳舞（Sun Dance）中的做法。13 和 14 世纪的欧洲"苦修团"（flagellants，天主教在当时的一个教派）通过鞭打自己的肉体来进入宗教性迷狂状态。这种以自我折磨、鞭笞来达到迷狂状态的行为，我们还可以在今天美国新墨西哥州的一个天主教男性社团和菲律宾等国家的天主教社会中看到。

这种影响到大脑作用的多种宗教实践依然给人类学家留下许多研究空间。许多方面是我们未知的，但科学积累了许多关于这类技艺是如何因为神经系统功用而产生的知识。例如，沉思、默想以及反复祈祷似乎作用于头脑中的上顶叶（superior parietal lobe）。这一人脑区域起着定向和定位的感知功能，是引导人们进入一种在宗教活动中体验永恒感和统一感（timelessness and oneness）的区域。[1]

另外，近些年有关大脑化学与宗教实践的关系的研究十分引人入胜。一个重要的方面是对另类意识状态的理解，认为出现这种状况并不是因为宗教实践作用于大脑而产生，而是因为引起这些状态的宗教实践是如何被诠释的。这种另类意识状态无论是由沉思、默想、祈祷、自残还是其他物理性原因所引起，都在很大程度上取决于发生这些实践的情境。文化背景、宗教故事，以及个人的期待所担任的角色，在决定宗教经验本质的问题上，比各种具体的宗教

---

[1] 参见：Richard Warms, James Garber, Jon McGee, "Introduction: What Is Religion?," in Richard Warms, James Garber, Jon McGee eds., *Sacred Realms: Essays in Religion, Belief, and Society*, 2004, p. xv.

技艺更重要。人们可以运用不同的方式和技能来达到各种另类意识体验，并坚信在另类意识状态中所遇到的一切都是真实的。

九、 宗教信仰与实践的历时性

来自世界各地、有着不同宗教传统的学者都会质疑宗教中某些实践的本真性。许多学者会强调宗教的永恒性，同时又对宗教实践的主体——信仰者感到某种失望或者产生不完美之感。但是，我们所清楚的是，人们的宗教实践在历史长河里是不断变化的。新的崇拜形式、新的仪式以及信仰持续发展，与此同时，旧有的仪式和信仰也不断消逝。

宗教变迁来自多种源流。一些创新无疑来自于一些特定的个人的奇特想法。在意识的另类形态之内和之外的人们可能对于他们的信仰和实践有新的观念。一些宗教性变迁可能经由外界环境所发生的事件刺激导致。比如，许多学者相信，《圣经》的洪水故事是建立在历史事实之上的。他们倾向于相信这一故事反映的历史事实就发生在 7600 多年前间冰期结束时，海平面升高数百英尺，原先黑海与地中海为低海拔的博斯普鲁斯地峡所隔，随着岁月流逝，在地中海海水的不断拍击和侵蚀下，该地峡终于崩溃。涌入黑海的地中海海水在不到一年的时间里使黑海海平面升高了约 500 英尺，而且永久性地淹没了沿岸的人类居处。[1] 此外，火山喷发、地震、飓风甚至猛烈的暴风雨都可能是宗教故事的源头而使宗教变迁。

尽管宗教信仰及其实践的变迁有许多来源，但最重要的来源是社会和经济的变迁。入侵、革命、征服、奴役等，都是宗教变迁之母——在过去的 500 年间尤其如此。富裕的欧洲和北美国家通过征服和贸易在全球范围内扩张，改变了世界历史，也改变了这个星球上许多社会原有的宗教信仰。

文化接触和征服在许多方面引起宗教变迁。征服者把自己的宗教信仰强加给被征服者的情况在历史上经常发生。而那些富裕的强权国家也派出传教士力图劝说其他国家或者社会的民众改变他们原有的宗教信仰及其实践。为了使民众信奉基督教，传教士们用文字的力量，并提供诸如医疗、教育等条件，甚至牺牲自己的生命；但在殖民地，有的时候则是使用一些强制性手段，除了提供或者控制药物等医疗救助手段和教育，或者交换东西，还会威胁将人罚入地狱等。但是，远甚于征服和传教的则是各种疾病。由于被征服的许多地区的人们缺乏对旧大陆上一些疾病的免疫力，这些疾病病毒或者病菌往往随着征服者而来，给美洲和太平洋许多岛屿上的原住民造成毁灭性伤害，甚至摧毁了他们的文化和宗教信仰。在一定的意义上，宗教是世

---

[1] William Ryan and Walter Pitman, *Noah's Flood: The New Scientific Discoveries about the Event that Changed History*, New York: Simon & Schuster, 1998.

界意义的模式，在一个社会里，是人们理解自身和自己栖息之地的方式。由于征服者急剧地改变世界，许多社会一些固有的宗教信仰不再发挥功用，而新的实践和信仰也就此浮现。[1]

① 参见：Richard Warms, James Garber, Jon McGee, "Introduction: What Is Religion?," in Richard Warms, James Garber, Jon McGee eds., *Sacred Realms: Essays in Religion, Belief, and Society*, p. xvi。

第七章 我们的“家”

“家”（home）一直是人类学的主题之一。19 世纪人类学诞生后，与家有关的一切，一直是这门学科关怀和研究的对象。人类学者总在试图理解各种人类行为和文化现象，而家对于我们有着特殊的意义，这是自然界里其他动物所没有的。我们的家庭成员之间的亲情关系是终身的，因而家也有着终身的意义。如同在日常生活中那样，“家”在人类学的话语里，更多地倾注了情感的成分。为了更深入地了解人们如何互动和相互帮助，以及人们如何在自身所处的社会里组成单元，人类学家往往更多地关注构成家的不同方面，如“家庭”（family）、“婚姻”（marriage）、“亲属制度”（kinship）等。于是，我们应该知道，家与家庭是有所区别的。家更多地体现家庭成员之间的情感因素，当我们说一位远亲是“家里人”时，并不一定意味着他/她是我们的家庭成员。而当我们讨论家庭时，往往把注意力放在其他方面——比如成员之间如何分工、合作、互相帮助，以及其他生活之道，还往往将之与整体社会背景联系在一起。家与家庭、婚姻、亲属等是本章介绍的内容。我们将通过跨文化的眼光,来审视这些内容在人类社会和我们生活中的意义。

一、 家、家庭与家户

我们每个人都有自己的家庭。当我们说自己家时,定义并不清晰,这个词在这个时候往往是情感性的。但当我们使用"家庭"这个词时,情况就有了变化,这时显得理性了一些。为什么呢? 无论中外,家是个温暖的字眼。当我们用这个字时往往更多地与情感相关联,例如"一家人""家徒四壁""四海为家"等等。关于家的成语很多,且多含有情感的因素。它可以是亲情,也可以是住处,如果用"家"来表示你居住的场所时,那也是情感性的。可是,无论中外,都没有用"家庭"来表示住处的。由此我们体会到"家"和"家庭"的一些区别。除了一些政治修辞如"民族大家庭"之类,用"家庭"而不是"家"时,往往涉及的都是家计、生计等方面的话题。显然,家庭这个概念更具理性色彩。

人类学家在讨论社会单位时,往往不会用"家"。在家庭的研究中也就少了些情感方面的考察。长期以来,研究中国汉族社会和家庭的人类学家们较少对情感因素做较为深入的考察。这样的研究取向近些年来遭到了挑战。人类学家阎云翔在他有关情感的杰出研究中就指出,在家庭研究中应该考虑情感的因素。他在多年的田野研究中直接感受到了东北一个农村家庭氛围的变化。最直接的变化是，年轻人更勇于表达自己的感情，对于自己的小家庭十分看重，这与传统的中国人的家庭观是不一样的。[1] 中国的家庭是父权制的。在传统文化里，父亲是家庭的权力核心，他与儿子构成家庭的轴——人类学家许烺光称之为**"父子轴"**（father-son axle）。在这样的家庭里，除了父亲和儿子，其他都是配角，女性在家庭中地位低下。英美则不同，许先生称英美家庭为**"夫妻轴"**（husband-wife axle）。[2] 在这样的家庭里，夫妻关系是最重要的。从这一角度来看，很容易理解中国和英美家庭的情感取向的差异。既然夫妻关系是家庭的轴，经营二者间的关系就很重要了。所以，在这样的家庭里，夫妻感情可以决定家庭幸福与否，夫妻关系成为家庭稳固的黏合剂。由于夫妻关系如此重要，这样的家庭又被称为**"情感家庭"**（conjugal family）。[3] 阎云翔告诉我们，在他所研究的下岬村里，新婚夫妇组成的家庭都具备情感家庭的特点。

情感家庭这一概念可以弥补家庭概念在人类学定义上缺乏情感维度的缺憾。但讨论家庭时毕竟以其功能及其社

[1] 参阅：Yan, Yunxiang, *Private Life Under Socialism: Love, Intimacy, and Family Change in a Chinse Village*, 1949 - 1999, Stanford CA. : Stanford University Press, 2003。
[2] Francis L. K. Hsu, *Americans and Chinese: Two Ways of Life*, New York: Henry Shuman, Inc, 1953.
[3] 也有些学者将情感家庭与核心家庭同等看待，参见：Eric Wolf, *Peasants*, Englewood Cliffs, New Jersey, 1966, p. 81. 大部分人类学教科书也如此视之。

会关联性为主。所以,我们需要从传统家庭定义进入讨论。首先,我们需要对家庭下一个定义,以明了家庭的社会文化功能。按照人类学上的常规定义,**家庭**应该是构成社会和社会繁衍的最小单元,它通常由一对成婚的男女和他们的子女所组成。家庭成员间有相互扶持帮助的义务与责任。我们之所以说这样的定义是"常规的"(conventional),乃因近几十年全世界经历了急剧的社会变迁。这些变迁导致了许多社会——尤其是发达国家的社会——出现了许多非常规意义上的家庭,比如单亲家庭、同性恋者组成的家庭,还有同居家庭——男女双方从未结婚但却生活在一起,还有自己的孩子。像这些家庭我们无法用上述定义来概括。单亲家庭有些虽然是因为离婚所导致,但更有些是个人的意愿。单身者有些根本不想结婚,又希望有自己的孩子,于是便通过领养和代孕来实现。在功能上,单亲家庭与常规意义上的家庭没有太大的不同——如果不考虑父亲或者母亲的角色模式的话。但应该承认,在某些方面,比起常规意义上的家庭,单亲家庭还是有所缺失,至少他们的亲情氛围有些不同。

尽管难以用常规定义来框定,但它们毕竟不具有普遍性。如果对人类家庭做通约性的描述与分析,我们还是得从人类社会最为常见的家庭形式入手。不同的文化可能会青睐不同形式的家庭,尽管这样的家庭不可能在数量上居于主导地位。例如,我国传统上偏好大家庭,如四代同堂、五代同堂之类。历史上甚至有所谓的"钟鸣鼎食"之家。

但这些都不是常态。诚然,大家庭是我们的文化偏好,可是即便在古代,大家庭也不可能是常态。首先,无论兄弟再多,父亲是相同的;其次,大家庭生活也需要更大的生活空间和较好的经济条件。曾有学者在穷困的地区见到大家庭,如厦门大学的杨国桢教授在闽西地区和哥伦比亚大学的孔迈隆(Myron Cohen)在台湾地区,情景十分震撼。细究起来,在特定的条件下,大家庭也可解决一些贫困问题。但家庭规模达数十人则应该是特例。总之,超大家庭虽然为一些文化所青睐,但客观上难以做到。上述数代和数十人同堂的大规模家庭是一种文化上的理想类型。

另外,小家庭即由父母和子女组成的两代人的家庭,虽然普遍,但对许多文化来说都不是所偏爱的家庭类型,却由于人口学和工业化的原因成为世界上最为普遍的家庭类型。由于历史条件和环境条件的差异,世界各民族的家庭形态多种多样,但人类学家将它们归为不多的几个类别。人类社会的继嗣原则不尽一致,有父系、母系。就此原则言之,家庭又可以分为父系家庭、母系家庭等。人类家系继承既有从父方的,也有从母方的。从父或者从母的问题并不简单,因为它涉及继承,也就是财产应该传给谁的问题。父系或者母系(或者双系)主要是亲属制度问题,对此,我们会在后面略加说明。另外,在许多文化里因为婚姻的关系,一个丈夫并不一定只有一个妻子,反之亦然。如果考虑到这个因素,我们就必须从思考人类社会最为常见的家庭模式开始。

1. 核心家庭（nuclear family）

核心家庭虽然在世界上最为常见，但正如已经说过的那样，它并非任何文化都青睐的家庭模式。青睐什么类型的家庭往往受到经济生活的制约。在狩猎采集社会里，人们虽然聚成游群生活，但每个游群都是由多个核心家庭所组成。民族志资料证明，游群并不总是成规模地一起活动。他们的生活仰仗于活动地域之内可供食用的天然动植物，因此，在食物较为稀缺的季节里，他们必然会分开觅食。在这样的季节里，核心家庭成为最为理想的群体。其他家庭模式在动植物驯化、农牧业社会出现之后方有可能。这可能涉及对土地和牧群的控制。相对于游牧社会，农业社会出现其他家庭模式的概率更高些，因为一些农事程序需要有一定数量的人口，在大部分农业社会里，这往往是由有着血缘关系的几个核心家庭联合起来进行。这些核心家庭的家长可能彼此之间是兄弟。如果这些核心家庭并未成为一个独立的预算单位，依然生活在一起，同居共爨，那么这时他们依然是一家。这样的家庭在人类学上称为"扩展家庭"（extended family），俗称"大家庭"。

核心家庭由两代人组成：成婚的一对夫妇和他们的子女。核心家庭成为普见的家庭模式完全是因为赚取现金收入成为主要谋生手段，所以与工业化和资本主义的发展紧密联系在一起。工业革命之后，许多农民破产或因为被迫与土地剥离，进入城市成为工薪阶级。当进入工矿企业之后，一个人的薪酬只能勉强维持个人和自己家小的生活，很自然，小的家庭规模更为合适。

2. 扩展家庭

扩展家庭由数个核心家庭在一定的框架里组织起来，有多种形态，经常是两代以上的家庭成员生活在一起。在有些文化里，兄弟婚后很长时间不分家。还有些是因为多偶制形成的扩展家庭，如一夫多妻家庭和一妻多夫家庭。在扩展家庭里存在着多个核心家庭，尽管只有一个丈夫或者一个妻子，但每一位都和配偶构成一个核心家庭。扩展家庭之内的核心家庭不是独立预算单位，而是作为扩展家庭的一个组成部分而存在。《红楼梦》中的贾府就是一个扩展家庭，如此之多的人一起生活，虽然各有各的庭院和住房，但所有家政理财都由王熙凤一个人料理和控制。虽然规模如此之大的家庭不是社会常态，但是很形象地告诉了我们扩展家庭的基本形貌。

扩展家庭应该是大部分人类社会传统的家庭模式。传统上的欧洲、中国、印度等地的扩展家庭基本是这样的组织框架：一位农民和他的妻子及其子女构成一个核心家庭；这位农夫和他的老父母又是一组核心家庭；这位农夫的长子可能娶了媳妇，也住在父母的屋檐下。这么个扩展家庭就有三个核心家庭。[①] 如果这样的核心家庭每一代祖父母只与几个儿子当中的一个一起生活，其他婚后另住，这样的扩展家庭又称为**"主干家庭"**（stem family）。像贾府那种规

---

① 见 Eric Wolf, *Peasant*, p. 81。

模的扩展家庭，不是没有，但肯定少见，基本上可以说是一种理想型了。

还有一种扩展家庭是兄弟婚后甚或有了子女后也没分家，持续住在一起。这种情形在南亚次大陆比较多见。人类学将这样的家庭称为**"联合家庭"**（jointed family）。这样的扩展家庭包含了同一代人构成的几个核心家庭。这样的家庭可以集中资源和劳动力，因而在农业生产上比较有利。自动植物驯化之后，农业是人类社会最为普遍的经济生活。当农业由锄耕转为犁耕，或者园艺农业转为密集农业之后，农业种植仅靠单门独户的做法已经难以为继，因为一些农作和水利等基本建设，都需要较多的劳动力投入。这时，社会倾向于扩展家庭是自然的。

3. 新的家庭类型

近些年来，人类学家在美国社会观察到新的家庭类型出现，有两种。其一为**融合家庭**（blended family），通常建立在离过婚的两人间。两位有过既往婚史者重新结婚时都带来自己与过去的配偶所生的子女，组成新的家庭。这样的家庭里，家庭的动力可能在一些方面与一夫多妻家庭相似。孩子们与父母的关系可能复杂些，经常需要彼此间进行沟通。

另一种新类型的家庭称为**选择性家庭**（family by choice）。这种家庭的叫法来自称为"同性恋、双性恋和性别改变"的群体（GLBT）。这样的家庭不是异性婚姻的产物。这部分有着不同性取向（sexual orientation）的人群往往得容忍来自包括他们家庭成员在内的主流人群的压力和歧视，因此，他们选择与自己的密友和自己的，或者领养的孩子来组成家庭。GLBT 活动家们在为自己争取社会权益的过程中以此为资源和基础。他们希望自己的家庭类型也能像传统异性婚姻家庭那样得到同等看待，孩子不受歧视，可以如同亲人那样去医院探视病中的伴侣，等等。①

4. 家户（household）

构成家庭的成员都有亲属关系，但并不是一个家庭的成员都居住在一起。在美国，许多年轻人到了 18 岁以后离开父母。在许多社会里，年轻人建立了自己的小家庭而与原生家庭分开，如阎云翔笔下的"单过"——孩子成年结婚后从父母那里搬出另住。这就形成了一些家庭成员不是家户成员的状况。另外，同属一个家户的成员未必都是家庭成员。在许多社会里，有些人家家中住有仆人、用人、保姆等。他们虽然不是家庭成员，但与主人同属一个经济预算单位——他们的工资和一些花销是主人生活预算的一部分，所以他们是主人家户的成员。这在我国香港、澳门十分常见，在其他一些城市也有不断增加的"菲佣"——来自菲律宾的保姆，就是一个例子。这些保姆都与雇用他们的人家一起生活。这些家庭必须提供他们食宿，外加薪酬。所以，保姆在生活上的开支是包括在雇用他们的家庭的生活预算之内的。像这样共享预算，在一个屋檐下生活，

---

① Robert H. Lavenda and Emily A, Schultz, *Core Concepts in Cultural Anthropology*, McGraw Hill, 2007, pp. 184 - 185.

包括家庭成员和非家庭成员在内的一群人构成了"家户"。正因为家户这一经济上的特质，各国官方的人口普查都是以家户为单位的。相比之下，家庭就显得以繁衍为特质了。但是，繁衍的意义在这里可以是多重的。以下，我们需要对家庭的功能做些探讨。

5. 家庭的功能

我们都是在家庭里成长起来的。家庭是我们文化习得的第一个场所。以此为出发点，我们可以领略到，家庭的意义对于我们个人和对于社会同样至关重要。正如已经提到的那样，家庭是社会的最小单位或者单元。有鉴于此，社会的一些结构性的、对社会成员的行为有所限制的规则、规范，首先是通过家庭赋予个体的。同时，社会继替也通过家庭来实现。归纳起来，家庭的社会功能大致如下：

第一，繁衍。家庭是一个生育单位。家庭的存在是社会人口繁衍的基本保证。家庭并不是因为爱情而出现，而是为了生育。在出现阶层或阶级分化的社会里，从理论上讲，有不少家庭生育孩子纯粹是为了继承。但对于一些没有财产观念的群体——比如狩猎-采集生计群体，如果说生育就是为了继承，那就有些夸大其词。我们注意到，绝大部分这样的群体都是由若干核心家庭所组成。正如已经提到的那样，所有的狩猎采集者都不是食物生产者，他们的"生产"是寻找和猎杀可以食用的植物果实、根茎和动物——这些是大自然的赐予。在这样的生计条件下，组成核心家庭便于互相照顾。而且，人类学家注意到，这种

"靠天吃饭"的生计也受到"年景"或者季节的影响。例如，在十分干旱的情况下或者在猎物资源不易获得的季节，游群会分解成不同的部分，各自负责生计。这个时候，核心家庭就会独自活动。北极圈内的因纽特人（爱斯基摩人）生活在资源丰富的环境里，基本趋于定居。但在资源丰富的时候——如有鲸鱼猎杀时——他们往往会聚在一起。而南非卡拉哈里沙漠内生活的昆桑人则在资源较为稀缺的冬季解散游群，以个体家庭为单位活动。

第二，抚育和文化传承。我们都是在家庭里接受最原初的教育。家或者家庭是我们进入我们的文化的入口。人类学关于早期社会化的用语是"濡化"，指的是个体进入文化并为文化所形塑的过程。我们的许多价值观念并不一定来自学校教育，而是耳濡目染来的。例如，我们小时候在饭桌上会听到父母的告诫，会懂得珍惜来之不易的粮食，也由此懂得对劳动的尊重。除了学校和家庭之外，影响我们成长的还有同侪（peers）。"近朱者赤，近墨者黑"，这一古语告诉了我们同侪影响的重要性。"孟母三迁"的故事是大家都知道的。孟子的母亲为了避免孟子结识行为不好的同伴而三次搬家。家庭对我们的成长影响之大，超乎我们的想象。布迪厄用"习性"来强调人受到文化熏陶成为文化成果的社会事实。按照他的看法，人的习性形成始于"房子"（house），房子在此即是家或者家庭的空间隐喻。一个社会中的大部分人不都是有居所的吗？居所就是我们的家。我们只有到居所时才会说"我到家了"（I am home）。每一个人成长之后组成了自己的家庭，又会在大体相同的模式里抚养孩子。通过这样的方式，家庭起了传递文化的作用。所以，家庭也是文化传承的基本单位。

第三，保护。如果我们以其他灵长类动物为鉴，会看到所有灵长类都需要在母亲身边较长时间。这是因为所有灵长类动物都有着较长的成长过程。在成年之前，它们完全无法抵御掠食者。人类也是如此。一个新生儿必须靠父母家人才能生存。所以家庭为婴儿和未成年的孩子提供了庇护的港湾。

第四，经济。家意味着成员一起生活，自然就是一个预算单位。家庭的开销包括了所有成员的衣食住行。所以，我们说一个家庭是一个同居共灶的单位道理就在这里。而英文里的"经济"（economy）原先就是一个家庭如何量入为出的意思。但是这岂不与家户相同了？是的，在许多方面二者是重叠的。在涉及经济时，家庭自然是一个经济单位，但其成员可能不会全部包含在内。一个家庭如果没有非家庭成员生活在其中，那么一个家庭也就是一个家户。而在绝大部分的情况下就是如此，毕竟有能力或者需要雇人提供家政服务的家庭即便在跨文化的视野里也是绝对的少数。

第五，养老。在前工业化时代的大部分社会里，家庭就是养老单位。在农业社会里，当一个人年迈体衰失去劳动能力之后，要想"颐养天年"就必须依靠家庭的帮助。传统中国有"养儿防老""多子多福"之说，直接道明了家庭对养老的重要性。过去在中国乡下，往往是老父母与一位已婚的儿子住在一起，这样的家庭三代同堂。但也有不少老年父母不愿意同孩子们住在一起的。在这样的情况下，处理方式往往是所谓的"轮伙头"——所有的儿子轮流送饭到父母门上，或者父母轮流到不同儿子家中住一段时间。在跨文化视野里，农业社会中的养老方式大体上差别不大，失去劳动能力后都是由后代供养。工业化以后，这种情况改变了，许多农村人离开乡村进入城市寻找工作机会。一旦工资成为收入，家庭规模势必变小，因为多一口人就是增加一份负担。因此，家庭的养老功能也就渐渐被其他国家的或者社会的机构所取代。

二、婚姻

虽然在传统上家庭定义离不开成婚的男女伴侣，但是今天在世界上，已经多有未婚同居者。同居的男女彼此间没有婚约，但却生活在一起，并生儿育女。在有些国家，这种未婚家庭与成婚家庭的比例相差无几，瑞典就是一个例子。这样的同居家庭虽然越来越多，但总体说来不能认为是常态的。然而，由此我们可以推测，婚姻制度的出现并非爱情所致。所以，婚姻成为一种制度当与男性确认后代有关。如果这一推测是对的，那么，正如恩格斯和摩尔根所认为的那样，婚姻的出现确乎与私有财产的出现有关系。①

在我们的社会里，结婚意味着一纸证书和举办婚礼。但在人类学家看来，并不是所有的社会都这样。**婚姻**是社会批准的性与经济的结合，通常发生在一男一女之间。婚姻的当事人和其他人总是预设婚姻是永久性的。婚姻还意味着成婚双方与所生育的孩子之间有互惠的义务与责任。②

婚姻是社会批准的性的结合，意味着结婚的性的本质是公开的。一个女人会说"我想把你介绍给我丈夫"，但肯定不会说"我想把你介绍给我的情人"——这么说在大部分社会里会让人感到羞耻。尽管婚姻最终可能会解体，但所有社会里的所有夫妇在缔结婚约时总是期待能相伴终老。缔结婚约双方共享的互惠义务和责任也是不言自明。但在事关财产、金钱、孩子的养育方面多少会具体些并且有所规划。

婚姻承担着性和经济的关系，如美国人类学家穆达克（George P. Murdock）所指出的那样："性关系的发生可以没有经济合作，而分工的男女之间也可以没有性关系。但婚姻结合了经济和性。"③ 关于婚姻，我们经常碰到如下问题。

1. 是否存在没有婚姻的社会？

既然婚姻具有普遍性，那么是否存在没有婚姻的社会

① 参见：恩格斯《家庭、私有制和国家的起源》，北京，人民出版社，1999 年版；摩尔根《古代社会》，杨东莼、马雍、马巨译，北京，中央编译出版社，2007 年版。

② William N. Stephens, *The Family in Cross-Cultural Perspective*, New York: Holt, Rinehart & Winston, 1962, p. 5.

③ George P. Murdock, *Social Structure*, New York: Macmillan, 1949, p. 8.

呢？民族志资料证明，确实有些社会我们很难说存在着婚姻。19 世纪时南印度的种姓群体纳亚人（Nayar）可能就是这样的。纳亚人文化使男女之间的性和经济与婚姻无关。纳亚姑娘在初潮时举行"结婚"仪式，丈夫也是仪式性的。他们的婚礼公开举办。在仪式上，丈夫把一个金的项圈戴在新娘脖颈上。从此他不再对她承担任何责任。通常他们也不再见面。

　　新娘和自己的家庭成员住在大房子里，接受其他"丈夫"的来访。他们当中，有些可能只是过客，有些则规律性地走访。种姓的限制不重要，只要来访者为她的家人所批准。来访者通常夜间到来，次日早上离去。规律性的访客要给女方送些小礼物，比如洗澡洗发的油脂、衣服、槟榔果实等等。如果女方怀孕生下了孩子，男方得支付产婆的费用，但关于孩子的成长则无从置喙。女方的血亲——通常是她的兄弟们，担负起父亲的角色。[1]

　　纳亚人究竟有无婚姻？那就看如何理解了。按常规的理解，他们不存在婚姻——男女结合没有性和经济合作，也没有互惠的义务与责任。但是，少女在初潮时如果没有"结婚"仪式，是不能接待访客的。如果这样，也就不能有孩子。所以，把纳亚社会考虑为没有婚姻的社会也是不太合适的。有种说法认为，纳亚人的这种状况是一种解决方案。因为纳亚人是特殊的种姓群体——男人在外从军，长时间不在家，故

---

[1] Kathleen Gough, "The Nayars and the Definition of Marriage," *Journal of the Royal Anthropological Institute*, No. 89, 1959, pp. 23–34.

而形成这种类似我国云南泸沽湖摩梭人的"往返"方式。①

云南永宁泸沽湖一带的摩梭人在民族识别中被定为纳西族。但他们却有着一些与其他纳西人不同的文化特点。其中，最重要的就是他们的男女交往模式——"走访婚"。"婚"在这里是学界约定俗成的说法。摩梭人社会有没有婚姻还是一个争论中的话题。过去，曾有民族学家把纳西人的男女交往方式称为"阿注婚"。"阿注"，是摩梭人对朋友的称呼，他们将自己交往的异性朋友也称为"阿注"。所以，这个称呼不是问题，但是加了个"婚"字，意义就有些不一样了，让人感觉摩梭社会存在着某种婚姻形式。当地人特别不高兴，因为就是这个"婚"字使他们被排在社会进化的低端，而与"原始婚姻"相联系。②

事实上，正如人类学家施传刚指出的，摩梭人男女之间的结合缺乏任何婚姻的内容。今天，也有些摩梭人结婚成家，但婚姻不是他们固有的制度，而是外来的，是在摩梭人社会中属于"第二位"（secondary）的男女结合形式。对于他们来说，"走访"（tisese，摩梭语"走访"的发音）才是重要的。走访也有一套制度性约束，形成一种施传刚称之为"制度化的性结合的基本模式"（the primary pattern

---

① 根据施传刚（Shih Chuan-Kang）的研究，摩梭人的"走访婚"不具任何婚姻内容。用当地人的话，这是"往返"（tisese）的意思，指的是"双边居住的走访式性关系"（the duolocal visiting sexual relationship）。施传刚认为，tisese 是摩梭人制度化的性结合的主宰模式（the dominant pattern of institutionalized sexual union）。见：Chuan-Kang Shih, *Quest for Harmony*, 2010, Stanford University Press, pp. 74 – 75。
② Shih, *Quest for Harmony*, p. 73.

of institutionalized sexual union)。

所谓**走访制**通常是这样的：男女双方平时各自在自己的母系家庭中生活，夜幕降临时，男性离开自己家到女方家中留宿，并在次日清晨离去。虽然有些男人会在农忙季节时到伴侣家中帮忙，但这不是一个要求。这样的关系一般说来并不会影响双方的社会经济状况，也不会要求双方必须长久维持关系或者保证关系的排他性。孩子属于女方，但男方也可以收养。在这样的条件下，不存在所谓的"私生子"。所以，根据人类学家对家庭的研究，在摩梭社会，原先并不存在真正意义上的婚姻。

2. 婚姻是个人的事吗？

在摩梭人社会里，虽然走访在个人之间可能并不长久，而且一个人可以同时走访一个以上的家庭，但这并不排除一些个体之间因为交往过程中产生感情难以割舍，进而保持着较为长期的关系，于是就有了"第二位"的结合形式。而愿意接受婚姻"束缚"的原因也得考虑到其他因素，特别是经济上的原因。但是无论如何，"走访"在摩梭社会里，远比"婚姻"要多得多。这就与人类学上的一个基本假设有了矛盾。

社会人类学总是强调婚姻的社会意义，尤其强调婚姻并非个人的事情，而是两个群体的结盟。此言不虚。我们看到在许多社会里都沿袭着一些传统，目的在于保持姻亲关系的延续。英国人类学家福蒂斯（M. Fortes）曾说过，在单系社会（unilineal societies）里，婚姻通常服务于构筑

"亲属网络"（web of kinship），通过超越世系群（lineage）的社会边界把社会整合在一起。[①] 既然摩梭人的走访制没有任何婚姻的内容，那摩梭社会原生社会的亲属网络如何建立呢？走访制究竟与这样的结盟有无关系？如果没有，那么是否说明人类社会里的一部分群体并没有结盟的需要？如果有，那么群体之间社会关系网络结盟又是如何建立的？这类问题对于我们理解婚姻的本质很重要。

对于绝大部分的摩梭人来说，婚姻是没有意义的。上面已经谈到，摩梭社会的婚姻是外来和次要的，但毕竟也有了数百年的实践，尽管人数只占其中的一小部分。然而，摩梭社会实践性的亲属称谓都是关于母系血亲，在这一独特条件下，摩梭社会是如何超越母系世系群而达成社会整合？这是一个典型的人类学问题。民族志资料告诉我们，摩梭人有自己的方式来构筑社会关系网络，他们的若干词语透露出的一些信息表明，摩梭的社会关系网可以超越母系大家庭。例如，他们有一个词来指姻亲关系——"夸支"（kwazhi）。这是个集合性名词，泛指婚姻带来的亲属。如果来自家户 A 和家户 B 的两个成员成婚，那么家户 A 和 B 的所有成员彼此间都是"夸支"。而夫妻之间对彼此的家户有仪的和其他的责任。

另外，他们还有一个词来强调血亲关系的重要性——"乌泽"（wuze），"乌"和"泽"是两个亲属称谓的简称。

---

① Meyer Fortes, *Time and Social Structure and Other Essays*, London, Athlone Press, 1970.

它们与"夸支"构成"夸支乌泽"（kwazhi wuze），意在表明，与母亲的兄弟的孩子以及母亲的姐妹的孩子的关系和夫妻关系同样重要。他们都是摩梭母系家庭的成员。此外，还有一个描述走访者之间有着潜在的、超越个人关系之联系的当地词语"齐责"（qizhe），指的是出生在其他家户的家户后代。这不是亲属称谓，而是一种社会类别，强调的是血缘关系而不是亲属之间所应有的责任与义务。[1]

当两位走访者长期相处有了孩子，彼此有意继续往来，就可以通过认可孩子的仪式将走访关系转变为结盟。这一仪式在当地语言中的意思是"寻根"（*jujia she*）。此外，摩梭人的家户是开放和流动的，除了女方血亲之外，还经常可以有非血亲成员往来生活其间，尤其是未成年人。一个人的亲兄弟姐妹可以在不同的家户里生活。当母亲流动时，她的一些孩子可能并不随她搬迁，而是留在原来的家庭里。但是，"血脉"（descent）在摩梭社会里还是很重要的，绝不允许弄混。血亲（consanguinity）是母亲方面的直系亲属，这是最为中心的部分。这三个部分（家户、血脉、直系血亲）所构成的亲疏远近是往内收缩的，但在日常当中却是开放的，这主要通过不同继嗣群和非直系血亲成员在不同家户中的流动性（来往和生活）来做到。但对于成婚的摩梭人来讲，姻亲就重要了。

另外，在我国和其他国家，都有一些地方和一些民族

---

[1] Shih, *Quest Harmony*, pp. 176 – 180.

过去流行**"转房制"**，即寡嫂嫁给小叔的制度，民间又称"叔接嫂"，在人类学里叫**"夫兄弟婚"**（levirate）。与此对应的**"妻姐妹婚"**（sororate）是指与亡妻的姐或妹缔结婚姻。这样的制度安排目的除了财产因素外，还在于维持婚姻形成的联盟。这再次说明了，结婚不仅仅是两个人之间的事。民间还有其他形式的**亲属收继婚**（nepotic inheritance），如子收继寡后母，侄收继寡伯、叔母。在这些形式中，夫兄弟婚最常见。流行夫兄弟婚的地区往往也存在妻姐妹婚。景颇族、苗族、维吾尔族都曾有娶亡妻未婚姐妹的习俗。这些习俗——不排除有些是制度性的——说明了通婚是一种结盟。

3. 婚姻是一种社会造物

通过上述，我们知道结婚不是个人之间的事。结婚仪式往往会有许多人参与。一个人是否结婚、什么时候结婚、与谁结婚，都是一个亲属群体或者一个社区的人们所关心的问题，也是社区里边产生最多花边新闻的话题。不言而喻，父母和其他亲人总是想在这方面做得尽善尽美，以求控制婚姻的质量和后果。并不是发生在人身上的事情都是可以控制或者便于控制，如出生或者死亡。社会关照和注意力在这些事情中往往通过仪式来表现，象征着当事人时空的转换和身份的变动。当然也可以通过仪式来加强亲属和社会整合。不过，婚姻的确可控。生死仪式过程的社会参与虽然也隆重，但比起婚姻来就显得有限了。婚姻不仅是一种社会结盟，而且是**一种社会造物**（social creation）。

什么人结婚、与谁结婚、什么时候结婚、婚礼的隆重程度
如何等等，都不是自动发生的。

由于婚姻是社会造物，人类社会在婚姻缔结过程中存
在着大量不同表现形式是可以理解的。在与什么样的人结
婚问题上，社会往往会有一些规则或者特别的偏好。有时
会偏好特定的亲属，例如，在一些母系社会里，人们鼓励
男人与自己母亲的兄弟的女儿结婚，亲上加亲。人类学把
这样的婚姻称为 **"交表婚"**（cross-cousin marriage），中国民
族学家称之为 **"姑舅表优先婚"**。这种婚姻在父系社会也
有。中国传统上同姓不婚，古时，本人与父母异姓同胞子
女的亲属关系称为"中表"，故而可以结婚。在有些阶层
里，中表婚是优先的。

交表婚对于理解人类学分析具有重要意义，因为实践
交表婚的同时，**"平表婚"**（parallel-cousin marriage）可能属
于禁忌范围。平表婚也是一种婚姻上的偏好或者选择，即
结婚的对象是父亲的兄弟的子女或者母亲的姐妹的子女。
在过去和在一些社会里，这样的婚姻不仅亲上加亲，而且
子女婚后不必远离父母，因此是被鼓励的。

与这些例子相反的是，在许多社会里存在着更多的要
求。社会禁止一个人与特定的一部分人有性关系，遑论结
成伴侣。这在人类学上叫作 **"乱伦禁忌"**。乱伦禁忌的范围
受到文化的限制，因此并不是所有人类社会有着一致的标
准。另外，乱伦禁忌在一个社会里也可能根据身份和地位
不同而有所不同。在中国古代，交表婚在富裕的家庭里是

被鼓励的,《红楼梦》里四大家族里的婚姻大都如此。而在欧洲王室,婚姻则完全限制在王室家庭(royal family)内部。维多利亚女王因为养育多个子女,这些孩子和孩子的孩子们在欧洲各国或为国王,或为亲王,全都沾亲带故,因此她有"欧洲国王的祖母"之称。但是,在社会一般成员中,这种亲上加亲的做法经常是被禁止的,如美国许多州在法律上禁止堂或者表兄弟姐妹之间的伴侣关系。在大部分社会里,表兄妹之间虽然可以通婚,但并不被鼓励。而对于特定的人群来说,则全然是另一回事。历史上的埃及王室、印加帝国王室,以及过去的日本天皇王室,必须是兄弟姐妹之间才能通婚,因为他们把自己视为神,社会也奉他们为神灵,而神与人之间是不能通婚的。王公贵族之所以有婚姻择偶上的偏好甚至限制,主要是因为对他们而言,婚姻的意义是政治性的。乱伦禁忌中,在世界范围内具有普遍意义的唯有一项,那就是亲子之间禁止发生性关系或者肌肤之亲。

4. 婚姻的类型

人类文化繁复多样,婚姻的形式在传统上也不会完全相同。单偶制(monogamy)也就是一夫一妻制,是当今世界范围内最为普遍的形式,但却不是所有文化都青睐的形式。一夫一妻制之所以在世界范围内流行最广是因为工业化。一旦人们开始以薪酬为生时,都市的居住条件与环境,以及固定的收入来源都会使一夫一妻制流行开来。有些社会因为宗教信仰因素以及国家提供的补贴(如一些伊斯兰国家），不少人仍然可以维持传统的婚姻形式，但这毕竟在总人口的比例中非常之低。

多偶制（polygamy）曾经是或者现在仍然是不少文化流行或者青睐的婚姻形式。但是，在一个青睐多偶婚的社会里，社会成员也不可能都是多偶的。首先，由于人口学的条件限制，不可能所有人都多偶；其次，能否多偶与当事人的经济状况成正比，一般人无法承担多偶婚所需的各种花费。

多偶制又分为两种：**一夫多妻**（polygyny）与**一妻多夫**（polyandry）。我国传统的妻妾制是事实上（*de factor*）的一夫多妻。中国传统强调一夫一妻主义，一个男人可以同多位女子一起生活，但妻子只有一位，妾没有妻的名分。著名学者瞿同祖认为，这种婚制可以称为"一妻多妾制"。[①] 在许多非洲社会，一夫多妻也很流行。多妻体现了财富和社会地位，因而为了体面，多娶些妻子也属自然之举。娶妻时需要大量的聘礼，这在东非一些地方主要以多少头牛来体现。这一要求决定了这些社会里不可能所有的男性都多妻。新几内亚西部的卡帕库人（Kapauku）社会也青睐多妻。理想状态是一个男人尽可能地多娶。一个妻子事实上也会鼓动丈夫将钱花在多娶妻子上。如果有证据表明丈夫有钱却不用来做多娶的聘金，妻子甚至有法律权利与他离婚。女性在这个社会里是被期待的，她们在田里劳动和养

[①] 参见：瞿同祖《中国法律与中国社会》，北京，中华书局，1981年版，第130页。

猪,而这两者是当地人衡量富裕程度的标准。同样,不可能所有的卡帕库男人都足够富裕来迎娶更多的妻子。

一夫多妻虽然不多,但世界不少地方还在流行,即便在美国落基山脉的一些州里,也还存在着,当地政府对之采取"既存在就让存在"(live and let live)的态度。至于为什么现在还有一些社会容许这种婚姻类型存在,可能因为这样的婚姻类型是这些社会财富和地位的象征,以及宗教上的原因。

一妻多夫在世界范围内主要流行于我国西藏和尼泊尔、南印度及斯里兰卡的一些地方,可分为**兄弟共妻**(fraternal polyandry)和**团体共妻**(associate polyandry)两种。从跨文化比较来看,一妻多夫制似乎是对流动性生活的一种适应。在这些地方,无一例外,男人必须经常外出从商或者从军,一妻多夫制度保证了家里至少有一位当家的男人。兄弟之间的一妻多夫制也便于掌握稀缺资源。一妻多夫制度限定了妻子和继承人的数量,继承人更少还意味着更少的竞争,意味着土地资源集中不易被分割和转移拥有权。曾有人类学家认为,流行一妻多夫的社会尽数分布于险峻的山区,不易建造宽敞的房屋,久而久之便形成了这样的婚姻类型。这种说法显然难以回答以下问题:全世界生活在山区的人太多了,为什么只有这些地方选择这样的制度习俗?更可能的是,它与另一个众所公认的事实有某种相关性,就是这些地区的人口流动性。这些地区有许多地方不利于农作,土地资源稀缺,因此总有人外出做事以补家用。一妻多夫在不同地方有些不同之处，例如在西藏一妻多夫往往是"兄弟共娶"，通常是各位兄弟依次加入。长兄结婚后，更年轻的兄弟们在成年之后也依次加入丈夫的队伍。有人照顾家庭，其他兄弟就可以外出做事。在这样的家庭里，无须对生身父亲有特别的义务，孩子们称母亲的所有丈夫为父亲。对于践行这种婚俗的藏民来说，这种婚姻类型体现了他们的价值观念，即家庭的重要性。这种重要性通过兄弟和睦得以表现。兄弟共妻体现的就是兄弟和睦的价值。还有一个重要原因就是财产。兄弟共妻家庭财产不会分散，这对生活在自然条件贫瘠的地区是有意义的。

在尼泊尔，情况则略有不同。虽然与藏民一样兄弟共妻，但认生父（genitor）。一妻多夫除了兄弟共妻之外，还有团体共妻。这种习俗在南印度和斯里兰卡常见。娶妻者不是兄弟，可能是朋友或者其他关系。团体共妻内部存在着先来后到的秩序，早娶妻者有优先权。可能由于妻子与丈夫轮流同居之故，妻子有了孩子之后，会举行仪式来为孩子确认一位**社会性父亲**（social paternity），如印度南部的托达人（Todas）就是如此。

婚姻类型还可以用**内婚制**（endogamy）和**外婚制**（exogamy）来区分。我们反复说过，婚姻如同结盟，具体对象不是随便可以找的。在传统时代，由于社会有着严格的等级，社会上一般人也在婚姻对象上有自己的择偶范围。构成这样的范围的条件多种多样，包括身份等级、财富、族群、宗教、行业等等。如果遵循这些条件来择偶，那就是中国成语所谓的"门当户对"。内婚制当中以等级内婚最为常见，如传统上的欧洲王室就是一个内婚制群体。宗教内婚、种族内婚也很常见。过去，大小凉山彝族诺苏人有家支和社会等级。家支如同汉人的宗族，家支的重要人物都可以背诵长之又长的谱系。诺苏人的名字父子联名，所以可以接续起来。同一家支者认为他们有共同祖先，因此不能结婚，所以家支又是一个外婚制单位。等级则是内婚的，不容混淆。汉族的宗族也是一个外婚单位。中国传统上有同姓不婚的说法，但是"五服"之外的同姓者之间是可以通婚的。所谓"五服"即是传统上亲人去世之后，丧属在丧礼上的装束，根据这样的装束可以很明确地了解丧属与死者的亲缘关系。"五服"包含了高祖至玄孙九代人，所以"出五服"意味着血缘关系已经很远了。

5. 婚姻的缔结

既然婚姻如此重要，那么婚姻的缔结也一定是人生的要事，并且被赋予社会意义。事实也是如此，在所有的社会，人们对于结婚的安排和举行婚礼都是很认真的。首先，在许多父系社会里，缔结婚姻之前必须要经过"提亲"以征得女方父母的同意。当然，现在的提亲往往是传统使然，仅有象征性意义。但在传统上，情况就不一样了。我们都了解"父母之命，媒妁之言"之说，在传统中国促成婚姻的是父母。但父母是不便直接提亲的，所以必须要请人代劳。这些代提亲者称为**媒人**（matchmaker）。

提亲当然不会仅凭如簧之舌，必须要有所表示，这就是所谓的**聘礼**（bride wealth）。在传统中国，聘礼的额度由于地方条件、经济状况、阶级等级等因素差别甚巨。聘礼最初应该是对女方家庭的补偿，我们将要谈到的"服务婚"，可能就是聘礼的最初形式。女方家收了聘礼之后可用来为自己的儿子寻找配偶，还以此扩大了亲属网络。在大部分传统社会里，聘礼以物品来体现。在现代社会里，则多用现金。在前工业化的传统社会里，女孩在娘家也是重要的劳动力。在有些文化里，虽然女性未必直接下田或者从事其他体力活，但她们在家中也有许多事情做。比如家务活、刺绣、纺织等等，她们的贡献为家庭带来有形或者无形的收入。所以，聘金或者聘礼的存在也就很自然了，因为你带走一位能给家庭做贡献的人。

在一些社会里，如果看上了某家的姑娘，提亲之后或者根本无须经过提亲，男方必须到女方家里无偿劳动一段相当长的时间。人类学称之为**"服务婚"**。这样的习惯现在仍然可以在一些社会里见到。我国西南一些民族在传统上就是这样来缔结姻缘的。这种缔结婚姻的方式，帮助了人类学家理解聘礼的社会和经济意义。按照英国人类学家杰克·古迪（Jack Goody）的看法，聘礼在传统社会里是一种社会基金（social fund）和流动的资源。女方家庭获得聘礼后，往往会用它来为自己的儿子娶亲。所以，聘礼对女方很有意义。[1]

---

[1] Jack Goody, "Bridwealth and Dowry in Africa and Eurasia," in Jack Goody and S. J. Tambiah, *Bridwealth and Dowry*, Cambridge: Cambridge University Press, 1973, pp. 17-21.

除了聘礼之外，大部分社会还要求女孩出嫁时要有**嫁妆**（dowry）。在有些地方，嫁妆的价值远超聘礼。为什么会这样呢？2012年春天，我在泉州陈埭问了当地人："为什么你们的嫁妆经常价值数百万甚至几千万之巨？"当地人创建了许多国内外知名的运动鞋品牌，大富豪比比皆是，几百万对他们根本不在话下。但是，一般人为女儿准备的嫁妆也都价值惊人。我得到的回答完全同于经典的人类学教科书。他们说嫁妆有两方面的意义：第一，我们希望女儿到了婆家之后，经济水准和地位不会降低；第二，闽南的遗产继承传男不传女，但人们都会利用为女儿装备嫁妆的机会让她们获得一部分家产。所以，外嫁的女儿不是"泼出去的水"，嫁妆体现了父母对她们的关爱。

6. 婚后居住方式

婚后居住方式在人类社会里并不一致。在某种程度上，婚后居住在什么地方，每一个文化都有自己的理想状态，但同一文化内部也有一些不同。从跨文化的视角来看，人类社会的婚后居住方式主要有如下几种：

新居（neolocal）。这是进入工业化社会之后日益流行开来的婚后居住方式。新婚夫妇彼此都从自己成长的家庭里搬出，搬进自己为结婚而租赁或者购买的居所。

从妻居（uxorilocal）。这在中国社会称为"入赘"，民间称为"倒插门"，指丈夫在婚后入住妻子的家。这种情况在世界范围内都不常见。入赘通常是传统中国解决没有子嗣的方法。中国人有"香火"观念，崇拜祖先，没有子嗣意味着以后没有人继续香火。因此，我们的社会有"不孝有三，无后为大"的说法。在这样的情况下，入赘就成了一种解决方案。虽然入赘主要是女方家庭为了得到儿子，但也不排除因其他原因而招赘，比如，家中缺乏足够的劳动力等。

从父居（patrilocal）。婚后女方与丈夫及公婆一起居住。

从母居（matrilocal）。婚后丈夫与妻子及岳父母一起居住。

7. 婚姻作为一种社会过程

一段婚姻的诞生不仅使当事人改变了自己的身份，也导致夫妻双方亲属建立起新的亲属关系，即所谓的姻亲关系（affinal relationships），是与血亲相对的。血亲与姻亲是定义婚姻和社会群体的中心概念。仅仅同居并不建立姻亲关系，也不引起居住方式的改变。但婚姻导致二者发生。

以上，告诉了我们婚姻的四个特质：1. 改变了参与者的身份；2. 改变了参与者的亲属关系；3. 通过合法地生儿育女使社会延续；4. 通常引起居住方式的变化。

8. 罕见的婚姻形态

除了西方社会的同性恋婚姻（gay marriage）之外，有些社会存在着**同性婚姻**（same-sex marriage）形态，这对任何社会来说都不是典型的，无法通过与常规的婚姻类比来理解。首先，结合的并不是男女两性；其次，他们并不一定有性的结合，但它们都是社会所批准的，形式上与常规的婚姻差不多，有互惠的权利与义务。这类婚姻也把当事人考虑为"男"和"女"，但与生物学上的男女无关。

冥婚（ghost marriage）的安排是一种继承和延续姓氏的行为，它的存在与所在社会的亲属制度、继嗣制度有紧密关系。冥婚的目的通常是为了平复因为死者在婚前死去所引起的不安与焦虑。民族志上极为有名的努尔人社会就存在着冥婚。在努尔人社会里，男性之所以能被后代所铭记就在于他的姓名能够传递下去，因此有没有儿子是十分要紧的事。因而努尔人相信如果一个男子未婚先死无法拥有子嗣，他就会成为愤怒不安的鬼魂骚扰社会。为了死者的安宁，死者的近亲会以死者的名义与一位女性结婚。聘礼以死者的名义支付给女方。女方因此与死者"结婚"，且与死者的亲属（实际上的丈夫）过夫妻生活生下的男孩的正式父亲是死者。

我国一些地方也曾流行冥婚。我国社会的冥婚（或称"鬼婚"）与祖先崇拜的"香火"观念有关系。女子只有结婚才可能在死后得到后代的"供养"，她的名字刻在夫家的神主牌上，表明她去世之后的地位，成为祖先。如果没有出嫁，等于死后无人祭祀，成为孤魂野鬼，十分凄惨。冥婚就是解决这种焦虑的方案。正因为如此，传统上，我国社会的冥婚都是由女方家庭提出，找的对象可以是去世的未婚男子，也可以是活着的人。这不妨碍这个男人与其他女子结婚（因为妻妾制是中国传统），但原配是通过冥婚所娶的"妻子"。如果与已故未婚男人结婚，两位死者的后代应该是**"过继"**的。[1]

---

[1] "过继"是中国人解决无后的方案，是一种领养（adoption），但这种领养通常只在近亲之间或者本家内实践。过继的意义主要是谱系上的。过继后的孩子仍然可以同亲生父母一起生活，但在族谱上，他的父亲却是养父。

三、 亲属制度

如果家是人类共同体的最小单元，那么亲属就是这一共同体的扩展。构成亲属关系的人，在生活当中经常在彼此间也有些责任和义务，必要的时候相互帮助。费孝通有一个很有名的概念——"**差序格局**"。他用这一概念来解释传统中国人的社会关系。费孝通很形象地用涟漪来解释。他说，中国人社会关系中的亲疏远近如同我们扔块石子到池塘里所泛起的涟漪。石头泛起的涟漪越往外水纹越消散，如同在我们的社会关系当中，首先是自己的小家，然后是大家，再后就是与我们没有血缘关系但却与我们有同乡这类地缘关系的人。这些人构成了我们的社会关系，对于亲疏远近不同的人，我们与之交往的礼节等也有所不同。这种关系在很大程度上支配了人们在各类仪式和传统生活交往中的等级秩序和行为方式。[1]

费孝通的"差序格局"直观地说明了我们的社会关系可以如同光谱，由深到浅有着不同的色泽。颜色最深的部分是由一些血缘与自己最近的社会成员构成的。亲属制度在人类学里一直是很重要的课题，因为过去人类学家多从事"简单社会"（simple society）的研究，这些社会的成员构成关系简单，而且所有的人或者大部分人之间都有亲属

---

[1] 费孝通《乡土中国》，北京，生活·读书·新知三联书店，1985 年版，第 21—28 页。

关系。此处用"亲属关系",乃在于一些传统上在差序格局中关系很近的人与我们并没有血缘关系,但他们却是我们的亲属。例如,对大部分人来说,一个人结婚之后他/她就会有许多过去不曾存在的亲属了。所以,讨论亲属制度,我们又得回到婚姻的话题上。

1. **血亲**。这样的区分在大部分社会里都存在着,所以人类学也将此作为人类亲属制度的基本构成。所谓血亲,在父系制度下指的是父亲一脉的所有亲属,母系制度则反之。《尔雅·释亲》称这样血亲为"父党"或者"夫党",而称姻亲为"母党"或者"妻党"。我们不能从字义上想当然地认为,母亲及其父母和兄弟姐妹与我们都有血缘关系,他们应该就是我们的血亲。错了。从亲属制度的角度考虑,他们与我们有**血缘纽带**(blood ties),但却是我们的姻亲。在美国社会,亲属也是如此区分——虽然亲属制度对于美国人的生活已经不再重要,但问到如何理解母亲被归为姻亲时,他们会说"母亲与我们有血缘纽带",这就解决了血亲无母亲的焦虑。

在我国南方如福建、广东等地乡间,一直有父系世系群体——**宗族组织**(lineage organization)存在着。在理论上,宗族组织就是血亲群体。同一宗族成员均声称是某位共同祖先的后代,尽管组织内部可能可以有一些因为各种原因加入、与成员没有任何血缘关系的外人。在移民社会和海外华人社会里,也有宗族组织的存在,但血统是否"纯粹"就更得打折扣了。有学者发现,闽台一些宗族的形成是通过抓阄来决定立哪一支为祖先的。在移民社会里，为了聚族自保和开发，同一姓氏者到海外定居下来后，也会建立宗族组织，但他们却不是同宗。在很多情况下，他们会采取联宗会的形式建立联系，扩大在当地的影响力。

宗族组织的存在说明了一些超乎亲属制度本身的问题。在很大程度上，它的发达与否意味着在资源竞争和地方政治上的优劣之势。它同时也是一个活生生的例子，说明了亲属制度之所以存在于许多社会显然是"竞争"的需要，包括与环境、与邻人等等。这种竞争虽然根子上是关于资源和地方政治的，但却通过其他形式体现出来，例如各种"光宗耀祖"的做派。

2. 姻亲。姻亲是婚姻缔结之后产生的亲属关系。姻亲的范围可以很广，涉及姻亲的亲戚，似乎可以无限制地展开。但在传统中国，对血亲是有限制的，否则就真的是天下同姓是一家了。因为婚姻而产生的亲属关系至少包括了下列三种关系的亲属：

A. 血亲的配偶：就父系方面说，即兄弟的妻子、姐妹的丈夫、侄儿的妻子、侄女的丈夫、堂兄弟姐妹的配偶、表兄弟姐妹的配偶、叔伯姑的配偶，以及所有以上关系者的子女的配偶；从母系方面来看，则包括舅父的妻子、母亲姐妹的丈夫、表兄弟姐妹的配偶、表侄之妻、表侄女之夫等。

B. 配偶的血亲：就妻对夫方而言，即夫之父母、夫之祖父母、夫之兄弟姐妹之配偶及其子女；从夫的角

度而言，则包括妻之父母和祖父母、妻之兄弟姐妹
的配偶及其子女。

C. 配偶的血亲的配偶：就妻子对丈夫方面而言，即夫
之兄弟姐妹的配偶们，以及丈夫之侄男侄女的配
偶；就夫方而言，即妻之兄弟姐妹的配偶及其子女
的配偶。

在传统社会里，缔结婚姻如同结盟，因此保持姻亲关
系很重要，这就是为什么在世界上的许多文化里都有着夫
兄弟婚和妻姐妹婚，或者其他亲属收继婚的实践。

3. 亲属称谓

亲属称谓（kinship terminology）是为了表示由亲子关
系和婚姻关系而产生的有别于一般社会关系的人际关系的
用语，以及由此扩展到由其他方面所产生的关系的用语。
人们称呼自己的亲属涉及这样的问题：为什么人们需要知
道和追溯自己的亲戚？这是一个十分简单的问题，而且是
典型的人类学问题。在不同文化里问这样的问题总是很有
意思。人们的回答当然多是强调亲属对于他们的重要意义，
但是关于什么人被归为亲属，不同的文化可能会有不同的
理解。一般说来正如以上所说的，我们有血亲和姻亲之分，
这种区分界定了哪些人是我们的亲属。但是这样的划分没
有涉及不同辈分，而不同辈分在一些文化如中国、韩国、
越南等东亚社会中就十分重要。

欧美人类学家在从事田野时发现人们关于亲属的考虑
与欧美社会通常所见的现象并不一致。他们发现了许多更

为具体的、描述性的亲属称谓，这与欧美社会的分类亲属制度不一样。例如，在英美社会里，通常把姑、姨、婶、伯母、舅母等通称为 aunt，把他们丈夫和伯伯、叔叔等统称为 uncle。这样的分类反映了英美社会的文化范畴。但在我们中国，这些亲属都有着具体的称谓，比如姑姑的丈夫我们称为"姑父"或者"姑丈"，我们对伯、叔、舅等都有各自的称谓，十分具体。

在有些社会，如摩尔根讨论过的夏威夷亲属制，其亲属称谓的范畴就更大了。所谓的夏威夷亲属制，是指一个有着亲缘关系的社区里，年龄相当的男女互称兄弟姐妹，而所有这些人的父母也不加区分地以父母称之。乍看起来，一个人有着许多的父母，但是对于亲生父母是谁还是很明确的。以前曾经认为，这反映了人类历史上存在着群婚制。然而，民族志材料证明，这种说法纯属 19 世纪进化主义思潮影响下的推导。所谓的夏威夷亲属制度，不过就像其他文化中的称谓一样，本身并不说明现实中的婚姻形式。否则，英美社会里的亲属范畴是否也是一种群婚残余？

亲属称谓在社会生活中有着很大的运用空间。相互称兄道弟者未必有真正的亲属关系。例如美国大学都有的兄弟会和姐妹会这类社团就是如此。此外，信仰同一种宗教的人互称兄弟姐妹也很常见。教堂里牧师开讲时，往往从"主内的兄弟姐妹们"开始。中国人都知道越是"江湖"就越是称兄道弟，在意大利和美国的意大利后裔社区的"黑手党"也是如此。在中国历史上，各类会道门和江湖组织无不如此，内部成员统统以兄弟相称，或兄或弟，按照年龄或者资历排座次。如此看来，这些社会边缘群体或者组织，或可称为"底边社会"。但在它们内部结构上却是仿结构或者反结构的（counter-structural）。[1]

　　亲属称谓在民族主义运动和宣传上也常常使用，可以加强群体凝聚力。例如民族主义运动中的国家意象"祖国"就是一个例子。祖国的"祖"字有祖先的意思。所以祖国首先是父母之邦的意思。在国外，祖国是 motherland——母亲之地，或者 fatherland——父亲之地。这些都是亲属称谓的运用。因此同一国家内部的民众也就有了"同胞"之谓，在象征的意义上均为兄弟姐妹。现代民族国家在政治宣传上也运用亲属关系的用语，如我国对所有公民进行了民族识别，不同民族的人在国家话语里都是兄弟姐妹。

　　总体而言，亲属称谓是一种情感与理智的结合。称谓的存在自然对人的行为有所规范和限制。亲属有男有女，有不同的辈分，亲属制度的存在就要求人们在对待男亲女眷时要有适宜的态度，对待不同辈分者也不会一致。在中国的人伦格局中，这是很重要的，我们经常说的"随礼"就是根据辈分来的。对待不同辈分的人在传统上礼节是不同的，是谓尊卑有序。这些限制与其说是情感的，不如说

---

① 亲属称谓在社会结构的意义上，必须用于有血亲或姻亲关系者。社会边缘群体内部以兄弟姐妹这类亲属称谓互称或者排序，所根据的并不是现实中的血亲或者姻亲关系，而是一种对结构的模仿，所以是仿结构的。同时，由于大部分这些以兄弟姐妹互称者没有实质上的亲属关系，从而又是反结构的。

是理性的。法礼之外的底边社会，也是如此。称兄道弟强化了情感纽带，但主要的是通过亲属制度的形式建立起等级结构与秩序。总之，亲属制度的社会和文化意义不容低估。

第八章 为什么"男女有别"?

讨论了"家"、婚姻与亲属制度后,很自然地转到了"男女有别"的问题。费孝通在他著名的《乡土中国》中讨论到这个问题。他从农业社会偏好"稳定"的视角出发,来看待乡土中国的男女之别。这种对稳定的偏好,在费孝通看来,是结构性的。传统农业社会无论在什么地方都有这样一种倾向,都有着特别多的"传统"来限制人们的行为和行动,尤其对男女关系——这在许多中外文学作品中都有所反映。许多虚构或者非虚构作品往往对传统社会里的男女之情充满同情,并借机抨击吃人的礼教或者教会的虚伪,但却也反映了男女之情受到了传统男女有别的严酷限制。换言之,男女有别在任何社会里都是一种结构性的存在,任何反结构的行为都会遭受谴责。据此,我们也很容易理解为什么在近现代史上,激进人士经常通过讴歌或者彰显男女之情的行为与话语来体现自身的激进与现代性,因为这种行为和话语往往是叛逆的反传统行动,因而具有革命性。

费孝通认为,乡土中国本质上是农业性的社会,这样的社会为了遏制可能出现的动荡，必须限制，甚至阻断男女之间的日常接触。他用著名历史哲学家奥斯瓦尔德·斯宾格勒（Oswald Spengler）在《西方的衰弱》中提出的"阿波罗式的"（Apollonian）来形容这样的社会。同时，用"浮士德式的"（Faustian）来形容激进求变的社会。《浮士德》是歌德的作品，它所反映的未必是西方社会，但生活在 19 世纪的歌德写这部作品不会没有任何思想寓意。那个时代德国走向统一，容克贵族地主阶层的社会地位正在逐渐被新兴的大工业资产阶级所超越，社会处于急剧的转变过程中。兴许浮士德不断追逐爱情、寻求改变的生活态度正是德国那个时代的精神隐喻。通过阿波罗和浮士德这两个隐喻，费孝通揭示，传统中国人认识到，男女激情是具有破坏性的，因而社会如果要稳定，就要有些规定来约束和限制这样的激情，使之发生的概率越低越好。[1]

虽然我们说，导致费孝通意义上的男女有别的是一些传统社会的特点，但我们的文化在传统上表现得十分强烈。不仅遏制男女之间的自由交往，极端者甚至女孩都得"锁"在深闺之中，按父母之命、媒妁之言定下终身大事，但一直到成婚之日的洞房花烛夜方可见郎君。这样的事实让我们感受到了男女有别之下的权力关系。性别不平等在人类社会里相当普遍。为什么会如此普遍？它究竟是由人类的生物性本质决定的，还是文化决定的？人类学家注意到所

---

[1] 费孝通《乡土中国》，北京，生活·读书·新知三联书店，1985 年版，第 42—47 页。

有的文化都对男女性有着不同的期待，而且这样的期待在许多文化中是不太一样的。因此，社会文化人类学里所谈的性别差异在中文里往往被翻译为**"社会性别差异"**（gender differences），而将**"性别差异"**（sex differences）局限在生物学领域。然而，话虽如此，生物和文化的影响并不总是可以很清楚地区分开来。只要社会对男女两性区别对待，我们就难以区分，男女之别的一些方面，究竟是生物性的后果还是文化的后果，因为二者的因素都有所表现。[1] 我们还应该记住，并不是所有的社会都与我们的一样，只有男和女两大类别。男与女在一些社会里仅是一个连续统的两端，其间还有其他类别。

鉴于社会性别是建立在生物性性别的基础之上的，本章将就跨文化研究所了解的男女两性在体质、性别角色（gender role）以及人格（personality）上的差异进行讨论。我们也会讨论，为什么对待两性行为的方式和态度（sexual behavior and attitudes），不同文化之间存在一定差别。

一、 体格与生理学（Physique and Physiology）

性别（sex）是生物学意义上的男女之别，也就是男女间在内外生殖器官和躯干、身材、须发上的差别。由于第

---

[1] 参见：Carole R. Ember and Melvin Ember, *Cultural Anthropology*（Tenth Edition），Upper Saddle River, New Jersey, 2002, p. 125。

二性征的存在，我们很容易看出谁是男人，谁是女人。虽然这种区别取决于染色体和生殖系统，但在许多动物身上并不一定明显地表现出来。人类的男女两性在个体上的外在差异却很是明显。这种差异我们称之为**"性别二态性"**（sexual dimorphism），其所指就是男女性在个头和外表上差别的明显程度。女性通常有着较宽的骨盆；男性通常较高大，有着更为粗壮的骨骼；女性身体构成上脂肪较多，而男性体重中，肌肉的比例更高。不仅如此，男女两性在内脏上也有差别——男性往往有着更大的心、肺，等等。

在欧美社会里，人们偏好高大强壮的男性。这是一种文化上的喜好。自然选择可能偏好男性的这种特质，但对于女性则有所不同。例如，由于女性需要哺育孩子，自然选择会使女性更早停止成长发育，而这部分所需要的营养是为胎儿所准备的，所以女孩往往在进入青春期不久之后，即不再长高（男孩则在进入青春期后的几年里会继续长高）。有证据表明，比起男性，女性也较不容易受到营养缺乏的影响，这大概是由于个头较为低矮和身体含有较多的脂肪之故。而自然选择可能偏好这种特质，因为这可以保证更强的生儿育女能力。

无论男女都能通过训练来增强肌肉和柔韧性。既定的文化因素，如在多大程度上，社会期待和允许男女两性参与力气活等，可以极大地影响男女两性的力量和柔韧性水平。相似的训练使一些项目最优秀的男女运动员之间差距不断缩小也是个例子，例如马拉松和游泳。尽管生理学和体格等因素的作用十分重要，这些例子还是说明了基因与文化的共同作用。

并非所有动物世界里的物种都很容易从外观上辨别雌雄。鸽子、海鸥、实验里的老鼠等动物，就不太容易从外观上辨雌雄。我们也注意到，群居动物在性别二态性上的表现更为明显，例如大象、狮子、狒狒，以及其他灵长类和高等灵长类。这种情形的形成与性的选择有关系。只有越大的个体才越可能将自己的基因遗传下去。因此，群居性动物当中如狮子，雄狮都在接近成年之后，被逐出原生的狮群。为了把自己的基因传下去，它们必须找到新的狮群，而这必须通过厮杀才有可能。想要统治狮群的外来雄狮，必须把原来统治狮群的雄狮咬死或者驱离，并将狮群内的小狮子全部杀害，霸占所有的雌狮，以保证将自己的基因传递下去。在灵长类群体里，虽然没到如狮子般残酷的地步，但也不遑多让。为霸占雌性以便传递自己的基因，雄性狒狒之间会有争斗，最终往往是个头最大者胜出。

社会性动物内部存在某种程度上的分工。狮群里，雄狮传宗接代，雌狮除了照顾小狮子之外，还是主要的猎杀者，它们成群结队，追杀猎物，而雄狮往往在最关键的时候出击，以强大的力量最终将猎物绞杀。狼群内部也有等级，因而在分食猎物时往往按照等级轮流上。在猎杀时则会以一种类似接力的方式追杀。这种方式使猎物最终精疲力竭而束手就擒。在动物世界的"社会分工"里，狮子两性在外观上的差别俨然是个重要符号。但在狼群里，这样的因素不太明显，而且领头的是雌性。在其他一些动物里，领头为雌性的也不少，比如马就是如此。马群领头的是雌马，殿后的是雄马。牧人们往往知道只要套住领头雌马，就能驾驭整个马群，所谓"套马"经常是在套雌马。研究动物行为对于理解人类最基本和日常的行为是有帮助的。我们也是动物，但与其他动物物种的不同之处，是文化规范和限制了我们的"动物性"。

二、性别角色（Gender Role）

我们首先得从生产和家内生活（productive and domestic activities）说起。

在人类的社会分工当中，性别的因素至关重要。所谓"男耕女织""男主外女主内"之类的话语在大部分文化里都存在着，比如美国俗语就称男人是 breadwinner，即挣面包养家的人之意；女人则是 house wife，即家庭妇女，负责在家相夫教子。这种基本的分工如何形成？它与几乎普见于人类社会的**"性别不平等"**（gender inequality）有何关系？这是长期以来人类学家所关注又争论不休的问题。对后者的解释让我们看到，社会性别是如何从生物性别发展而来的，也就是不同的文化是如何给性别以理解和期待的问题，即男人和女人应该怎样才能符合文化常规的问题。对于性别不平等的探究本身，就是理解性别的社会意义，即性如何成为社会性别的过程。

所有社会的经济生活都存在着男女分工。由于这样的事实有着很清晰的文化成分，人类学经常用**性别角色**来定义这种由于文化的限制而出现的男女在社会经济生活中的分工。在此，性别指的自然是社会性别，虽然与生物性性别有所不同，但彼此间存在着关系。人类学家对性别角色的关注并不在于不同社会在男女两性分工上的多样性，而是在于为什么如此之多的社会在两性分工上都大致相似，也就是为什么这种劳务分配模式具有或者几乎具有普遍意义？

人类学研究告诉我们，大部分社会里都有这样的现象，即某种或者某类活动完全或者主要由男性来承担，反之亦然。当然，也有一些工作男女两性都可以承担或者分担。难道这样的劳务活动分配是男女两性从事不同活动的理由吗？最为典型的劳务和生活分工是男人从事需要更多体力的工作，女人生育和抚养孩子并因此而围着锅台转。考虑到女性在生儿育女上的特殊性，这样的男女分工在本质上与两性的生物性性别有关系。但这仅仅是出发点。人类学家对两性家内劳务分工的解释，揭示了产生性别不平等最基本的出发点。换言之，无论在这个问题上有多少假设，其基本预设都是两性在生物性上的不同。这些生物性的不同随着文化在人类演化过程中作用日增而被修饰和限制，其结果也就形成了我们社会文化所期待的，携带着大量社会文化意义的社会性别。

如果两性分工是性别不平等的出发点,那人类学如何解释两性社会分工的由来呢?有人类学家将之归纳为如下几种理论。①

强壮理论(strength theory)。这种解释认为,男性在力量和柔韧性等方面素质强于女性,决定了男性天然地要从事更为耗费体力和更危险的活动。这就是为什么所有人类社会都有,或几乎都有,相似的男女劳务分工。的确如此,许多民族志都表明,男人承担了体力繁重的工作,如狩猎采集生活中追杀野兽、农业生活中平整土地,以及各种生计当中需要耗费大量体力的工作。但是,强壮理论无法解释,为什么一些不太耗费体力的工作,例如诱捕小型动物、采集蜂蜜、制造乐器等等,也是男性专门做的事。

兼顾照看孩子理论(compatibility-with-child-care theory)。这种解释认为,女性在社会和家务分工中的任务与养育孩子相匹配。虽然男人也能照看婴孩,但在大部分传统社会里,较长的哺乳期是照看孩子的方式,男人对此无能为力。因此,女性往往从事一些时间较短或者空间上距离孩子较近的工作,以便于在需要之时迅速赶到孩子身边。

这一理论解释了为何女性的主要任务都与哺育和照顾孩子有关。同时,也解释了为什么通常都是男性从事诸如狩猎和诱捕动物、采集蜂蜜、平整土地等工作。显然,这类活动的环境不宜有孩子在场。这一理论还可以解释,为

① 参见:Carole R. Ember and Melvin Ember, *Cultural Anthropology*(Tenth Edition), pp. 125 - 128。

什么在大部分传统社会里,因为手艺活而成为全职专业人士的基本上都是男性。虽然诸如制陶,编制篮子、箩筐,编织小垫子、毯子等在非商业社会里可以是女性的工作,但在有全职社会分工的社会里,则为男性的活计。在我们的社会里,厨师是一个例子。女人可能做得一手好菜而且传统上做了大部分厨房的事情,但职业厨师几乎都是男性。在西方社会,女性都能在家中烤制面包等,但职业烘焙师也基本是男性。

但兼顾照看孩子理论无法解释,为什么通常是男性做种植前的工作?许多种植前的工作甚至可以由大一些的孩子来帮忙,而且这些工作的危险性绝对比与母亲待在锅台边上要低得多。

劳力经济理论(economy-of-effort theory)。这种理论可以补充上述两种理论的一些不足。例如,制造乐器之所以是男性的工作,可能与男性从事砍伐之类的劳动有关系。因为经验会使他们识别可以用来制作乐器或者其他工具的材料。这一理论还解释了在自己熟悉的环境做事可能是形成不同性别分工和任务的因素。因此,如果女人必须因为孩子而经常留在家中,那也自然会从事各种与家计有关的事情。

消耗性理论(expendability theory)。这一理论认为,由于男性比起女性总是从事更多的危险性工作,因而经常有所伤亡。但只要还有其他育龄妇女存在,只要社会允许一位男性可以娶一位以上的女性为妻(这曾经,而且现在也

在一些社会发生），一个社会并不会因为失去一些男性而在
人口再生产上出现严重问题。相较而言，失去一些女性对
于一个社会来说，在人口再生产上的问题就要严重得多。
既然如此，为什么有人愿意从事这些繁重而且危险的工作
呢？这种理论的假设是：这是因为社会褒奖从事这些危险
繁重的工作者或者给予其特权或其他嘉惠，男性因此而在
性别等级中占了上风。

各种理论——无论是单一的还是综合的——都试图解
释生物性别基础上的劳务分工，但仍有些悬而未决的问题。
对强壮理论的一些批评指出，在有些社会里，女性也参与
体力繁重的工作。这些社会里的女性从事这些繁重的劳动
说明，强壮可以更多是训练所得而未必如传统对男女性的
判别。[1] 兼顾照看孩子理论也存在着问题。这种理论认为，
劳务被划分以满足照顾孩子。但有时事情好像恰恰相反。
例如，在农业生活中，有些女性参与农业生产，劳动地点
可能离家较远。在这样的情况下，她们往往会委托他人照
看自己的孩子。尼泊尔山地的农业地区条件根本无法兼顾
照料孩子。农人们经常得背负重物在陡峭的山壁间上下，
农田与家的距离较远，人们的农田劳作一次都得一个整天，
所以对于母亲参与劳动的婴儿很是不利。母亲因此也是把
孩子委托给他人照看。[2]

---

[1] 参见：Carole R. Ember and Melvin Ember, *Cultural Anthropology* (Tenth Edition), p. 125。

[2] Nancy E. Levine, "Women's Work and Infant Feeding Practice: A Case from Rural Nepal," *Ethnology*, No. 27(1988), pp. 231 – 251.

此外，在有些社会里，妇女也参与狩猎。这是最不能与照料孩子兼顾的工作。菲律宾丛林里的阿戈塔（Agta）妇女参与狩猎野猪和鹿。在狩猎生活中，她们大概有 30％的贡献。[1] 而在这个群体里看来，妇女狩猎也能兼顾照料孩子。参与狩猎的女性往往背负着还在哺乳期的婴儿踏上狩猎的旅途，而她们的生育率一点也不比选择不参与狩猎的女性低。她们出发打猎通常是因为发现有猎物在住处附近，猎狗随身也可以保护母亲和婴儿。由于她们往往集体出发狩猎，群体里的其他妇女也帮着背负和照顾婴儿。

上述这些例子说明，男女两性劳务分工虽然具有普遍性或近于普遍性的形式，但是也有例外之处。如果说强壮理论确有道理，那可能需要了解，究竟哪一种任务或者工作更具劳动强度。阿戈塔女性也只是在附近发现动物时才外出猎杀，这一例子所透露的信息其实从相反的角度支持了强壮理论和兼顾照看孩子理论。如果同意男女性别不平等发生的始端是男女两性在生物学上的差别，那么，我们必须进一步理解这种不平等是如何发展成为具有社会文化意义的社会现实。另一值得注意的是，在工业化国家里，当机器取代了强壮，当女性不再愿意多育，当女性可以将孩子交给托儿所照顾，这种两性在劳务上的分工也就消失了。但是，这并不意味着两性不平等也随之消失。

---

[1] Madeleine J. Goodman, P. Bion Griffin, Agnes A. Estioko-Griffin, and John S. Grove, "The Compatibility of Hunting and Mothering among the Agta Hunter-Gathers of the Philippines," *Sex Roles*, No. 12, 1985, pp. 1199－1209.

三、 两性在生计贡献上的比较

在我们的社会里，传统上丈夫"主外"，妻子则在家中相夫教子。[①] 当然，许多家庭并不如此，因为经济条件不允许。但是，富裕的人家大体如此。这种情况一直延续到民国年间。那时，大凡"中产"及其以上人家都是这样的。正因为社会现实与男女分工的理想有所不同，所以我们可以认为"男主外女主内"是一种理想状态，甚或为一种刻板印象，而刻板印象是一种想象胜于现实而且不易改变的印象。在今天的美国社会，除了许多妇女是单身母亲外，另有50％以上的职业女性，她们都在家庭之外的场所工作。而在已婚女性当中，孩子在6到17岁之间者，则有70％以上在职工作。[②]

无论是"男主外"还是"养家糊口的人"，都意味着传统上男人是家庭生计的主要承担者，在外边挣钱来提供家庭生活所需，如膳食和其他家用。然而也因为这一强调，我们往往忽视了家内工作对整个家庭生计的贡献。

如何来认识不同的家庭生计贡献？大部分人类学家接

[①] 应当指出的是所谓"男主外女主内"在传统中国还可以有另外一层理解，即：两性在孩子养育上的分工。诚如费孝通所言，父亲负责孩子的社会性抚育，母亲负责孩子的生理性抚育。参见：费孝通《乡土中国·生育制度》，北京，北京大学出版社，1998年版，第192—194页。今天，这种情况也已经改变，但依然还有很大的惯性。

[②] John J. Macionis, *Sociology*, 4th edition, Englewood Cliffs, NJ: Prentice Hall, 1993, p. 362.

受把生计贡献分为**基本生计活动**（primary subsistence activities）和**次级生计活动**（secondary subsistence activities）。前者指的是获取食物的方式，如狩猎、捕鱼、放牧、农耕等；后者绝大部分与准备、加工食物以供食用和贮存有关。民族志资料证明，男女两性在基本生计活动上的相对贡献在跨文化的视野里并不一致，而次级生计贡献则主要来自女性。研究者往往关注基本生计活动，经常通过测算两性劳动所能提供的食物热量（卡路里，calorie）来评估不同性别所做的贡献。另外一种做法是根据两性在基本生计活动上所花费的时间来评估两性的贡献。然而，两种测算方式可以带来相当不同的结果。如亚马孙丛林的亚诺玛莫人（Yanomamo）在狩猎上花费的时间远多于他们花费在园艺农业上的，但是园艺农业提供更多的热量。

而在一些社会里，无论如何评估，女性在生计上的贡献都多于男性。人类学家在 20 世纪 30 年代就已经发现，新几内亚的一些群体的女性终日劳作，例如捕鱼完全由妇女承担。她们一早就得划独木舟去放置鱼饵，到正午时分方回。还得经常长途划独木舟把一些渔获交换为西谷米（一种富含淀粉的食物）和甘蔗。[1]

男人养家糊口或者"男主外"之类的刻板印象已经不再适合我们的社会，但对于印度的托达人（Toda）而言，可不一样。在 20 世纪，托达人的生活来源主要是水牛奶制

---

[1] Margaret Mead, *Sex and Temperament in Three Primitive Societies*, New York: Mentor, 1950[1935], pp. 180 - 184.

品，既直接食用也用来出售换取粮食。妇女不允许接触所有与乳制品相关的工作。妇女的工作完全是家务，她们加工和购买粮食、做饭、清洁房子，以及在服装上做一些装饰性工作。[1]

在跨文化的研究中，男女两性都在基本生计上有贡献。但是，相对而言，在提供食物方面，男性贡献给家庭更多的卡路里。在大部分社会里，女性则因为哺乳或照顾小孩的其他需要，无法参与获取食物的生产性劳作。所以，一点也不奇怪，男性在基本生计上贡献更多，因为大部分获取食物的工作都在户外。在狩猎采集社会里，狩猎和捕鱼一般由男性承担。但在提供卡路里方面，并不一定总是男性的贡献大。传统以渔猎为生的因纽特人，男性在这方面贡献大于女性，因为男人从事获取食物的基本生计活动。但在大部分狩猎采集社会却并不一定如此，比如上述提到的新几内亚的群体，女性承担了捕鱼和出售渔获换取粮食的劳作。在食物来源主要是采集所得的社会里，女性在基本生计上的贡献多于男性。男人们主要是狩猎，但狩猎收获的稳定性不如采集，例如卡拉哈里沙漠的昆桑人。在人类学家所了解的大部分传统农业社会里，平整土地基本上是男性的工作，而收割、除草、水利等劳务则男女性兼而有之。所以需要解释为什么有的社会是女性从事大部分农作，而在另一些社会里则反之。不同的地区存在着具有主

---

[1] W. H. R. Rivers, *The Todas*, Oosterhout, N. B., The Netherlands: Anthropological Publications, 1967[1906], p. 567.

宰意义的不同模式。在非洲的撒哈拉以南地区，女性承担了大部分的农作。但在大部分的亚洲区域和欧洲，以及地中海周边地区，则是男人做得更多。①

虽然很难对此做出全面的解释，但理解不同的农业模式可能有些意义。在密集农业，尤其是犁耕农业中，与女性相比较，男性在基本生计上的贡献比园艺农业即刀耕火种的游耕农业要高得多。后者则可能女性贡献得多些。有些人类学家认为，当人口压力增加之后，土地的使用变得更为密集，这就可能开始了犁铧和灌溉。男性的劳作也随之增多。尽管有些人类学家不愿意承认体力的因素，但犁地和水利工程建设还是更为适合男人。女人除了照顾孩子和家务对日常生产活动有所羁绊之外，无论犁地还是挖沟筑坝，都需要较强的体力。女性中当然也有强壮者，但一般说来，在体力上还是男性占优。这显然是个性别生产其社会文化意义的例子。

另一种解释则认为，随着密集农业的出现，家务活也多了起来。如果密集农业是因为人口增加而诞生的假设可以接受，那么可以预期的是，家庭人口必然比其他生计模式下的家庭要多。确实，密集农业社会的家庭往往养育较多的子女。为了养家糊口农作投入必须增加，如同格尔兹所说的"农业的内卷化"（agricultural involution）——产量增加了，收入却没有增加，因为增产的部分被增加的人口

---

① 见人类学家恩贝尔夫妇的归纳：Carole R. Ember and Melvin Ember, *Cultural Anthropology* (Tenth Edition), pp. 128 - 130。

所抵消。① 密集农业依赖种植粮食类主食，而主食作物结出果实必须经过复杂的过程，要求劳动力的大量投入，才能食用。而且在食用时，时间也较长，这就意味着在家务活中，水和柴火的需要也随之增加，在清洁碗盆这类工作上时间也会增加，而这些工作经常是女性完成的。如果考虑到家务事增加这一因素，我们就更容易理解，女性为什么无法在基本生计活动上有更多的贡献。但是，传统上，社会却因此忽视了女性的工作。在考虑对家庭的贡献时，也往往低估了女性的作用，这是很不公平的。试想，如果没有妇女承担了大量的家务事，男人可能在基本生计活动上有更多的贡献吗？况且大部分农业社会的女性也参加生产劳动，尽管时间上比男性要少。如此看来，构成性别不平等的原因当中，经济因素是第一位的。但是，难道这又与男女两性的生物性之别完全无关吗？

那么，女性在游耕农业社会有着较多的基本生计活动贡献，又是怎么一回事呢？一个可能的原因是，在游耕社会里，家务事要少于密集农业社会。男性在这样的社会里，往往离开农作而参与其他活动。例如，也许出猎，但所获未必稳定，一无所获的情况也并非不常见；村落之间的纷争所导致的战事也是男人的事。试想，如果械斗之类的事

---

① 参见：Clifford Geertz, *Agriculture of Java*, Berkeley and London: University of California Press, 1963. 格尔兹的讨论把资本主义对爪哇社会的影响以及当地其他因素的综合作用视为农业内卷化的重要原因，因为当地剩余的劳力缺乏其他的使用渠道，只能不断投入农业生产之中。在密集农业社会中，内卷化几乎是一种常态，其产生原因并不一定如同格尔兹所讨论的那样。

情发生在农忙之时,青壮年男人是不是都得参加战事呢?
显然,在这样的时候,女性必然要成为生产领域的主人。
还有,许多依然经营农耕的社会,有不少男性远离家乡到
城市地区打零工赚取现金,或者为了交易而出行。在这样
的情况下,基本生计活动自然由留守的女性承担了。

显然,可以预期,女性在基本生计上贡献越多,她们
照顾孩子的行为和态度越会受到影响。跨文化研究证明事
实确实如此。凡是女性在基本生计上贡献大的社会里,婴
儿都被较早喂食成年人食用的、较为坚硬的食物,而女性
在基本生计上贡献较低的社会则相反。女孩们往往被训练
帮着母亲做家务,因而为社会和家庭所珍视。但在传统中
国,情况未必如此。女孩们虽然很早就帮着家里做许多家
务——尤其是长女,但可能因在传统上她们总是被视为终
究要成为别人家的人,所以并不见得会得到特殊的对待或
者评价。

总而言之,如果仅仅考虑基本生计活动中女性的贡献
来衡量女性的付出,从而低估了她们的价值,显然是很不
公平的。我们应该认识到,女性不仅参与生产活动而且比
男性承担了更多的家务活,平均而言,她们在各种劳动中
付出的时间总和在事实上多于男性,这在游耕农业社会和
密集农业社会都是一样的。[1] 通过分析两性在基本生计活动
和次级生计活动上的付出,我们还可以理解为什么次级生

---

[1] Carole R. Ember, "The Relative Decline in Women's Contribution to Agriculture with Intensification," *American Anthropologist*, No. 85, 1983, pp. 286 - 293.

234   什么是人类学

计活动的价值经常被低估。这种低估带来的也是对女性的低估。这是关于两性的刻板印象的由来，也是性别不平等的普遍性或者近于普遍性之所以存在的重要原因之一。

四、 政治领导权与战争

古今中外，女性掌握政治领导权的虽然也有些突出的例子，但比起男性毕竟是凤毛麟角。在几乎所有的社会里，政治领导权通常都掌握在男人手中。这是一个有趣的现象。在冷兵器时代，强壮孔武的男人在战场搏杀中占有优势，他们往往因此成为军事领导人。由于军事强人都是男性，因而一些经常面临战事或者与邻居有世仇的社会，军事强人往往也就是领导人。一项跨文化调查发现，在所调查的个案中的 85％的社会里，唯有男性才能是领导人。在一些社会里，虽然一部分女性占据了领导成员的位置，但在数量上不成比例，也往往不如男性成员有权力。① 在当代国家的国会和立法机构里，平均而言，女性代表约占 10％。无论是否把战争因素考虑为政治领域的一部分，我们发现男性在政治领域里唱主角近乎天经地义。在世界上 87％的社会里，女性从未参与战争。而在允许女性参加作战的另外 13％的社会，根据心理学家戴维·亚当斯（David

---

① Martin K. Whyte, "Cross-Cultural Codes Dealing with the Relative Statues of Women," *Ethnology*, No. 17, 1978, p. 217.

Adams)的报告,女性都不是武士,但被允许参加战斗,前提是她们有此意愿。这些社会包括一些北美原住民、太平洋一些岛屿如新西兰的毛利人,以及一些新几内亚群体等。

为什么社会允许或者不允许女性参加战争?亚当斯首先区分了两种战争类型:或为纯粹的"外部战争"(external war),即发生在两个社会之间;或者是发生在有婚姻关系的社区之间的"内部战争"(internal war)。"外部战争"更易于允许女性参战。但如果发生本社会的"内部战争",即一个社会内部不同部分之间的战争,情况必然不同。由于不同部分间可能有姻亲关系,如果女性参与作战,面对的敌人就可能是她们的父亲和叔伯兄弟。这么一来,其忠诚度就值得怀疑了。所以,经常发生内部战争的社会往往禁止女性参战,甚至禁止她们触碰武器,或靠近会议场所——因为作战方案要在会议上制订。[①]

军事上的地位无疑对于女性的社会地位是有影响的。甚至在一些母系社会里,政治领导层通常也是由男性构成。例如,纽约州的易洛魁印第安人是母系的,妇女控制了资源并且有着很大的影响力,但却是男性,而不是女性,主导社会政治。易洛魁联盟(the League of Iroquois)由五个部落所构成,联盟理事会由 50 位男性所组成。妇女虽然无法进入理事会,但她们能提名、选举、弹劾她们的男性理

---

① 参见:David B. Adams, "Why There Are So Few Women Warriors," in *Behavior Science Research*, No. 18, 1983, pp. 192 – 212.

事会代表，禁止她们的男性家庭成员参加战事，并且经常
介入调停带来和平。[①]

为什么总是男人控制了生活的政治场域？有些学者认
为，男性在战争中的角色决定了他们在所有政治活动中都
有地位，更何况他们控制了武器这种重要资源。但是证据
表明，武力鲜少用于赢得政治领导地位。强大的武力并不
是决定性因素。因而战事与政治领导权有关系可能还另有
原因。战争影响生存而且在大多数的社会里有规律地发生。
从而，关于战争的决策在大部分社会的政治中都是最主要
的内容之一。如是，那么最为了解战事或者对此有丰富经
验者，必然是决策者。

考虑到总是男性而非女性参加战事，回顾以上所言关
于两性家计贡献的内容将有些帮助。如前所述，这几种理
论假设的重要性对于性别不平等的产生有着直接影响。而
这几种理论虽然是关于社会性别的问题，但其基础却是生
物性的性别差异。如果将二者结合，并考虑到战事的因素，
我们将很容易推测出另一种关于两性不平等由来的假设。
这几种假设有一共同特点，那就是女性由于生儿育女，总
是围着锅台转。她们难以走出狭小的生活空间，而一个人
的见识往往与其活动范围呈正相关。中国古语"行万里路，
读万卷书"说的就是这个道理。在许多传统社会，女性活
动都被限制在琐碎的家务事中，活动范围也被局限在非常

---

① Judith K. Brown, "Economic Organization and the Position of Women among the Iroquois," *Ethnohistory*, No. 17, 1970, pp. 151 - 167.

有限的空间里,自然了解外界的程度不如男性。歧视女性的所谓"头发长见识短"之说,在这样意义上而言,是有道理的。并不是女性智商比男性低,而是传统的生活方式限制了她们的见识。这在成为政治领导的问题上是女性的短板。过去不少社会存在着频繁的战事,对周围区域了解越多、见识越广,越容易成为政治领导者。而这一特点恰恰是女性所不具备的。另外,女性生育特点在人口再生产和生存方面的重要性远比她们参加战争有价值。无论是"强壮理论""兼顾照看孩子理论"还是"消耗性理论"等,都可以解释男性在战事中的主导地位。美国学者还认为,另外一个因素可能也与男性的政治主导地位有关,那就是男性一般而言都高于女性。为什么身高是成为领导的一个因素并不十分清楚,但是研究表明,身高者更可能成为政治领导人。[①] 所有这些均解释了为什么男人主导政治,但我们也需要知道,与大部分社会相比,为什么有些社会的女性的政治参与会多些。人类学家马克·罗斯(Marc Ross)在跨文化语境里就这个问题做了调查。他搜寻了 90 个社会,发现女性参与政治的程度差别很大。在塞拉利昂,门德(Mende)妇女通常有担任政治领导者,但扎伊尔[现"刚果(金)"]的阿赞达(Azande)社会,女性在公共生

[①] Dennis Werner, "Chiefs and Presidents: A Comparison of Leadership Traits in the United States and among the Mekranoti-Kayapo of Central Brazil," *Ethos*, No. 10, 1982, pp. 136 - 148; W. Penn Handwerker and Paul V. Crosbie, "Sex and Dominance," *American Anthropologist*, No. 84, 1982, pp. 97 - 104,转引自 Carole R. Ember and Melvin Ember, *Cultural Anthropology*, note 38 of chapter 10, p. 344。

活中完全无从置喙。他认为导致这种情况的原因是共同体
社会组织完全由男性亲属成员掌控。当地行从夫居，一位
女性婚后搬到夫家居住，对于夫家所属共同体而言，她是
一位"陌生人"。这样一来，男人自然在政治上比女人拥有
优势，因为他们熟悉自己的社区成员和社区过去所发生的
重要事情。[1]

五、 妇女的相对身份

(The Relative Status of Women)

　　关于身份的定义很多，任何研究者都可能按照自己的
理解和需要来进行定义。对一些学者而言，**相对身份**意味
着社会对男女两性对立的理解。对另一些来说，这一身份
则是指男女两性相对而言拥有的权威和权力。还有一些人
认为，相对身份是指男女两性拥有何种不同的权利允许他/
她们去做自己想做的事情。总之，许多社会科学工作者的
关注点是：为什么女性的身份在不同的文化里可以如此不
同？为什么女性的权利多寡和影响力大小在不同的社会里
有所不同？总之，为什么**性别分层**（gender stratification）
的程度在不同的社会文化里是如此多变？

　　在伊拉克小城达戈哈拉（Daghara），男人和女人有着

[1] Marc H. Ross, "Female Political Participation: A Cross-Cultural Explanation," *American Anthropologist*, No. 88, 1986, pp. 843 - 858.

自己的生活。在许多方面，女性身份低下。如同其他生活在伊斯兰世界的女性，达戈哈拉妇女的生活可谓与世隔绝——她们只在家里和家居建筑的院子里活动。只有男性允许，她们才能出门，而且必须穿上黑色的袍子遮盖脸部和全身。妇女本质上被排斥在公共生活之外。从法的角度而言，她们完全被笼罩在父亲和丈夫的权威之下。与女性的性本质（sexuality）有关的一切都被严加控制，社会严格强调婚前女性必须保守贞操。因为妇女被禁止与陌生男性有哪怕是最为日常的交谈，所以婚外或者婚前与之有关系的可能性非常之小。然而，社会对男性却没有这样的限制。①

但在有些社会里，如扎伊尔的姆蒂俾格米人（Mbuti Pygmies）对男女性相当平等。如同其他狩猎采集者，他们没有正式的政治组织来决策或者解决纠纷。纠纷出现时，男男女女们参加争吵。女性不仅让人们知道她们的决定，而且她们的意见还经常被考虑。家庭内如果丈夫与妻子之间出现争吵和家庭暴力，无论是谁先动手打人，都会遭到干预和阻止。唯一不公平之处，就是社会对男性的婚外性关系更为容忍。②

关于女性社会地位的高低问题有着诸多人类学理论。

---

① 参见：Carole R. Ember and Melvin Ember, *Cultural Anthropology*, note 42 of chapter 8，p. 344。

② Elsie B. Begler, "Sex, Status, and Authority in Egalitarian Society," *American Anthropologist*, No. 80,1978, pp. 571 - 588，转引自上书，note 43 of chapter 8，p. 345。

有几个主要观点与前述理论相关，那就是如果女性在基本生计活动中的贡献高的话，女性地位也会高些。而如果战事是一个群体经常面对的事，那么女性地位也就较低。还有一种理论认为，一旦出现了中央集权的政治阶序，女性的地位必低于男性。这一理论在本质上与战事理论相同：在政治行为上男人通常扮演着决定性的角色，因此男人的身份地位也就更高。最后，如果婚后居住地和亲属群体是女方的，女性的地位自然也就比男性高。[1]

但上述这些理论细究起来都有些问题。人类学家因此质疑：所谓的身份，究竟意味着什么，是价值、权利（rights），还是影响力？是否所有这些构成身份的方面在不同文化里都有所不同？马丁·怀特（Martin Whyte）认为，并非如此。在他所选取的每一个样本社会中，都用了52个可以用来定义性别的相对身份的字词（items），内容涉及哪种性别才能继承财产；父母间谁对未婚子女更有权威；社会里的神究竟是男的还是女的，或者兼而有之，等等。研究结果发现非常之少的上述字词相互间有关系。他因此认为，不能单一性地理解身份概念，女性的身份应该在不同的生活领域来理解，因而用"女性的相对身份"来看待其社会性别身份地位可能更合适。[2]

尽管身份地位的不同方面彼此间可能毫无关联，怀特

---

[1] 参见：Carole R. Ember and Melvin Ember, *Cultural Anthropology* (Tenth Edition), p. 134。

[2] Martin King Whyte, *The Status of Women in Preindustrial Societies*, Princeton, NJ: Princeton University Press, 1980, pp. 95 - 120.

还是试图了解究竟是否有理论可以正确推测为什么在少数区域中的社会,女性的身份地位较高。女性地位高低与她们是否为社会提供热量有关。密集农业社会里她们的地位低于男性就是个例子。但是,怀特还发现,这一因素不一定具有普遍意义。例如一些生计主要依赖狩猎的社会,女性在基本生计上的贡献较少,但却在社会中有着较高的地位。这就与基本生计活动的理论预期相互矛盾。同样,关于战事频繁社会会使女性在社会生活各个领域中都降低身份地位的说法,也缺乏具有普遍性意义的证据。

在女性社会地位较低的问题上,尽管有着不同的说法,但社会科学家一致接受,在有着政治等级的中央集权社会里,女性社会地位低。女性低下的地位在这样的社会里,也从其他方面体现出来。那些有着社会分层、犁耕和水利灌溉农业、大量定居人口、私有财产、手工业专门化的社会,都倾向于降低女性的身份地位。但女性在整个文化综合体中也会有非正式的影响力。即便"三从四德"被奉为圭臬,传统中国也不乏有影响力的女性。《红楼梦》里的贾母对四大家族的影响是一个例子,而凤姐则是另一个例子。两人影响力的渠道是不一样的。怀特认为,这种"非正式影响"(informal influence)反映的是女性在社会上"真实影响"(real influence)的缺失。[1]

有些人类学家认为,西方殖民者也是诋毁女性身份地

---

[1] Martin King Whyte, *The Status of Women in Preindustrial Societies*, p. 135.

位的一个因素。这可能是因为他们习惯于把男性作为政策施行和作用的对象。有充分的证据说明，殖民地当局在重构殖民地的土地所有权问题上，主要考虑的是男性，在推动现代农业技术时，教授的对象也是男人，即便在农作主要由女性承担的区域也是如此。此外，比之于女性，男人更可能出卖体力或者其他东西（如动物毛皮等）给欧洲人以赚取现金。[1] 尽管男女性之间的相对身份地位在欧洲人来到之前可能平等，但殖民主义者的举措一般而言会导致这种原有的状况土崩瓦解。

六、 人格差别（Personality Differences）

多年前，美国人类学家玛格丽特·米德告诉人们，两性之间不存在普遍的或近于普遍的人格差别，所谓的阳刚（masculine）和阴柔（feminine）这类性别特质与生物性的性别本身没什么关系，而是更多地与服装、举止、头饰这类社会"指派"给男人和女人的东西有关。如，巴布亚新几内亚的阿拉佩什（Arapesh）社会的男女性根本就是一样，都文雅、合作、照顾孩子。她还指出，相距不远的蒙杜古马人（Mundugumor）的男人和女人也大致如此。但德昌布利人（Tchambuli）的男女两性则有着根本的不同。在

---

[1] Naomi Quinn, "Anthropological Studies on Women's Status," *Annual Review of Anthropology*, Vol. 6, 1977, pp. 189 – 190.

这个社会女性地位强势，是经济的主要支柱，但较缺乏人情味；男人则相反，他们敏感，每天都花大量的时间修饰自己，而且有艺术追求。[①]

但近几十年来的研究并不支持米德的观点。人类学家发现，男人和女人在行为上是有符合其生物性性别差异之处的。这并不意味着米德对三个新几内亚社会的观察是错的，而是应当具体地对待所研究的每个社会。南希·麦克道威尔（Nancy McDowell）重新分析了米德的田野笔记，并且在相邻一个与德昌布利人有关的社区做了田野工作。她认为没有理由怀疑米德关于该社会男女两性气质相似的结论。米德完全可能发现一些性别上不同的特质——如果她采用近几十年来在一些田野观察中运用的新技术手段。这些研究系统地观察具有实质意义数量的男女性的行为细节。例如，任何对男女性具有不同攻击性（aggressiveness）的结论，都是建立在固定的观察时间之内，对特定的个体试图伤害他人的次数做出统计。几乎所有的这些差异都极为细微，因而，所谓的男女性在攻击性上的不同是程度的问题，而不是男性或女性行为的问题。[②]

大部分这类研究都系统性地观察记录了不同文化环境里孩子的行为，而攻击性是研究性别不同之最重要选项。男孩表现出比女孩更频繁的攻击他人的行为。在一个规模

---

① Margret Mead, *Sex and Temperament in Three Primitive Societies*, p. 206.

② Nancy McDowell, "Mundugumor: Sex and Temperament Revisited," in Melvin Ember, Carol R. Ember, and David Levinson, eds., *Portraits of Culture: Ethnographic Originals*, Upper Saddle River, NJ: Prentice Hall, 1988.

更大的比较研究六个文化中的儿童行为的项目中，研究者发现这种差别早在孩子三至六岁时便出现了。[1] 美国的一项研究也吻合这一跨文化研究的发现。许多观察和实证研究都表明，男孩的确比女孩更具攻击性。[2] 但是，如果我们考虑到不同的文化对男女孩子成长过程的区别对待，我们还会接受这样的结论吗？还有一些较为一致的看法和例子，但我们得谨慎地对待它们，因为它们可能未被证实或者可能是特例。如人们普遍认为，女孩比男孩更具责任心。但如果考虑到许多文化，尤其是农耕社会中，女孩子及早帮助母亲料理家务是一种趋势，那这种责任心究竟是因为她们的性别还是因为她们所处的文化环境呢？虽然研究者趋向于采用生物学或者社会化的观点来解释男女之间的性别差异，但更重要的应该是追寻在性别差异的发展过程中，二者如何共同起作用。例如，父母在养育子女过程中可能过分强调生物遗传上的性别差异，而将男女孩子用不同的方式来养育，等等。总之，许多有关男女性差别的看法尚待进一步的实证或经验研究。

[1] Beatrice B. Whiting and Carolyn P. Edwards, "Cross-Cultural Analysis of Sex Differences in the Behavior of Children Aged Three through Eleven," *Journal of Social Psychology*, Vol. 91, 1973, pp. 171-188，转引自：Carole R. Ember and Melvin Ember, *Cultural Anthropology*, Note 55 of chapter 8, p. 345。

[2] Eleanor E. Maccoby and Carol N. Jacklin, *The Psychology of Sex Differences*, Stanford: Stanford University Press, 1974，转引自上书，Note 56 of chapter 8, p. 345。

七、"性"(sexuality)

/

如果考虑到人类如何繁衍,"性"无疑是我们的本质的一部分,但是没有任何一个文化会令其自然。所有的文化都有一定的法则使"性"(以下将不再用引号)合适地运行于社会中。但是对性的态度和实践在所有文化中并不一致,随着文化的不同也有着或多或少的差别。例如,不同社会对婚前和婚外甚至婚内性行为的容忍程度和是否鼓励都是不一样的,对于同性性行为的容忍程度差别也非常大。

所有的社会都在一定程度上约束和限制性行为。有些社会允许婚前性行为,另一些社会则加以禁止。每个社会也都严格规定哪些人是不能与之有任何性的接触,这就是人类学定义的**"乱伦禁忌"**。但是这一规定的范围也因为文化的不同而不一致。如果说乱伦禁忌存在着跨文化的一致性,那就是所有文化都规定亲子之间不能有性行为。而且,即便是同一个社会,对于性行为的约束也可能会在生命周期中有所不同,更可能对男女有所不同。在性行为的不同方面也是如此。例如,许多社会对于青少年在性行为上比较容忍,但严格限制婚后的婚外性行为。

一些社会接受甚至鼓励**婚前性行为**(premarital sex)。例如,马林诺斯基研究的特罗布里恩德岛民,就鼓励婚前性行为,将之视为婚后角色的预演。在孩子们的青春期来临之际,成年人会引导男女孩学习性方面的知识以及所有性方面的表达形式,会给予他们许多亲近的机会。有些社

会不仅允许青春期男女日常生活中的性行为，还尤为鼓励
青少年婚前同居。非洲中部的伊拉人（Ila-speaking peoples）
在收获季节会提供给姑娘们房子，让她们和自己心仪的男
孩共度良宵过准夫妻生活。根据一些研究，在这些人群里，
许多女孩十岁之前已经失去了童贞。[1] 我国海南岛五指山上
的黎族也曾经有类似的习俗，过去的文人称之为"放寮"。
这个习俗也是父母为自己的青春期姑娘提供空间让她们预
演日后的夫妻生活。

有些社会则对婚前性行为严格加以禁止。墨西哥的特
波兹特兰印第安人（Tepoztlan Indians）的姑娘们的生活自
第一次来例假之后即开始被挑剔、限制、管束（crabbed,
cribbed, confined），甚至不能与男孩交谈。与男孩交往被社
会视为有失检点和不正经。直到婚前，保护女儿的贞操和
行为是母亲很重的负担。母亲们甚至巴不得女儿早些成婚，
而不愿像"间谍"那样，终日监视着她们。在许多穆斯林
社会，初夜之后，丈夫必须展示带有血迹的床单，表示所
娶的新娘是处女。[2]

文化不可能一成不变，人们的态度与实践也会随着时
间而改变，在性方面的限制也会因为社会文化的变迁而有
所改变。例如，在今日中国，人们已经较为容忍婚前性行
为。美国社会传统上性行为都是在婚后才有的，但到了 20

---

[1] Clellan S. Ford and Frank A. Beach, *Patterns of Sexual Behavior*, New York: Harper, 1951, p. 191.

[2] 参见人类学家恩贝尔夫妇的整理，见：Carole R. Ember and Melvin Ember, *Cultural Anthropology*, pp. 137 - 138。

世纪90年代，社会公众的态度已经有所改变，允准和接受了婚前性行为。

所有社会都存在着**婚外性行为**（extramarital sex）。而且在许多社会里，这种行为之经常的程度可能超出我们的想象。大概在世界上69％的社会里，男人经常有外遇，女性在57％的社会中也是如此。[①] 婚外性关系即便并不少见，但在大部分的社会里都被认为是不道德的，而且都存在着双重标准，男性有这样的关系比起女性更被容忍。有些社会对婚外性关系传统上是开放的。西伯利亚的楚科奇人（Chukchee）传统上会留宿甚至是陌生的长途旅行者，并让他们同自己的妻子同床。由于楚科奇人长途旅行是常事，他们都相信自己碰到相同境遇时也会被同等对待。[②] 如果从演化的观点来看待这样的风俗，或许可以有其他理解。我们知道，西伯利亚地区甚至整个蒙古草原区域都人烟稀少、土地广袤，所以在事实上，人们的婚姻圈子很小。从演化角度而言，这对保证种群（population）的健康繁衍不利，这种风俗在这一地区流行有助于基因漂泊（gene drift），对种群的延续是有利的。

许多人都会以为婚内的性，在所有文化中大体差不多，但在事实上并非如此。不同文化的夫妻都会有自己青睐的时间和场所来表达爱意，并不一定非得在卧室里。但共同

---

① Gwen J. Broude and Sarah J. Greene, "Cross-Cultural Codes on Twenty Sexual Attitudes and Practices," *Ethnology*, No. 15, 1976, pp. 409–429.

② Clellan S. Ford and Frank A. Beach, *Patterns of Sexual Behavior*, p. 114.

点是私密性。玻利维亚的西里欧若人（Siriono people）都得到灌木丛里行其事，但他们在灌木丛里的吊床至少要距离他们的住房十英尺开外。在一些社会里，性事并不严格地回避旁人，可以发生在旁人睡眠时或者注意其他地方的时候。性事的时间或者频度在不同的文化里也有所不同。一般都喜欢让其发生在夜里，但有些则在白天，如巴西的卢库延人（Rucuyen people）。而印度的晨出（Chenchu）人则认为，如果夜间怀孕，孩子可能失明。几乎所有的社会都认为不该在女性来月事时行性事，而且也禁止在怀孕前期与后期做这些事。这些禁律有些通过信仰观念而固化，尽管这类信仰有歧视女性之嫌。污秽不洁就是禁止女性来月事时与其发生性事的理由。这种借口却也在某种程度上保护了妇女的身心健康。有些社会在社区有丧事期间禁止所有成员的性行为——如新几内亚新爱尔兰岛上的勒苏人（Lesu）；更有些社会禁止在开始重要的生产性活动前有性行为，相信诸如在出发狩猎、打铁锻造、种植等生产性活动之前，性行为将带来霉运。[1]

不同文化对同性恋的态度差别很大。喜马拉雅的勒帕查人（the Lepchas of the Himalaya）中有人相信，男人吃了阉割过的猪的肉会成为同性恋者。表达这一看法的人承认从来没有在现实中见过同性恋者，但想着就恶心。[2] 也许因

---

[1] 均参见：Carole R. Ember and Melvin Ember, *Cultural Anthropology*, p. 138。

[2] John Morris, *Living with Lepchas: A Book about the Sikkim Himalayas*, London: Heinemann, 1938, p. 114.

为许多社会都排斥同性恋，因而研究者难以对同性恋者的日常有更多的了解。在一些对同性恋较为开放的社会，同性恋实践和流行的程度也很不一致。在一些社会里，同性恋被有限制地接受，而且只能限制在特定时间和个人。例如美国西南部的帕帕勾人（Papago）允许人们在"农神节之夜"（nights of saturnalia）表达对同性的爱欲。过去，该社会有不少男性异装癖者（transvestites），着女性服装、做家务事；如果没有结婚的话，还会接受男人上门。但女人没有这样的自由表达。如果她们的丈夫允许，女性可以参加农神节之夜的节庆活动。

有些社会甚至鼓励男性的同性恋行为。在北非的斯旺斯（Siwans）社会，男人有同性恋关系似乎是一种社会期待。父亲会安排自己还没结婚的儿子给年长的男人，但社会规定，每一长者只能有一个同性对象。因为政府取缔，这种风俗处于秘密状态，但在1909年之前则是公开的。根据报告，这个社会几乎所有的男性在孩提时期都曾经有过这样的经历，但都在16—20岁期间与姑娘结婚。新几内亚的伊图若人（Etono）甚至限制和禁止异性性关系达一年260天，而且不得在近于住房和后院处表达。男同性恋行为则被鼓励，而且没有地点和时间的限制。人们相信，男同性恋行为有助于粮食丰产和男孩苗壮成长。[1]

为什么同性恋在一些社会更容易被容忍和接受，而在

---

[1] 均见：Carole R. Ember and Melvin Ember, *Cultural Anthropology*, p. 138。

另一些社会则备受压制？心理学家试图解释为什么有些人对同性恋感兴趣。这些解释大多涉及早期亲子关系（early parent-child relationship）。尽管有些跨文化的例子很有意思，但迄今为止，这类研究尚缺乏任何令人十分信服的解答。学术界有种试图否认同性恋的先天因素的倾向，这与同性恋者的自我认同相反，他们多强调生来如此——尽管有些人的确如此，但不是所有同性恋者均如此。有种观点认为，在那些不准已婚女性流产和溺婴的社会里，趋于无法容忍男同性恋。这一发现与另一发现一致，即：越强调增加人口的社会越无法容忍同性恋。这样的社会可能禁止所有不利于人口繁衍的行为。与之相映成趣的是，与青睐增长人口的社会相比，经常饥荒和食物短缺的社会对同性恋往往更为容忍。饥荒和食物短缺表明人口对资源的压力。在这样的条件下，社会会趋于容忍甚至鼓励包括同性恋在内的所有可以抑制人口增长的实践。①

---

① Denis Werner, " A Cross-Cultural Study of Modesty," *Journal of Homosexuality*, Vol. 4, 1979, pp. 345 - 362.

第九章　流动、遭遇与认同

如果说男女之别都可以往是否流动的问题上追溯，那其他方面又何尝不是如此？我们说发生文化变迁的最基本原因就是文化接触。那文化接触又是怎么发生的？这就关乎流动了。所谓流动不仅是人与物的流动，而且是信息的流动。信息的流动在高科技日新月异的今天，可以通过互联网、卫星手机等来获得。但在历史上很长的时期内，信息的交流必须建立在人的交流与接触的基础上。旅行于是成了最初的信息传布的媒介。正在旅行的人携带着从未谋面者所不曾有的信息，这些信息只有见到这些从未谋面者之后，才可以布达。与此同时，旅行者也获得了来自这些刚刚接触到的人们所带来的信息。彼此间的信息交流又会进一步引发相互之间的兴趣，进一步的沟通与交流也就发生了。①

在人类历史上，专为游山玩水的旅行，即所谓的观光或者旅游，是到了相当晚近才兴起的。纯粹为了陶冶性情、欣赏山水而旅行在历史上并非没有，但那只是少数达官贵

---

① 有关讨论请参见拙著《在野的全球化——流动、信任与认同》，北京，知识产权出版社，2015 年版。

人或者文人墨客的事。而且因为交通技术条件的限制，只有极少数人才有长距离旅行的经历。但到了近现代之后，情况不同了。如果说，在历史上，流动在人们生活中只是一种小概率的事，近现代之后，流动就日益常态化。流动带给我们身份的改变，以及一些与之相关的变迁。流动的频繁使现代人极大地开阔了视野，这是他们的前辈所难以企及的。但是过分的流动，也会使人无所适从或者难以适从，选择困难是现代人经常面临的问题，也影响到现代人的知识取向及其内容建构。总之，流动给人类社会带来活力，但也带来一些问题。

一、　流动（mobility）

流动是社会科学上一个恒久的话题。过去的历史学家以及社会科学诞生之后的学者，都在许多方面讨论过这个问题。在历史学家的眼里，流动往往与远距离的征战、贸易等联系在一起。但流动不仅仅是一个空间位移的概念，它也被用来指结构上移动。如在社会等级和官阶上向上或者向下移动。这类移动在社会科学上称为"社会流动"（social mobility）。在事实上，社会流动指的是可能导致社会身份变动的流动。改革开放以来，中国社会出现的所谓"民工潮"就是一种流动，流动的参与者怀抱着改变自己命运的期盼，希望借此流动最终可以给自己的生活带来积极的变化。

流动当然是与不流动或者"僵滞"（stagnation）并置或者对立。我们讨论男女之别时提到，费孝通说，传统中国社会是乡土性的，这是因为我们的传统社会是农业社会，需要有稳定的人口以保证农业生产能持续，因此对于可能引起社会不稳定的因素都严加戒备。"动"在这样的社会里不受欢迎，"安土重迁"于是成为乡土社会的特质。但是，这也不是绝对的。美国历史学家孔飞力（Philip Kuhn）在《他者中的华人：中国近现代移民史》一书中就告诉了我们，在能与家乡亲人保持联系的前提下，只要相信流动可以比待在家乡有更高的预期，传统中国人还是会愿意离开故乡外出谋生。该理论颠覆了传统安土重迁的观念，之所以重迁强调的是亲情网络的重要性。人们之所以眷念故土乃在于生活在此的亲朋故旧。哪怕是身在海外，只要这个网络还在，那迁徙就不是什么不可为之事。孔飞力的理论在事实上也修正了实质主义的观点。中国人的流动，至少"下南洋"之类的流动，是理性的选择，是弗雷德里克·巴特所说的"行动的最大化"，这种流动在很大程度上是人们的主动选择。无论传统上的流动是主动之举还是被动所为，大体都因为以下几种因素而起。[1]

① 参见：孔飞力《他者中的华人：中国近现代移民史》，李明欢译，黄鸣奋校，南京，江苏人民出版社，2015年版；范可《五百年中国移民史的一幅长卷》，见范可《漂泊者的返乡之旅》，北京，知识产权出版社，2017年版，第185—189页；范可《田野工作与"行动者取向的人类学"：巴特及其学术遗产》，《民族研究》，2020年第1期。

首先是贸易。工商贸易兴起并取代其他经济活动成为经济体的重要支柱，总体而言，基本是人类社会进入工业化之后的事。但在人类社会的绝大部分时间里，贸易交换一直以不同形式存在着，如波兰尼所说的，这些形式包括了互惠、再分配，以及后来成为主流的市场体系。在人类学家看来，送礼在许多社会里也可视为交换，虽然它交换的对象可以是诸如声望（prestige）这类象征资本。萨林斯在《石器时代经济学》一书中援引颇多的农业经济学家蔡亚诺夫（A. V. Chayanov），虽然强调小农的生产是为了自身的存活，但也指出小农的一些生活必需品必须通过交换而获得。所以，也不是全然的自给自足。在传统中国乡村，乡民也一直有不同形式的交换活动，定期的圩市就是为了交换和社交而存在。著名人类学家施坚雅（G. William Skinner）早年在成都平原的研究，就论证了网络般联结的乡镇市场结构。费孝通在《江村经济》中强调资本主义经济的入侵破坏了苏南原先的农业经济结构，传统缫丝业成为国际资本市场的附庸。但资本之所以能注意到当地的缫丝业（如在珠江三角洲那样）乃在于当地缫丝业在国际资本主义进入之前，就已经是当地农家生计的重要方面，而且颇具规模。如果我们接受这样的说法，那就应当承认，流动性在这些地方，无论是人还是物，一定强于不具备这些条件的其他地区。

在一般条件下，农业社会比较不偏向于流动。闽粤两地人们在历史上的出洋传统与当地的海外贸易史有关系。

海外贸易的存在自然会吸引当地人在这个行业里从事一些工作，比如贩运、做码头工人以及各种帮工。海外来的货物见多了，便会有自己的打算，从而自己从事起贸易也未可知。历史上中国的海外贸易始于唐宋，宋元之际达到鼎盛，明清两代则在立朝之初实行了相当长时间的"海禁"。但是，官方的禁令并不意味着民间的海上贸易断绝。可以估计的是，即便海禁，铤而走险从事海商事者依然络绎不绝。所谓的"倭寇"就是多在海禁期间打劫的跨国海盗集团，其构成者更多的是闽粤浙籍者，有些徽商也加入这一队伍。海盗的特点是亦商亦盗，倭寇也不例外。但其鼎盛时期也上岸，在闽浙沿海骚扰杀戮。

为了"安定"而对已经形成的经济活动不分青红皂白地加以禁绝，往往效果反是。因贸易而起的流动在历史上一直存在着，否则也不会有"丝绸之路""茶马古道"以及"藏彝走廊"之类。但是，在当时的全球经济体当中，除了古代地中海地区的政治单元和后来崛起的阿拉伯帝国、奥斯曼帝国，这类经济活动毕竟不居主流。不可否认，这两个伊斯兰帝国的崛起，极大地推动了世界贸易，沟通了东西方之间的往来。

其次是天灾人祸。以中国历史而言，除了闽粤民众有往海外闯荡的传统之外，其他地方如果出现人口大规模流动则往往因天灾人祸而起。人祸主要是兵燹之灾。发生在同一政权内部不同利益集团之间的厮杀、外敌的入侵，以及不同政治单元之间为争夺资源的战争，都会导致兵荒马乱、民不聊生，引起因逃难而起的人口流动。但是，冷兵器时代的远距离征战不仅引起人口流动，也导致文化和信息的流动与交换，在客观上增进"不同世界"之间的彼此了解。例如，历经200多年的十字军东征就沟通了拜占庭与欧洲基督教世界的往来。中国历史上因为战乱引起的人口迁徙很多，例如东晋末年的"永嘉之乱"致使"中原板荡，晋室八族入闽"。晋代流行堡坞制度，豪门大族拥有大量部曲和农奴，"八族"实际上人口规模应该颇大。唐天宝年间的"安史之乱"，以及所谓的"湖广填四川"，也都是兵灾所致，二者都引起了大规模的人口迁徙流动。"湖广填四川"说的是，历经明末清初战乱之后，四川人口锐减，康熙皇帝遂于1694年颁发《康熙三十三年招民填川诏》，急令自两湖移民入川。其后100多年间来自包括两湖在内诸省份和其他地区的移民超过1000万人。[①]

　　历史上天灾所引起的大规模人口流动则更是常见，我们语言里有"逃荒"一词，说的就是这种情况。由于天灾之故民不聊生，往往伴随各种内乱，盗贼蜂起，啸聚山林。中国历史上许多农民暴动或者农民起义都是在这种情形下发生，众所周知的东汉末年黄巾起义就是如此。

---

① "湖广填四川"的移民，最初主要来自湖南省和湖北省，即明代统称的"湖广行省"。虽然康熙时期，朝廷将"湖广行省"一分为二，变成湖南省和湖北省，但老百姓依然按传统的说法，将湖南省和湖北省称为"湖广"，于是，"湖广填四川"的说法就流传开来。到了后来，移民来到四川的老百姓，不局限于湖北省和湖南省，云南、贵州、陕西等周边省份，甚至江苏、浙江、广东、山东等沿海省份的老百姓都自愿或者被强迫移民到四川。由于移民的人数太多，超过了四川本地人，以至于四川成都城里，举目望去，全是外省人的身影。

　　再次是殖民地扩张。殖民历史很长，古罗马帝国征服一处就在当地复制其制度形式，这是最早的"殖民"（colonia）。但我们一般所称的殖民是指16世纪哥伦布和稍迟一些的麦哲伦所谓的"地理大发现"之后，葡萄牙和西班牙将这些土地据为己有，在行政上进行统治，并进行开发、拓殖。葡萄牙、西班牙对殖民地的管理，停留在简单野蛮的阶段，甚至带有封建领主制度的色彩。除了掠夺之外，没能对殖民地进行有效的治理。接踵而来的英国则采取了其他方式，除了掠夺之外，知道如何使殖民地资源不至于被任意掠夺而枯竭的道理，他们不仅驱使殖民地人民为他们做事，也从宗主国输出移民到殖民地，如北美洲和澳大利亚、新西兰等，并且将自己国内的法律体系也在殖民地建立起来。

　　殖民地的扩张和殖民贸易的兴起，使人口跨洲流动随之而来。所以，埃里克·沃尔夫和费孝通都认为全球化开始于这一时期。殖民地时期大西洋上的"三角贸易"（Triangle Trade）是一种大规模的物与人的流动的全球化实践，不仅形成美国社会学家伊曼纽尔·华勒斯坦（Immanuel Wallerstein）所言的"世界体系"（The World System），[1] 而且导致了今日世界人口和经济格局的形成。所谓**三角贸易**指的是从美洲殖民地输出工业原材料到工业化的西欧，西欧则将工业成品输送到西非，再从西非贩卖

---

[1] 参见：Immanuel Wallerstein, *The Modern World System*, New York: Academic Press, 1974。

奴隶到美洲。美洲殖民地，当然非洲后来也为欧洲殖民国家提供各种原材料，从食物到矿产。今天，我们看到许多发展中国家在各方面还留有很强的殖民地时代的痕迹，经济上尤为如此。拉美和非洲的许多经济体，第一产业十分单一，生产矿石和基本食材——比如厄瓜多尔的香蕉、古巴的蔗糖和雪茄，巴西、哥斯达黎加、哥伦比亚等国的咖啡，以及其他原材料如矿产，等等，还有非洲马里的花生，赞比亚的铜矿，南非等国的黄金、金刚石，等等——因而有称呼这些国家为"单一经济国家"者。我们今日所见的这种局面即是殖民主义的历史留痕。殖民主义者把殖民地当作原材料提供地，一些旧大陆驯化的动植物，作为食材的来源或生产工具，也被引入美洲殖民地，通过榨取美洲原住民的剩余价值来降低原材料的成本。

殖民主义凭其高度的流动性在征服和统治美洲大陆的历史过程中，客观上也推动了新旧大陆之间互通有无，带来了作物品种的大交流。旧大陆的一些农作物品种，如小麦、稻米，和牛羊、马等牲口一起，被殖民主义者带到美洲。反过来，美洲大地上的众多驯化物种也被引入了旧大陆。烟草在短短的 100 多年间便几乎遍布世界各地。而我们现在经常食用的众多主食和蔬果品种也来自美洲，如玉米、马铃薯、红薯、西红柿、辣椒、南瓜、鳄梨（俗称牛油果）、藜麦等难以计数的农业作物。这些作物，尤其是玉米、马铃薯、红薯引入旧大陆之后，解决了许多地方的口粮问题。因而，美洲殖民地开拓之后，旧世界人口剧增。

中国人口在明代迅速增加，也是美洲的玉米、马铃薯、甘薯、花生这类作物引入之后的事。[①] 美洲原住民人口状况则反是。随殖民主义者而来的各种旧大陆的细菌和病毒，因为美洲原住民缺乏抗体而肆虐，致使原住民人口锐减泰半。

最后是工业化。"地理大发现"之后的殖民地开发和贸易势必刺激了工业化的出现。当殖民主义者懂得对殖民地不仅仅是掠夺和剥夺，而且要让它们源源不断地提供原材料，那就可能导致工业革命的出现。尼德兰是世界历史上最早发生工业革命的国家，时间是在 16 世纪末。继而是英国，工业革命发生在 1640 年。工业化的出现伴随着传统农业社会的瓦解。英国出现的"圈地运动"迫使大量农业人口与土地剥离，离开乡村进入城市。这是一场大规模人口流动，必然带来巨大的社会动荡和变迁。著名学者盖尔纳（Ernest Gellner）在他著名的《民族与民族主义》（*Nation and Nationalism*）一书中指出，工业化推动大量的农村人口进入城市，投入到大工业生产中。这个时候，起码的识字能力成为进入大机器工业的最低准入门槛。因此，各种学校，尤其是公立学校建立了起来，各种证书和文凭也应运而生。社会从一个异质性的传统农业社会转变为同质性的工业化社会。[②]

另外，工业化还带来了交通工具上的发明和创新，例

---

① 参见：何炳棣《明初以降人口及其相关问题（1368—1953）》，葛剑雄译，北京，生活·读书·新知三联书店，2000 年版，第 215—216 页。

② Ernest Gellner, *Nation and Nationalism*, Ithaca and London: Cornell University Press, 1983.

如轮船、蒸汽机车、汽车、电车、内燃机车、电动列车、飞机等交通工具的相继出现,极大地提升了流动的效率。便捷的交通工具不仅加强和加速流动,还使人们的眼界大为开阔。而资讯技术也在工业化的过程当中持续不断地发明和创新。报刊的印行、电报电话的发明,以及后来的电视、卫星通信技术、智能手机的普及等等,都极大地加快、加深、加宽我们的沟通范围,同时也因为交通费用和通信成本前所未有地大幅度降低,人们的空间流动能力也日益增强。这些给现代人的生活实践所带来的变化,是终身厮守一隅的"前现代"人类所不可想象的。

中国社会的迅捷变化也是近 30 多年来的事。此前,由于户籍及其他制度性因素,我国社会与人口几乎是不流动的。中国社会在改革开放之后不久,为了以低成本优势推动经济发展,允许农民进城务工。自 20 世纪 90 年代开始,随着大规模基础建设和空间上城市化的需要,大量农民进入了工业生产第一线,原先城乡之间互不流动如同死水的状态一去不返。随着流动成为常态,产业发展也随之高涨,几年之后中国即获得所谓"世界工厂"的声誉。中国社会也主要是从那个时候起,在各方面都发生了变化。每年"春运"都成为世界的一大奇观,进城务工的农民回家乡过大年,所有的车站和其他交通网点均人满为患。返城务工之际,再次人流涌动,令人叹为观止。

流动性和**社会流动**还常常用来指另外一种未必是空间的位移(尽管流动会导致这种情况发生,如从贫穷的街区搬到较为高级的街区，从因为入不敷出而无法去旅行到旅行成为主要的休闲活动，等等）——上升或者下降。例如，传统中国的社会流动渠道主要是科举。因为除了部分被认为从事"贱业"者之外，科举向全社会所有的人开放，一般人通过科举有机会步入社会上层。在计划经济时代，社会流动可以通过高考和参军（如果在部队内得到提升）来实现。我国改革开放之后的流动性可谓兼具二者，许多艰苦奋斗的人士，充分发挥了他们的聪明才智，不仅改变了物质条件，也使自己的社会身份发生了变化。

二、　遭遇与信任

流动的第一个后果是遭遇，也就是不同主体因为流动而发生接触，故而可以简单地用哲学上的用语 **"主体间性"**（inter subjectivity）来指主体接触之后所发生的现象。早期的工业化吸引了大量的失地农民进入工业领域，都市规模也因为工业的发展而日渐扩张，城市化也就不可避免。在我国，过去对城市化的理解比较少考虑到卷入人群的身份变动问题，现在对于城市化的理解有所不同，也把人的身份转变考虑进来。换言之，从农民到市民身份如何转变，如何确认，愿不愿意确认，在我国都是学者关注的问题。在国外，因为不存在我国现行的户籍制度，身份变化的问题没有如此醒目，更多的是关心生活方式的转变。美国人类学家曾提出一个简单的都市化定义，即所谓的都市化是生活方式的转变。一个人尽管继续经营农业生产，但只要是能够享受今天的工业和科技文明的成就，那就不宜再将之视为还过着乡村生活。

流动带来的后果是很多的，有些是颠覆性的。当工业社会取代传统社会，工业文明取代农业文明所导致的社会变迁对于传统农业社会而言，大多是颠覆性的。例如，因为人们以薪酬为生，核心家庭成为社会的主流家庭形式，尽管这种家庭形式在许多传统社会里未必受青睐。夫妻之间的关系也因为在城市里面生活而发生改变。这种改变主要是经济上的。许多工薪家庭单靠一人领取薪酬是难以养家糊口的，因此许多女性也进入了工业生产领域，成为家庭基本生计的贡献者之一。

工业生产，无论是工厂开工还是矿山油田的发掘与投入生产，使许多常年"僵滞"的社会动了起来。人类学家在非洲的考察发现，原先不同部落的人们离开家园进入矿山和商业性种植园赚取现金收入，从自己熟悉的"熟人社会"进入了所谓的"陌生人社会"。为了弥补这种心理落差，出现了"扎堆"现象，人们根据自己部落的标识和语言聚在一起。人类学家称这种扎堆现象为"部落主义"（tribalism），这就是美国人类学家在东南亚研究时对类似现象所称的"族群性"（ethnicity）。对此，我们稍后讨论。

流动引起事实上的文化接触，导致社会和文化发生变迁。但是，在历史上的各种流动中，整个群体的流动比较罕见。在游牧民族的征服活动中，由于平时他们的家庭随着牧群走，因此出现这种情形可能有之。蒙古帝国在欧亚大陆（Eurasian Landmass）上纵横驰骋，征服了不少区域，在今天中亚各国和俄罗斯的文化上多少留有一些痕迹。至于阿拉伯帝国和土耳其奥斯曼帝国在文化上对欧洲的影响更是多见。在一些南欧国家的建筑、都市规划以及各种装饰性图案上，都可以感受到来自伊斯兰文化的影响。而在巴尔干半岛及其周围的一些国家和俄罗斯，信奉伊斯兰教的民众也很多。我们在讨论文化变迁机制时，提及变迁的主要原因之一是涵化。[①] 为什么会出现涵化？本质上当然是因为流动。在过去，人类学家往往会用传播来表示。文化因子由于各种原因播化开来传到其他社会里。这其实就是流动。在传统社会，这种流动一直存在，在久远的过去，人类是通过双足行走得以接触他人，各种信息和文化元素流动和交换的速率很慢。随着各种交通工具以及通信等科技的发明、创新、发展和普及，流动和交换也就越来越快。所以，流动引起遭遇，频繁的遭遇必然促进活跃的文化传播。

除了以上提及的流动、遭遇的后果之外，还有一个人类学应予关注的后果是"**信任**"（the trust）。如果从现代人形成开始算起，在人类社会99％的时间里，人们不知道信任为何物。因为在很长的历史时期里，人们生活在一个彼

① 参见本书第二章。

此间关系极为紧密的社会里，无论是游群还是传统农业社会的村寨，血缘关系和地缘关系是维系群体的黏合剂。血缘纽带如同中国人所说的"纲举目张"的"纲"，在所有的关系中，是最为重要的。正因为人们之间相互信任，彼此间也就不会有信任的问题。

在传统社会，尤其在奉行平均主义的社会里，人们有着强烈的**"我群意识"**（we-group consciousness），甚至在平时说话时都没有单数第一人称，"我们"被用来表达自我。可以想见，在这样的社会里，信任根本不是一个问题。拥有我群意识的社会往往也有着强烈的**我族中心主义**（ethno-centrism），这是一种人类不同社会普遍存在的观念，是下意识和不自觉的。人们往往下意识地相信自己的文化价值超乎他人，因而喜欢用自己的准则来评判他人的行为。我群意识与我族中心主义的结合，对一个群体的成员而言，自然会滋生对他人的不信任感。我群意识一直到前工业化时代在一些文化里依然存在着——尽管与这种意识强烈的游群社会有着程度上的不同。而我族中心主义至今仍然普遍存在于人类社会。

以上说明，在一些较小或者较为简单的社会里，人们有着强烈的自我认同感，这也是群体凝聚力的表现。群内无我，但是遇到外人时，情况就不一样了，就会有对方是否值得信任（trustworthy）的考虑。美国社会学家彼得·布劳（Peter M. Blau）认为，在有些情况下，交易和互惠是兼具传统和现代的建立信任的方式。其中，交易代表了现代社会的契约性质。交易和互惠的区别主要在于前者目的性明确，后者则是互动各方的义务和一种不言而喻的期待。这是陌生人选择建立社会关系的过程中必不可少的要素。[1] 所以，契约这类的一纸公文是信任建立的制度化设计，要求在法的意义上信守承诺。所以如果按照贝克（Ulrich Beck）等社会学者的看法，信任可以抵消潜在的风险（risk）。[2] 这种风险感是在陌生的环境里与陌生人接触才会有的。

在一些传统农业社会里，尽管人们之间的关系依然和睦，但是在涉及钱财、土地、房地产的问题上，信任也扮演角色。中国人说"亲兄弟明算账"就是同样的逻辑。为了保证家族的团结和睦，中国农村在分家析产时必须立下字据，这些字据就是社会历史学家和人类学家所关注的"分家文书"。在立字据时，必须有家族中的长辈在场以为证人，还必须请人——通常是母亲的兄弟——来主持。像这样的分家过程，以及农户买卖土地的过程，都得有契约字据。这些都事关信任。

一个与当事人一方毫无关系者之所以能获得对方信任，当然是因为信守了承诺，产生了信用（credit）。银行愿意借钱给一个人是因为这个人讲信用。如果一个人有偷盗行为，

---

[1] Peter M. Blau, "Reflection on a Career as Theorist," in Joseph Berger and Morris Zelditch Jr. eds., *New Directions in Contemporary Sociological Theory*, Lanham, MD: Rowman and Littlefield, pp. 345 - 357；拙著《在野的全球化——流动、信任与认同》，第 117 页。

[2] 参见：Ulrich Beck, *Risk Society: Towards a New Modernity*, Mark Ritter translated, London: Sage, 1992。

或借钱逾期不还，那就信用不好，几乎无法从银行贷款。在传统的熟人社会里，只要有现金流通，基本也都会有信任和信用的问题出现。货币作为一般等价物的特点，会引起一些人的贪欲。为了抵消风险，传统社会也有自身的一些方法。在传统中国，由于读书人的地位较高，这种地位确保了他们的信用，由他们作保的话，一般能够获得人们的信任。所以读书人可以以自己的信用为人作保。费孝通就说，过去乡下人要到城里当伙计，会请读书人为他们写个类似今天的推荐信之类的文字，这就是以读书人的信誉作保。这当然与传统中国文盲率很高，文人容易获得尊敬以及民众对文字的崇拜有关。这就是一个信用的例子，尽管信用从他人那儿获得。

　　许多传统社会里的集资方式在人类学上称为"轮转信用社团"（rotating credit association）。其中，这类社团在世界上最常见的就是我们所说的"标会"。这种形式的轮转信用社团见之于许多社会。以我国为例，标会的参与者基本都是有血缘关系或者本乡本土者，即所谓"跑得了和尚跑不了庙"的人。标会的参与者用不着担心有人会在轮到他自己动用集资时拿了钱就玩失踪，因为他不可能把房产田地带走，不可能把所有亲戚家人带走。所以，在事实上，这样的信用建立在"知根知底"之上，严格而言，某人所拥有的社会网络可以成为他/她的信用，使其成为值得信任之人。①

---

① 参见拙著《在野的全球化——流动、信任与认同》，第120页。

在所有高度商业化的社会里，都存在着信用制度（credit system）。一个人如果信用记录不好，在租房、求职时都会有问题。所以，生活在西方社会者都知道绝不能拖欠信用卡借贷，每月至少得按规定偿还其最小额度，这样才能延续和维持良好的个人信用记录。在西方法制社会里，一个人如果有违规或者不道德行为都会被记录在案，如果违规行为过多，个人生活也就很难了。在欧洲的许多国家里，搭乘火车经常没人检票，有些国家甚至地铁也没有闸口。查票则时有时无，好像没有什么规律。有些人因此钻空子，在这些人的盘算里，即使偶尔被查到而罚款，金额也远比经常逃票省下来的钱要少。殊不知，每次被查到时，除了被罚款之外，还被记录在案。多年前，有一位奥斯陆大学的留学生告诉我这样一个故事：曾有一位在瑞士留学的中国学生，成绩十分优异，但让她诧异的是，她毕业之后的数次求职，都在最后被淘汰。在欧洲的最后一次求职面谈上，当她知道结果还是拒聘之后，忍不住问了面试官员，究竟是什么原因，使她在面试中屡屡失败？面试官员反问她："你是否乘车逃票被查出来过？"在得到了肯定的答复之后，这位官员指出："就是这个原因使我们不能聘你。"显然，在商业化的社会里，需要制度性的信用体系建设。虽然对人需要有最基本的信任，但这不能包办一切。然而，却可以通过制度性的安排，使人们的行为遵循社会道德伦理和规矩守法。

三、 认同

/

认同产生于相遇之际，这已经是人类学界的共识。而我们也已经知道，遭遇或者相遇是流动的后果。因此，认同问题看似复杂，其实道理很简单。但是，认同所产生的意义却不是这种简单的公式所能尽然涵盖的。认同的英文identity 来自德语，20 世纪五六十年代，美国心理学家埃里克森（Erik H. Erikson）从哲学里采借并就此将它引入英语世界。埃里克森运用这个术语处理行为科学上的心理性认同（psychosocial identity）问题。原先主要用在个人心理层面，但与社会、文化紧密相连。他一本有名的书讨论认同危机（identity crisis）。每个人在人生的不同阶段都有一定的身份角色，这种身份角色会随着一个人的生命过程而有所变化。这种变化有时令人焦灼不安，例如，一个人一直精力充沛地工作，有朝一日突然被通知，他应该退休了。如果他是一个热爱工作而又没有心理准备的人，那这就可能是一个冲击。许多人在退休之后百无聊赖，觉得自己成了废人，久而久之容易滋生抑郁症。这种情况就可以视为认同危机。按照埃里克森的说法，认同意味着两个方面：其一，个人层面上持续性的"同"（sameness）；其二，持续地与他人共享一些本质上的特点。①

———

① 参见拙作《理解族别——比较的视野》，北京，知识产权出版社，2019 年版，第 57 页；Erik H. Erikson, "The Problem of Ego Identity," in Maurice T. Stein et. al. eds., *Identity and Anxiety*, Glencoe, Ill.: Free Press, 1960, p. 30.

　　认同概念被引入社会科学之后，社会科学家通过自己的表述给了认同更多的含义。但是，与心理学家不同，社会科学家除了将认同看作一种心理状态，以及具有文化共鸣等心理学方面的存在（being）之外，还在他我之间的关系上定义认同，并将之运用于任何群体、个人或者集体的层面。现在，在社会文化人类学里，有种较为普遍的看法，是把认同考虑为主体间性的现象。[①] 这就意味着，就一个群体中的个体而言，只有在遇到来自不同群体的成员时，才会产生认同感或者认同上的问题。这就是梁启超所说的"对他而自觉为我"。这样一来，我们自然可以将一些认同现象的出现归纳为流动和遭遇的后果。但是，遭遇之际是否必然会对他人疑窦顿生呢？对于生活在相对封闭的环境中的共同体成员来说，有这样的感觉或者怀疑是很自然的。为何如此？我们试着回到信任的问题上来回答。

　　我们知道，信任是为了抵消潜在的风险而产生的。这种风险感在彼此陌生的人遭遇之后才会产生，例如担心对方是否会偷窃自己的财物，等等。当然，在思考这样的问题时，我们应该把场景设定在人们生活在一种对外界可能了解不多，甚至一无所知的条件下。当代的一些狩猎采集社会或许可以给我们提供不少这样的个案。美国人类学家亚当斯在理解"我族中心主义"的问题时，提出人类社会

① 参见：Michael Hechter, *Containing Nationalism*, Oxford: Oxford University Press, 2000。

的"我群意识"的现象。这是一种个人与集体的一体感。这种一体感产生自日常或者周期性接触过程中的亲缘、地缘及其他事实，是共同的利益感、经济需要、友谊联结以及心理上对群体的依附。[①]

试想一下，当处于这样一种条件下的群体第一次遇到"他者"——那些语言不通、穿着和肤色有别者，会有什么反应？通常，他会确定那不是"我群"的成员，并进而用自己的标准来衡量对方的行为举止，继而出现"他们"与"我们"的区分，故而我族中心主义必定会导致对外人滋生出一种"非我族类，其心必异"的疑窦。一旦有了这样的区分，认同也就浮现出来了。所以，从发生学的角度考虑，认同与信任有着密切的相关性甚至因果关系。

在现实生活中，一个人的认同是多面的，他/她可能认为自己从属于某个群体，这个群体可能与周边的人有着不同的文化和宗教信仰。他们可能因为所处的社会经济地位而对自己所处的阶层有认同感；也可能因为不同的理想而有不同的政治认同；更可能对自己的家乡有着强烈的地方认同，而这样的认同又往往会与所操的语言紧密相关。认同不可能在一个没有其他社会政治因素影响的环境里产生。在当代社会里，认同的存在往往是多种因素综合作用的结果，所以视之为主体间性的问题是没有错的。在下面的讨

[①] R. N. Adams, "Ethnocentrism and Ingroup Consciousness," in *American Anthropologist*, Vol. 53, No. 4, 1951, pp. 598 - 600. 亦参见拙作《理解族别——比较的视野》，第43—44页。

论里，我们只关注那些因为流动而产生，而且一俟生成便反过来强烈影响我们的流动和生活的认同。

1. 族群认同（Ethnic Identity）

世界丰富的多样性令我们目不暇接。今天，国际政治秩序的单位是"民族国家"（nation-state），其所指就是一个国家由一个民族所组成。或者，用比较专业的话来讲，那就是一个国家的政治边界应该与文化边界重叠。我们在介绍文化这个概念时，曾提及，文化不是个人拥有的，而是社会成员所共享的。但是，民族国家原先的理念就是一个国家的人口都是来自一个文化。这在事实上是不可能的。全世界真正意义上的单一民族的国家，只有冰岛、韩国、朝鲜、葡萄牙等少数几个，其他国家都存在着文化多样性，居住着不同的民族群体。在此，各个群体有着自身的认同，这就与我们要讨论的**族群认同**有关。

族群认同是一个复杂的问题，涉及一个国家社会的许多方面，尤其是与国家社会的主体民族（majority）之间的关系，而主体民族在国家内部的影响力和支配性作用如何，又与一个国家对待多样性的态度有关系。此外，不少族群在现代国家形成之前，其版图是相连的。但在所处的传统国家——如帝国——转变为现代国家之后，由于边界的确立和划分，许多族群变成分布在两个甚至两个以上的国家领土之内。所以，绝大部分国家都是多民族国家。

与传统国家如帝国或者其他政治单元不同，现代国家政权对社会的治理基本上都是很直接的。在传统国家条件下，地方基层基本处于某种形式的自治状态。现代国家的权力更为集中，在一个统一的中央政权的管理或者治理之下，领土之内的族群或者文化多样性就必然受到干预。当代许多国家都声称对多样性的尊重和鼓励，但在事实上和政策的实施上究竟是否真的能达到这样的期盼是另外一回事。为了治理上的方便，包括殖民当局在内的大部分现代国家政权，都对版图之内的人口有一定的分类。这些分类等于给不同的群体指定了身份认同（identification）。对这些国家指派的群体认同与族群认同可以有不同的理解。有些族群认同虽然与国家指派的认同有些关系，但在本质上其实是不一样的。为了明了这一点，我们首先应该了解何为族群。

在社会科学的语境里，**族群**（ethnic group）特指那些相对于主流社会的人口而言的"少数"（minority）。这些"少数"或在文化上或在宗教信仰上有异于主流人群，即所谓的"多数"（majority）。在一定的社会历史条件下，他们的处境可能与主流人群有所不同，这对他们如何看自己会有所影响。他们经常会因此而有自己的权利诉求。在这一过程中他们会充分利用他们的认同。这一认同可能是国家当局指派给他们而被他们所接受，也可能是他们对于所给予的认同有所不满而强调的另外一种认同。

传统上，人们在遇到来自不同民族群体的个人时，往往会通过他们的外在表征，如语言、服饰、发型、体格特征、宗教信仰，来推测他们的族属（ethnic belongingness）。

这些客观的、可识别的特征在人类学上称为"**族群标识**"（ethnic marks）。这种对他者的认识方式普遍见之于人类社会。我国古代的文人骚客和地方官员，对少数民族群体的分类识别基本都是建立在客观可见的族群标识之上。应该说，这种认识方式是符合人们的习惯的，当你无法深入了解对方时，对对方的认识当然只能凭借一些外在的和道听途说的东西。但这种简单的认识方式有时会给人以误导。

族群在我国的文献里出现得比民族一词要晚。以前虽有学者偶然用族群一词，但其所指与人类学上的族群几乎没有什么关系。人类学上的族群是一个独立的单位，不是有着相似文化特点的"族"成群分布的意思。即便在英语世界里，ethnic group 也出现得比较晚。但是，ethnic 这个字——我们姑且将它翻译为"族的"——却是一个古老的字眼。它来自古希腊语，古代的时候希腊城邦用这个字指代有着不同宗教信仰和讲着不同语言的人，所以这个字原来有着"异教徒"的意思。

严格而言，族群在英语学术界里普及开来是第二次世界大战之后的事。在此之前，西方社会普遍用"种族"来指涉不同文化背景的人群。种族在这样的状况下完全是一种十分任意的分类，并且不一定与肤色之类的生物学意义上的种族特点联系在一起。比如，美国社会一直把种族放在族名之后来称呼那些与主流的白人盎格鲁-撒克逊清教徒（WASP）不同的群体，如爱尔兰种族（Irish race）、意大利种族（Italian race）、中国种族（Chinese race）等等。二战结束之后，联合国教科文组织鉴于纳粹德国滥用种族一词，并在战争期间对犹太人施行种族灭绝（genocide），感觉到种族一词的强烈误导，召集了一批世界著名的人类学家，起草和发表了《关于种族的宣言》。在该宣言中，教科文组织建议抛弃"种族"一词，用"族群"取而代之。族群从此成为一个指涉人类群体（human collectives）的词语，渐渐出现在学术讨论和公众日常话语中。

　　但是这一对公众有着教育和引导意义的做法，在社会人类学里就显得过于简单了。在人类社会里，共同体类型多种多样，规模大小不一，如何认识这种多变的社会群体的问题，成为人类学研究的核心课题之一，而且长期以来也一直是社会文化人类学的核心关怀所在。联合国教科文组织《关于种族的宣言》中的建议虽然没有马上被广为使用，但撰写者均为列维-斯特劳斯等享誉国际的人类学家，该建议还是慢慢地产生了影响。然而，联合国教科文组织建议使用的"族群"是广义的，不仅用来取代"种族"，也用来泛指任何有着不同文化背景的人们共同体。更为重要的是，二战后所迎来的是民族解放运动的时代，大量的殖民地政权纷纷瓦解，原殖民地的土地上出现了诸多新兴的民族国家。这样的国际条件影响了社会文化人类学常用的一些术语的变化，而这些都是有关社会单元本质的术语。例如，用"族群"取代过去使用的"部落"成为趋势。但这些术语的转变并不仅仅是术语间相互替代那么简单。例如，当使用"族群"这一概念时，往往意味着接触和彼此之间的关系。把族群考虑为完全与世隔绝的存在，其荒谬无异于用一只手拍巴掌。① 根据定义，族群或多或少是相对独立的，但族群成员会意识到还存在着其他族群，并与其成员多少有所接触。此外，诸多的族群，在一定的意义上，是在接触的过程中创造出来的。群体认同必须在这样的关系中来理解和定义。这就是说，族群的存在至少涉及两个族群。

从"部落"转变为"族群"的积极意义还在于减缓甚至超越了欧洲中心论或者我族中心主义的偏见。人类学家的工作一直以来经常被诟病为扩大了"我们"与"他们"之间的鸿沟。当谈及部落时，人类学家往往不自觉地在"我们"与我们所研究的人们之间划分了区隔。这样的区隔吻合现代社会与传统社会或者所谓"原始社会"的区分。当我们使用族群或者具体的这种类别时，这种明显的区隔会弱化甚至不复存在。在本质上，无论生活在世界上的什么地方，所有的个体都从属于某一群体，人类学家亦然。而族群这类概念可以应用于现代和前现代、西方与非西方社会。在这个意义上，我们可以认为族群性这类概念或者模式是架设在两种鸿沟上的桥梁。首先，关注的是动力而不是停滞；其次，关注他我之间和边界（boundary），以及

---

① Thomas Hylland Eriksen, *Ethnicity and Nationalism: Anthropological Perspectives*, London and East Haven, CT.: Pluto Press, 1993, p. 9.

弱化现代社群与部落的边界。[①]

2. 族别认同（Ethnic Identification）

在许多国家如我国、印度、越南、美国、加拿大、马来西亚，以及欧洲巴尔干地区的一些国家，都对国内生活着的不同"种族"、族群或者宗教群体有所分类。这种对人口的分类——如我国和越南的"民族识别"——所建立起来的认同，笔者用**"族别认同"**称之。这是因为尽管这样的识别分类来自于外力（external agency），但一旦为民众所接受，在一定的外力干预（国家立法等）和长期宣传之后，会转变成为民众自身的群体认同即族别认同。因而，在发生学的意义上，族别认同也就与族群认同有所不同。但族别认同的建立同样也是主体间性问题，无非是主体未必就是另外一个族群，而可能是国家，也可能国家和周边其他族群的因素兼而有之。而且即便算是接受了国家所指派的认同之后，在同一族别认同的条件下，也会因为国家、主体民族、同一族别认同里的不同群体之间的综合作用，滋生族群意识。美国人类学家郝瑞（Stevan Harrell）20 世纪80 年代末 90 年代初在四川攀枝花地区的研究就指出了这一点。[②] 我们也注意到，我国的其他民族内部也存在着这样的

---

① Thomas Hylland Eriksen, *Ethnicity and Nationalism: Anthropological Perspectives*, p. 10.

② 参见：Stevan Harrell, "Ethnicity, Local Interest, and the State: Yi Communities in Southwest China," in *Comparative Studies of Society and History*, Vol. 32, No. 3, 1990, pp. 515 – 548。

现象。其他国家也同样存在着这样的问题。①

　　族别认同是国家为了便于治理有着不同文化、"种族"、宗教背景的群体而实施的人口分类。在我国和其他社会主义国家，如越南，进行民族识别则与共产党人革命的初衷有关系。中国共产党在建政之后，为了实现其进行革命的初衷和对人民所做的承诺，欢迎不同民族共享权力。但是，对中国境内究竟有多少少数民族并不清楚。为此，在1953年共和国成立之后的第一次全国人口普查时，要求民众自己上报自己的族属，结果出人意料，一共出现了400多个认同。这对建立人民政府的人民代表大会制度显然不合适。于是，中央政府决定进行民族识别。民族识别从1953年开始到1987年结束，其间还经历了十年动乱（1966—1976）的停顿期。整个民族识别过程的最终结果是确认了55个少数民族，加上主体民族汉族，我国共有民族56个。

　　国家的人口分类有时并不一定如同我国这样，有着非常明确的识别确认。在一些国家，如美国，如果我们认为该国政府对人口施行分类是为了贯彻民族平等政策，那就错了。美国的人口分类政策与该国曾经存在过的种族隔离政策有关系。迄今为止，该国人口普查所提供给公众填报的各种人口类别，依然还保留着那个时代的痕迹，也就是说，非洲裔（或称"黑人"）在人口类别中是最为武断的

_____

① 见拙著《理解族别——比较的视野》。

选项。按照规定，一个人哪怕只要有一丁点儿的非洲裔血统，就会被归为非洲裔。美国、加拿大、澳大利亚等国，还用"民族"（nation）定义国内的原住民（indigenous people or aboriginal people）。这一分类是为了尊重原住民和对殖民地历史进行反思。美国、加拿大的一些原住民对自己生活的领地是拥有主权的。政府如果要开发这些土地，或者在这些土地上从事任何活动，都必须征得原住民的允许并签约。

　　显然，从族别分类制度来看，作为移民国家，美国对于国内的族裔多样性有着不同的区分。只有那些在欧洲人到来之前就已经在这片土地上生活的人们，才享有 nation 的殊荣。而那些移民来的不同族裔则不一样。所以，作为一个国家，美国既是多民族国家（multinational country），又是多族裔国家（polyethnic country）。前者包括美洲原住民（即俗称的"印第安人"）、夏威夷原住民、波多黎各人和关岛科莫罗人。波多黎各和关岛目前尚未真正并入美国，但都是在美国管理之下的自治领或托管地。其他的类别就比较不符合逻辑了，既有"种族"——如黑人（Black），现在更多地用"非洲裔"，也有广义上的族群——如亚裔（Asian）、太平洋岛民（Pacific Islander），还有主要根据语言和由来地区（拉美）的，如西语裔（Hispanic），等等。这些，都可视为国家的族别归类。但是，与我国有所不同的是，除了这些归类之外，还可以自己表达。这往往与个人诉求和对原先类别不满有关，也与美国公民社会的认同政治运动有关系。①

殖民地当局可能是最早进行这种人口分类的"国家政府"（the state government）。牛津大学人类学家阿德勒（Edwin Ardener）在喀麦隆的研究发现，当地民众所体现的族群认同，就是当年法国殖民当局为了便于管理而对当地民众所做的人口分类。② 殖民地当局除了对当地掠夺剥削之外，还要面对殖民地丰富的族群、宗教、文化多样性问题。这些问题中，不乏当地持续不断的族群或者部落之间的缠斗和话语权的争夺等。因而对当地民众划分类别是一种分而治之的策略。法国政府直到今天从未对本国公民做任何族别划分，全国人口都是法兰西公民，但在殖民地却采取了不同的做法。这一事例说明，族别分类的目的完全是政治性的。

印度著名学者查特吉（Partha Chatterjee）认为，族别划分本质上是人口政治（popular politics）。所谓的人口政治并不一定有特定的制度或者政治过程。它在很大程度上是由于现代国家的系统的功能与活动，但现在却是所有国家所期待的。这些期待与活动造就了政府与人口之间的特定关系。③ 从国家的视角来看，实施族别划分或者人口分类当然是出于治理的考虑。这种划分生产了如知名学者安德森

① 见拙著《理解族别——比较的视野》。
② 参阅：Edwin Ardener, "Remote Areas: Some Theoretical Considerations," in Edwin Ardener ed., *The Voice of Prophecy and Other Essays*, Oxford: Blackwell, 1989。
③ Partha Chatterjee, *The Politics of the Governed: Reflections on Popular Politics in Most of the World*, New York: Columbia University Press, 2004, p. 3.

(Benedict Anderson) 所说的"封闭的系列"(bound seria-lity),就是把民众划分为"限定的、屈指可数的人口类别"。[①] 个体在这样的类别里只能是"1"或者是"0",绝不可能是片段的如1.5、0.5之类,因为这些片段的属性对于类别而言是被排除的。所以,族别划分会消解原先的文化或者族群多样性,但却也保留了一定程度的多样性。所有的族别划分基本都是主观和专断的,它是根据国家(包括殖民地管理当局)的需要做出的。在进行划分的过程中,当局并不一定考虑被划分者的主观态度。但在具体的划分标准上,又是客观的。语言、宗教这类可以感知的差别往往是族别划分的准绳。

尽管族别划分可以是专断或者妥协的结果,它一开始并不代表广大当事民众的主观立场或者认同,但是新的、建立在当局分类基础上、改变当事人原有认同边界的认同,最终却往往被接受。由于这种为了便于治理而进行的族别划分常常与各种资源的配置相关联,因而往往导致认同政治。这不是治理者所期待的后果,而是事与愿违的后果。如何因应这一意外后果,是对一个政府统领智慧和治理能力的考验。[②]

---

① Benedict Anderson, *The Spectre of Comparisons: Nationalism, Southeast Asia, and the World*, London and New York: Verso, 1998, p. 29; Partha Chatterjee, *The Politics of the Governed*, p. 5.
② 参见拙著《理解族别——比较的视野》,第77—78页。

四、族群性

族群性，简而言之就是关于群体如何通过个体成员来表示"族"的意义与价值。以上关于族群和族别的讨论实际上也在讨论这一问题。族群与族群性是两个相互争夺的概念。英文的 ethnicity 在概念上也可以代表一个族群——一个人究竟从属于什么族群往往通过言说和一些外在表征来体现甚至有意地彰显。族群性概念在社会科学里出现得比较晚。根据美国社会学家格雷泽（Nathan Glazer）和莫伊尼汉（D. P. Moynihan）的说法，这个词首次出现在《牛津英文字典》上是在 1972 年。美国社会学家莱斯曼（David Riesman）可能是使用该术语之第一人，时间是在1953 年。[①]

到了 20 世纪 60 年代，族群性开始成为英美社会文化人类学的主要术语，频被使用，但却很少有人对之下定义。挪威人类学家埃里克森认为，无论对这个术语有多少种理解，所有的研究者都认为，族群性与人口分类和群体之间的关系有关。[②] 实际上，族群性就是如何从主体间性的角度来确认族群的问题，以及理解由族群关系（interethnic relation）所引发的社会现象的问题。如此看问题的话，族群或者族群性从无到有的过程必然是一个各种内外在因素共同创造的过程。因此，族群性现象不可能产生在单一族

---

① N. Glazer and D. P. Moynihan, "Introduction," in N. Glazer and D. P. Moynihan eds. , *Ethnicity: Theory and Experience,* Cambridge, MA. : Harvard University Press, 1975, pp. 1 - 26；拙著《理解族别——比较的视野》，第 42 页。

② 见 Thomas Hylland Eriksen, *Ethnicity and Nationalism,* p. 4。

群的社会环境里。道理很简单，如果一个人没有遭遇另一个人的话，是不会有他我之别的对比和想法的。澳大利亚原住民在遇到欧洲人之前，是不会有族群性的。

"族群性"虽然是一个相当新的词语，但我们前面已经指出，ethnic 这个概念却是古老的。这个概念在西方语言里总是带有一定的与主流相对抗的意思。所以族群性这个词一定是用于非主流群体。美国学界曾经有"白人是否有族群性"的争论。比较一致的看法是，这个概念可以用于过去那些来自天主教国家，如爱尔兰、意大利、波兰以及南欧一些国家的移民，但无法用在主流的盎格鲁-撒克逊人群身上。同样道理也可以用来考察我国汉族是否有族群性——因为居于主流，彰显自身的独特性没有意义，但同时也会因此忽视身边的"少数他者"（minority others）的存在。然而，值得注意的是，在论证其他国家的族群问题时，有些西方学者用这个概念时似乎没有这样的区别。当地各个群体似乎不存在着多数与少数、中心与边缘的区别（当然，也有些国家——如印度尼西亚，境内各个民族规模相当），仿佛所有的群体都是族群性的。可见，在潜意识里，不少西方学者依然是西方中心主义者。

遭遇之际，他我之别油然而生，这对生活在缺乏流动性的社会、有着强烈的"我群意识"者尤为如此。从这个意义上而言，最原初的族群性现象应当与信任有关——因为难以信任对方，所以彼此间就有了边界（boundary）。这种边界与有些人类学家所说的边界有些不一样。这里我们还需从人类学界关于族群性的两种取向说起。

在社会人类学里，族群性最先被用来解释族群。具体而言，有两种取向：一种是著名人类学家格尔兹所说的"原生性"（primordialism），① 另一种观点则是"工具性"（instrumentalism）。前者主张族群性是人们依据某些能说明自身来源的内容表明自身的族群从属性，这些内容往往是既定，即与生俱来的，如血统、语言、宗教之类。当我们询问某人为什么他是某族的，他与该族的其他人有什么联系，他往往会以这些内容来回答。这种对于族群性的理解是主观的，但这种主观（subjective view）是从对方的立场而言的，所以是客观的。换言之，类似这样的问题，我们首先应当知道的是对方的理解。

工具论者认为，族群性现象是人们为了达到某种目的或者其他需要，把族群或者族别作为一种标签，用来在社会或者政治场域里争夺话语权，或者争夺其他经济、社会、文化资源。这种观点最初来自一些以非洲为研究对象的英国人类学家。其他如社会学、政治学等领域的学者，多持这种观点。在非洲从事研究的英国人类学家发现，殖民地经济可以瓦解地方社会。由于殖民主义者在非洲开辟种植园、矿井等，原来生活在部落社会的年轻人为了赚取现金收入，纷纷离开家乡。到了人生地不熟的种植园或者厂矿企业，人们自然希望有朋友或者认识的人。于是，来自同

① 参见：Clifford Geertz, *Interpretation of Cultures*, New York: Basic Books, 1973, p. 259。

一部落的成员，原先彼此并不认识，但因为各种部落的标识，如语言和其他特定的标志物（类似 logo）的存在，彼此接近起来，时常聚集在一起，也会因此形成维护自身利益的社团。英国人类学家将这种现象称为"部落主义"。[1]

在笔者看来，原生论与工具论二者间并不存在根本的矛盾或者冲突，而是研究者通过不同的观照看待同样现象的结果。如果更为关注当事人对自己族属的主观感受，那就会偏好原生的理解。强调人类学应当尽量理解被研究者之内在世界的格尔兹，对族群性的理解自然力求更贴近当事人自身的看法。如果考虑到为什么族群性运动偏偏在现代国家的政治单元里（包括殖民地）发生并发生在多族裔共存的国家当中，那么自然就会关注人们为什么要张扬族群性，因而有工具论的理解也是自然的。

挪威人类学家巴特和他的同事贯通甚至超越了这两种取向。1969 年，巴特在为一本论文集所写的具有颠覆性意义的导论中首次指出，所谓族群性是个人的分类实践。族群性产生的必要前提是其他族群的存在。所以，所谓的族群或者族群性的意义是"社会的"，而非"文化的"。巴特是从个体的行为和心理层面上来理解族群性。换言之，个人会根据自身的需要来选择族群属性。书中作者不同的民族志研究为此提供了不同的证据。巴特自己的例证来自巴基斯坦和阿富汗接壤的斯瓦特地区。当地的两大族群因为

---

[1] 参见拙著《理解族别——比较的视野》，第 42—50 页。

接触减少，族群边界（ethnic bounday）变得清晰，双方彼此间小心谨慎。两个群体彼此之间持有对对方的刻板印象。

　　该论文集的另一位作者伊德海姆（Harald Eidheim）研究的是挪威沿海地区的萨米人（Sami）。他发现因为挪威社会对萨米人身份认同的污名化，萨米人在日常生活中对他们的身份认同"不事声张"（undercommunicated），从语言、服饰到生活的各方面都与挪威人无二。与此同时，族群边界依然保持着。他们的社会网络、婚姻和政治结盟依然以自身的族群认同为准绳，鲜少超越。布洛姆（Jan Petter Blom）比较了挪威南部山区和谷地的农业社区后指出，可能因为高地和低地挪威人对各自生态环境的适应，彼此间虽然在文化方面相差甚巨，但都认为二者同属一个族群，通婚也没有任何障碍。这两个例子的逻辑是一样的：海岸萨米人与挪威人在文化上看起来是一样的，但却保持各自的族群认同；而挪威高地和低地农民文化上如此不同，却持有一样的认同。这说明了族群性是社会方面的问题（issue），而非文化方面的问题。

　　而激发巴特灵感、组织族群性专题研讨会并集结部分论文成书的哈兰德（Gunnar Haaland），则以苏丹南部的（当时南苏丹尚未独立）达尔富尔（Darfur）为例，通过考察以农业为生计的富尔人（Fur）和讲阿拉伯语、游牧的巴嘎拉人（Baggara）之间的互动，来论证族群性的核心是社会方面而非文化方面的问题。在苏丹独立前，喀土穆政权经常招募巴嘎拉人为雇佣兵，利用他们恐吓、征服甚至杀戮其他南苏丹地区不愿妥协的民众。在独立之后的 20 世纪 60 年代，巴嘎拉人与富尔人之间的关系平静而安宁，这种和平的氛围建立在双方经济的互补之上。两个生计模式不同的群体毗邻而居，民生（livelihood）成了两个族群的基本标志。因而，有些获得足以过起弃农为牧生活的牲畜数量的富尔人家庭，慢慢地转变认同成为巴嘎拉人。①

这些个案告诉我们：族群性是社会关系的一个方面（an aspect of social relation），而不是某种所拥有之物或者内在之物。简单而言，族群性所强调的不是"in"，而是"between"。但在此之前，人们确认不同的人是不是某个民族或者族群，所根据的往往是一些外在的标志性之物，如服饰、语言、宗教、体貌等。对于人类学家来说，这种"客观的"了解方式远远不够。正如巴特和他的同事所论证的那样，拥有相同"族群标识"者未必是同一族群的成员，反之亦然。这就是说，一个族群的社会边界（social boundary）未必与其文化边界（cultural boundary）完全重叠。所以，在很多情况下，我们不能仅凭可以感知的、外在的标志来理解族群性。

族群性研究在巴特的理论提出之后，成为社会人类学上的热点问题。一直到今天，依然是许多学者关注的焦点。

---

① 埃里克森所写的巴特的传记对这些个案有简明扼要的讨论。参见：Thomas Hylland Eriksen, *Fredrik Barth: An Intellectual Biography*, London, Pluto Press, 2015, pp. 102 – 104。

虽然巴特提出的关于族群边界的观点颠覆了常规的族群研究和观察视角，但因为时代条件的限制，存在着一些不足。譬如，忽视了族别认同的问题，忽视了国家对族群认同形成过程的干预和影响。但这不是巴特和他的同事本身的问题，而是因为当时对产生这些问题的温床尚缺乏足够的认识。那么这个温床究竟是什么呢？这就是民族国家秩序和民族主义。而国际学界对民族和民族主义问题的重新思考主要是 20 世纪 80 年代之后的事情。对此，我们将在下章中讨论。

第十章　民族何来？

　　大约从 19 世纪中期开始，民族主义在世界舞台上成为一股思潮和社会政治运动。在此之前，由于海外殖民地贸易兴起刺激了资本原始积累，工业化开始在西欧一些社会中启动，社会上也出现相应的要求。这些要求导致了原先农业国家状态下的异质性社会向同质性社会过渡。国家内部权力日益集中，出现了对社会的掌控前所未有的中央集权。社会同质化必然导致在国家社会中浮现出那种原先不见于农业社会的大体一致的文化面貌和社会心态——教育日益普及和传媒业或传媒资本主义的出现，使人们共享许多信息，也会导致人们对一些事件的发生有大体相近的反应。在这样的条件下，民族（nation）也就渐渐地步入历史舞台。[①] 所以哲学家和人类学家盖尔纳才说，先有国家后有民族。[②] 事实上，民族形成和民族主义运动也存在着不同的形式，并非所有的民族都产生在国家之后，问题在于，一

[①] 在此的民族与我国 56 个民族意义上的民族不同，港台经常用的是"国族"。民族乃约定俗成且沿用已久。
[②] 参见：Ernest Gellner, *Nation and Nationalism*, Ithaca: Cornell University, 1983, p. 1。

个民族之所以为民族的资格及其正当性，并非由民族成员自身说了算（尽管必须自我界定[①]），而是取决于业已存在的其他民族国家是否认可。

民族主义长期以来都不是人类学的研究对象。人类学家更关心的是地方上的群体（无论这样的群体如何改头换面——种族、部落或者族群），以及那些相对于现代社会显得更为保守，或者更为"村落"的社会。近几十年来，引起人类学者关注起民族主义大概至少有五个因素。其一，人类学家自己的国家内有着强烈的民族分离主义运动（separationist movement）。其二，自 20 世纪 80 年代末 90 年代初苏联和东欧集团国家解体，世界上一下子出现了近 20 多个民族国家。而东欧国家在制度转型的过程中，往往尝试用民族主义取代原先的意识形态，抬出历史上英雄人物和民族主义人物叙事来重建民族认同。其三，20 世纪 90 年代初发生在巴尔干半岛，以族群和民族为边界的战争。这是一场令世人警醒的族群和民族之间的惨烈杀戮。与此同时，有些正在一些亚非拉国家里从事族群性问题田野研究的人类学家，也因此关注起民族主义和民族建构问题。其四，20 世纪 80 年代，民族和民族主义研究在其他领域里取得突破性进展，刺激并吸引了人类学家投身于这一课题。[②] 典型的例子便是安德森和盖尔纳在 1983 年分别出版

---

① 参见：Walker Connor, "A Nation Is a Nation, Is a State, Is an Ethnic Group, Is a...," in *Ethnic and Racial Studies*, Vol. 4, No. 1, 1978, pp. 379 - 388。

② 土耳其学者 Umut Ozkirimli 指出，20 世纪 80 年代是研究民族主义的转折点，该转折点以具有影响力的几部著作作为标志：John A. Armstrong, （转下页）

的著作，以其独特的视角与分析，激发了许多人类学家研究民族与民族主义的兴趣。这两部充满洞见之作一改原先这一由政治学家、历史社会学家和历史学家"承包"的领域所欠缺的灵动，在很大程度上以人类学的视角，考察了民族主义崛起和得以持续存在的社会文化时空条件和政治经济学背景，令人耳目一新。其五，全球化。在 20 世纪 80 尤其是 90 年代之后，人口跨国流动，信息四通八达，影响了一些国家之内民族主义和分离主义活动再度活跃，甚至出现了所谓的"远距离民族主义"（nationalism in distance）——民族主义运动领导人可以在境外指挥和影响国内的民族主义运动。

如果将民族主义运动与民族认同或者民族国家认同建构置于全球化视野里来观察，我们会发现这一席卷全球的运动之所以崛起，在很大程度上和全球化有亲和性与相关性，甚至因果性。概言之，民族主义运动浪潮在 19 世纪掀起，与这一过程相伴的是"去殖民化"（decolonization），去殖民化在二战之后达到高潮，原先的殖民地纷纷独立，建立起自己的民族国家。在这过程中，全球化在从建立殖民帝国开始到殖民帝国瓦解的整个历史过程中起了根本性的

（接上页）*Nations Before Nationalism*, Chapel Hill: The University of North Carolina Press, 1982；Benedict Anderson, *Imaged Communities: Reflections on the Origin and Spread of Nationalism*, London and New York, Verso, 1983；Ernest Gellner, *Nation and Nationalism*；Eric J. Hobsbawm and Terence Ranger (eds), *The Invention of Tradition*, Cambridge: Cambridge University Press, 1983；Anthony Smith, *The Ethnic Origins of Nations*, Oxford: Blackwell, 1986（参见：Umut Ozkirimli, *Theories of Nationalism: A Critical Introduction*, New York: St. Martin's Press, 2000, p. 2）。

作用,对民族主义和殖民主义而言,全球化可谓是同具动力与结果的要素,可谓成也萧何败也萧何。

1. 人类学视野中的民族主义

人类学向来以研究小型社会和边远社区著称。小型社区便于人类学家使用看家本领——参与观察和访谈,所以地方群体历来是经验研究的焦点所在。如果研究必须考虑到国家——正如当下大量民族志所展示的那样,多半也只涉及其中的一小部分,比如国家作为一种外在力量如何影响地方的条件、历史构成,以及地方经营和一般人的观念等等。研究旨趣的改变可以从学科术语的变化上感受到,而术语的改变则往往可以体现时代的特点。例如,从部落到族群,体现了研究取向上的一种"关系化"(relativized),如"他和我"这样的两分(dichotomy)模式,因为考虑族群问题时必定会联想到群体之间和群己之间的关系。而且族群性研究成为一时之选,更是与 20 世纪五六十年代以降,非洲和亚洲的前殖民地国家纷纷脱离宗主国、寻求独立、开展民族解放运动分不开。关系化的思考模式现在已然成为社会文化人类学研究的重要思路——现在社会人类学家更多面对的是一种具有互联性但又有所分离的"开放"(unbounded)的社区体系。

对人类学来说,至少到 20 世纪的最后 20 年,民族主义还是一个新的课题。此前,研究民族主义的学者多集中在政治学、历史社会学和史学领域。民族主义运动及其意识形态是一种历史现象,其规模之宏大必然在方法论上对人类学研究有所挑战，我们很难将这样的大型社会政治现象置于一个小型社区中来考察，因而人类学家对民族主义的研究自然就得有其他途径。民众传统社会文化在民族主义和民族建构运动中迟早会受到影响而发生变化，这正是许多人类学家的兴趣所在。所以人类学家对民族主义的研究会关注官方的民族叙事如何对地方社会的文化产生影响；或因研究族群性的需要，关注了族群认同与民族认同之间的互动和竞争。而国家社会在民族建构过程中产生大量的文化产品如何影响和渗入传统的社区生活，以及民众又是如何将这些产品与他们生活中的红白喜事或纪念性活动结合起来，尤其引发人类学家的关注。[1] 有些人类学家则研究人们习以为常的历史书写，论证了民族主义如何为了自身目的而必须利用历史。他们认为，历史学家笔下的历史是由远而近的过程，人类学家看历史则是观察"过去"（the past）如何被"现在"（the present）所创造，这样的观照或者视角是由近而远的。许多涉及民族主义运动的民族志本身并不是以民族主义为主题，但所处条件正是当地民族主义氛围较为浓厚的时期，因此不可避免地涉及民族主义。在此无法过多地展现相关的民族志文献，只能结合对人类学的民族主义研究影响较大的理论思路在全球化和全球史的脉络里略做考察。

　　人类学界普遍接受这样一种观点：民族主义是建立在国

---

[1] 这方面的著述请参见：Katherine Verdery, *The Political Lives of Dead Bodies: Reburial and Postsocialist Change*, New York: Columbia University, 1999。

家的政治边界应该与文化边界重叠这一原则之上的情感态度和社会政治运动。民族主义作为情感态度（sentiment）表现为民族主义者对违背这一原则的愤怒，或者为执行和满足这一原则感到欣慰；民族主义作为一种运动就是使这种情感态度成为现实。① 民族主义运动可以因其特点分为**西方民族主义**（the Western nationalism）和**东方民族主义**（the Eastern nationalism）两类。这是德国学者汉斯·科恩（Hans Kohn）所做的区分。② 前者较为温和，后者往往走向凶狠和排外。③ 西方民族主义其实并不仅仅发生在西方工业国家，也发生在美洲殖民地；东方民族主义则首先在欧洲内陆出现。两种民族主义都主张主流社会的文化与语言应该在国家版图之内居于绝对的领导地位。这是与传统国家——如帝国——的状况是不一样的。

　　那么，究竟什么是民族（nation）呢？学术界公认这是一个比较难以定义和回答的问题。④ 在前一章里已经提及，中国党和国家从 20 世纪 50 年代开始，为治国理政而进行民族识别。在识别的过程中，有些学者认为需要把有着不

① 参见：Ernest Gellner, *Nation and Nationalism*, p. 1。
② 汉斯·科恩又称西方民族主义为自由主义的民族主义（liberalist nationalism）或公民民族主义（civic nationalism）；东方民族主义指的是西欧东边的德国和一些斯拉夫国家的民族主义，又称族群民族主义（ethnic nationalism）。东方民族主义的产生与德意志浪漫主义运动有关系，强调民族之所以为民族是因为其基础是文化。
③ 参见：Hans Kohn, *The Idea of Nationalism: A Study in Its Origins and Background*, New York: Collier-Macmillan, 1967[1944]。
④ 关于民族（nation）作为一个术语的由来，可参考美国社会学家赫克特（Michael Hechter）的简要稽考。参见：赫克特《遏制民族主义》，韩召颖译，北京，中国人民大学出版社，2012 年版，第 10—13 页。

同社会文化面貌的"民族"① 按照"社会发展阶段"分为
"民族"、部族、部落。毛泽东听了一次报告后，意识到这
样做不妥，认为："科学的分析是可以的，但是政治上不要
去区分哪个是民族，哪个是部族或部落。"② 为什么当时有
人想这么划分？主要原因来自于斯大林对民族的定义。斯
大林认为："民族是人们在历史上形成的有共同语言、共同
地域、共同经济生活以及表现于共同的民族文化特点上的
共同心理素质这四个基本特征的稳定的共同体。"斯大林还
认为，民族是在资本主义上升阶段形成的。③ 由于斯大林当
时也是国际共产主义运动的领导人，他的定义必然流传甚
广，而且作为对民族（nation）的定义不无道理，④ 基本符合
国际学术界的一般看法。但学者们还是认为，何谓民族仍然
是一个复杂和不容易回答的问题。世界上所有的民族国家都
经过一个民族建构（nation-building）的过程。从主观方面而
言，民族应该是一个共享历史与文化、共享记忆与忘却的群
体，这个群体只有拥有自己的政权，才会得到其他国家在法
的意义上的认可，才具有合法性。马克斯·韦伯强调民族所
具有的主观情感的一面，但也觉得辨明何谓民族并非易事：

　　　（民族）这个概念毫无疑问首先意味着，在面对其

---

① 此处的民族是指我国 56 个民族意义上的民族。
② 参见拙著《理解族别——比较的视野》，第 158 页。
③ 参见：斯大林《马克思主义和民族问题》，《斯大林全集》第 2 卷，北京，人民出版社，1953 年版，第 294 页。
④ 必须清楚的是，民族识别意义上的民族不是斯大林所说的民族。

他群体时，一个人可以从某些人群中获取一种团结一致的特殊情感。所以，这个概念属于价值观念的范畴。然而，对于如何界定这个群体或者这种团结会带来什么样的一种行动，却没有达成一致的意见。①

民族与国家一样，都是一种偶发的存在。无论民族还是国家都不是从来就有或者永恒的。民族和国家的偶发性也有不同。民族主义者相信国家和民族缺一不可，而且命定如此，但国家的出现却可以没有民族的存在。如果国家与民族缺一不可的说法可以成立，那就得有一个前提：二者同时存在。但条件并非总是如此。有些民族的浮现不仅得不到国家的支持，反而被压制，因为任何主权国家都不希望分裂。还有一些群体宣称为民族，那是出于对自身文化的自豪感。这部分群体的人士当然意识到，作为民族更有尊严。

盖尔纳虽然没有对民族主义运动做公民或者族群的区分，但深受韦伯对理性化和现代性诠释的启发的他指出，工业化导致大量的农村人口流入工业地区，在大工业生产中谋取生计。但大工业劳力的准入标准与农业完全不同，需要有起码的识文断字的能力。为此，学校教育开始普及，文凭和证书成为各行各业的准入条件。这么一来，原来异质性的农业社会就转变为同质性的工业社会，由此而引起

① 转引自赫克特《遏制民族主义》，第11页。

的文化整合为民族主义崛起和民族（nation）形成奠定了基础。[1] 工业化社会的出现带动了教育的日益普及，而社会的同质性则与由主体群体的语言作为通用语言——取代原先形形色色的方言——相得益彰。来自不同地区的民众聚集在工业化的城市区域生活，也要求了解各种信息，传媒业必然随之产生。报纸是现代传媒最早的形式。报纸的好处在于，它的文字语言都是社会上最多人使用的——原先作为某种方言存在的——语言。当原先可能属于某一地方的方言被社会广为接受，特别是为统治者认可时，这种方言就成为官方语言。

一旦一个社会有了通用的语言，那就为民族形成打下了基础。安德森提出了著名的"想象的共同体"（imaged communities）的概念。他把民族定义为一个想象的政治共同体——将之想象为与生俱来（inherently limited）和至上的权力（sovereign），同时也强调语言在形塑民族认同上的重要作用。"想象的共同体"并不意味着"发明共同体"，而是意味着人们把自己定义为一个绝大部分成员都不认识，也没见过，甚至从未听说过，仅仅是存在于脑海之中的共同体的一分子。[2] 与其他研究民族主义的学者不同，安德森的关注点不在民族主义的政治性方面，而是在于理解民族国家认同和民族主义情感的力量与坚持从何而来。他认为，

---

[1] 参见拙著《理解族别》有关章节。
[2] 参见：Benedict Anderson, *Imaged Communities*, p. 6。

人们之所以愿意为民族国家而死,说明了这种力量不同寻常。

西方学界向来以西欧为民族主义发源地。盖尔纳不太关注民族主义在什么地方首先出现,在他的讨论中,除了伊斯兰世界,鲜少提及欧洲以外的其他地方。安德森不一样。他认为首先出现民族主义的区域是美洲大陆。盖尔纳关于民族主义发生学的理论建立在逻辑推导和功能主义的基础之上。他认为工业化导致了民族主义的诞生。所以西欧是民族主义的诞生地对他来说是不言自明的。盖尔纳对民族主义大手笔却粗线条的理解,招致了许多批评。其中最常见的是批评他未能揭示民族意识之所以出现的情感层面。[1] 佩里·安德森(Parry Anderson)就批评盖尔纳的理论无法解释民族主义激情从何而来。[2] 盖尔纳还被批评误读工业化和民族主义之间的关系。其一,众多的例子证明许多民族主义运动发生在一些还没有工业化的社会里。民族主义作为一种信条来自德语,但在这一信条出现的 18 和 19 世纪之交,日耳曼社会还没开始工业化。其二,工业化未必需要民族主义。英国和美国是最早工业化和工业化最为成功的国家,但其时对民族主义一无所知。[3] 总之,不少学者认为,工业化不是民族主义的必备条件。

安德森主张 18 和 19 世纪之交南北美洲的殖民地独立

---

① 参见:Umut Ozkirimli, *Theories of Nationalism*, pp. 140 – 142。

② Perry Anderson, *A Zone of Engagement*, London: Verso, p. 205.

③ Elie Kedourie, *Nationalism*, Oxford: Blackwell, 1994[1960], p. 143.

运动最早掀起民族主义浪潮。他以一种将心比心的方式体会人在旅行穿梭中与他者相遇时产生的"边界"之感，这种感受成为他考虑民族意识产生的出发点。我们在上一章谈论族群性时已经涉及遭遇和感受的问题，遭遇到陌生人所产生的边界感，即"他我之别"，是族群得以存在的重要支点。民族得以产生和存在也需要他者。安德森引用人类学家维克多·特纳有关"旅行"（journey）使人感受到在时间之间、地方之间、身份之间产生不同意义的经验时指出，欧裔定居者即克里奥尔人（Creoles）因出生于殖民地，[①] 社会政治流动受到限制。凡不是在本土出生的西班牙人，身份低于西班牙本土出生者。这种歧视在克里奥尔人回到祖国之后有深切的体会。而这样的歧视与殖民地出生身份重叠，使克里奥尔人产生一种"束缚的朝圣"（cramped pilgrimage）的共同经验。这就使这些被宗主国统治阶层歧视的旅伴们最终将自己出生的殖民地想象为自己的祖国，同时也会将被殖民者视为同一民族。[②] 安德森告诉我们，为什么民族主义首先在美洲出现，以及当地的民族主义运动又是如何从殖民地的上层精英开始的。然而，民族意识广为扩散则是在印刷资本主义（print capitalism）崛起之后。

安德森认为，印刷资本主义对共同体意识的产生很重

[①] 克里奥尔人在16—18世纪时本来是指出生于美洲而双亲是西班牙人或者葡萄牙人的白种人，以区别于生于西班牙而迁往美洲的移民。这个名称后来有了各种意义，因地区不同而有差异甚或矛盾。在殖民地时期的美洲，克里奥尔人一般被排斥于教会和国家的高级机构之外，虽然法律上西班牙人和克里奥尔人是平等的。

[②] 参见：Benedict Anderson, *Imaged Communities*, pp. 53 - 65。

要。这也不难理解，当人们互相能读懂彼此所读之物，会有种感觉——"嘿，我们是一伙的"。共同体（community）这个概念的社会学意义应该是由德国社会学家滕尼斯（Ferdinand Tönnies）首创。我们可以将之简要理解，所谓共同体就是"熟人社会"（face to face society）。熟人社会的成员彼此有种认同感，这种认同感可能来自血缘、地缘、宗教，或者兼而有之。通过印刷资本主义所带来的情感纽带则把不认识、没见过甚至没听说过，但说同一种语言的人维系在一起。试想，一个离乡在外的人，终日因人生地不熟而沉溺于怀乡的离愁别绪当中，有一天突然感觉周围的人都因为了解同一件并非发生在身边的事所激动、震撼，进而发现发生在异乡之事被如此之多的人所知道，竟是因为他们读懂了同一份报纸！这时会产生一种亲近感是不言而喻的。这就如同一个人在举目无亲的异乡突然遇到来自家乡的熟人的那种感觉。

安德森非常细腻地从心理学和人类学的视角分析民族意识的情感基础。以上提及的他对克里奥尔人的"束缚的朝圣"的解读，也是从情感上分析了克里奥尔人如何因为感受到出生地不同所导致的在身份和社会流动上所受的限制，而在情感上日益疏离他们原先认定的"祖国"，转而将殖民地当作自己父母之邦的心路历程。如果说安德森所论及的是殖民地上层精英滋生民族意识的心理过程，那么，盖尔纳（尽管他的理论在细节上时常经不起推敲）则从整个社会结构因为工业化所带来的巨变，支持了安德森印刷资本主义的基本假设——工业化带来的识字率的提高成为现实，读报的人多了起来，信息也就不再限制在狭小的地方或者区域空间里，而是极大地拓展，这就为民族意识和民族主义的产生创造了条件。

人类学对族群边界和认同过程的研究可以帮助理解安德森的问题意识。对族群认同形成和"边界维护"（boundary maintenance）的研究表明，族群认同总是在充满起伏、不断生变的过程中彰显其重要性。这在资源争夺、话语权争夺和族群边界遭到持续性威胁的条件下，具有团结成员的重要意义和价值。所以，以文化认同为依托的激烈的政治运动在许多社会现代化过程中风起云涌，一点也不令人惊讶。尽管这些运动在行动逻辑上与民族主义运动毫无二致，但却未必都会转变为民族主义运动。当然，民族主义运动通常发生在具有国际意义的环境里——所有的民族主义者都会将自己的诉求在国际社会广为传播。在当代国际政治格局里，成为民族需要得到国际认可。一个民族如果没有拥有自己的国家（state），是不可能获得国际社会真正认可的，因为即便支持你，你也无法在以民族国家为基本参与单位的国际政治领域拥有话语权。所以，民族主义运动之所以表现为寻求独立建立民族国家乃国际政治秩序使然。

盖尔纳和安德森都强调，虽然民族都倾向于想象自己十分古老，但事实上最古老的民族也不过200多岁，而且这只是从民族国家的角度来考虑的，至于当时的国民是否具有民族意识则又是个问题。民族主义意识形态最早出现在欧洲及其美洲殖民地，时间大概在法国大革命（1789）前后。这个阶段的民族主义运动都是公民民族主义。比如原先在殖民地出生的殖民者以"朝圣"的心态面对自己原先所认定的"祖国"，结果却是被排斥或者不被重视。于是，最终激起他们脱离宗主国、实现独立的要求。法国大革命也具有强烈的民族主义色彩，强调了法兰西的共和，强调了法兰西公民权利，等等，这些理念的传播推动了民族主义时代的到来。从这个角度来看，民族主义在西欧、北美和拉丁美洲等海外殖民地率先崛起，确乎是全球化进程中直接或者间接的后果。

2. 民族主义与社会达尔文主义（Social Darwinism）

民族主义与社会达尔文主义有着强烈的亲和性。影响社会达尔文主义形成的一些思想因子，在达尔文进化论问世之前就已经存在于欧洲社会。启蒙主义思想家相信社会总是往前发展，尽管可能会有反复。1859 年达尔文出版《物种起源》之后，社会上将达尔文提出的演化机制错误地理解为"适者生存"，原先已经存在于资本主义社会那种弱肉强食的丛林法则仿佛寻得其合法性，遂有了社会达尔文主义之名。其实达尔文所认为的进化机制是"自然选择"，是没有方向的，进化在达尔文的眼里不一定带来"进步"，而这是启蒙运动的三大概念（科学、理性、进步）之一。在事实上，如果说包括人类学在内的社会人文学界和社会各界在任何程度上受到当时科学界的进化观影响，那就是拉马克的"用进废退"理论。

拉马克的学说包含了"进步"的观念,而这才是19世纪的民族主义者所需要的。但是,达尔文学说在社会上引起的巨大轰动以及所形成的氛围,无疑影响了民族主义者或帝国主义者的信心。应当看到,为了屹立于世界民族之林,许多民族主义就是以帝国主义为榜样。孙中山在1924年1月到8月关于三民主义的系列演讲中,表明他的态度:对中国而言,民族主义就是救国主义。孙中山显然受到社会达尔文主义影响。他在批判列强视中国为刀俎鱼肉的同时,也不忘以英美等世界强权为榜样。换言之,孙中山寄望于民族主义帮助中国摆脱列强的控制,又期待中国有朝一日可以同列强比肩——而这也有赖于民族主义。[1]有趣的是,所有当年的民族主义者或者社会达尔文主义者可能都没有意识到,达尔文的学说与他们的社会达尔文主义理念之间存在着相悖之处。套用出生于南非的人类学家库柏批评古典进化论人类学的话:"达尔文的凯歌催生了一种非常不达尔文的人类学。"[2] 我们也可以说达尔文的凯歌催生了社会达尔文主义者。社会达尔文主义就是一种亮肌肉的思想意识形态,与拉马克的"用进废退"更能契合,因而也就成为社会达尔文主义思想的核心。社会达尔文主义被列强奉为圭臬,但为了进入世界之林,19世纪和20世

---

[1] 参见:孙中山《三民主义》,见曹锦清编《民权与国族——孙中山文选》,上海,上海远东出版社,1991年版,第1—66页。

[2] Adam Kuper, *The Invention of Primitive Society: Transformations of an Illusion*, London and New York: Routledge, 1988, p. 2.

纪初的民族主义者也奉其为真理。

因其如此，民族主义在 19 世纪下半叶已经蜕变为一种强权政治的意识形态。民族主义与达尔文主义甚至帝国主义之间的思想亲和性导致了民族主义运动在 19 世纪下半叶到第一次世界大战发生之前，形成了第一次高潮。

这一波民族主义运动在盖尔纳的概念中涵盖了几个时区，但主要思想源头是德国。学术界因其精神原则冠之以"族群民族主义"之名，也就是科恩所谓的东方民族主义。族群在此指的是有着相同文化背景的群体，在规模上比上一章讨论的族群要大得多。当然，并不是所有民族主义运动都燃起战火，有些政治单元或者传统国家在转型为现代民族国家的过程中平稳过渡，特别是那些原先独立的、与邻国没有边界或者其他纠纷的政治单元。德国和受到德意志思想传统强烈影响的国家，它们的民族主义运动与英法和美洲的民族主义表现得不太相同，但同样具有社会达尔文主义的色彩和逻辑，相信国家必须建立在统一文化的基础之上，而统一文化的形成首先靠的是说和写同一种语言，而这些操同样语言的人们就形成了民族，国家只有与民族结合在一起才具有竞争力。

由于民族主义运动始终是世界不安情绪的由来之一，人们对民族主义运动所带来的另一面却缺乏足够的关注。这可能是因为对民族主义运动有种想当然的负面预设使然。没错，民族主义运动确实给人类带来许多身心创伤和社会创伤——时至今日，许多民族之间仍然视如寇雠。但另一方面，我们也不能低估民族主义为丰富人类文化宝库所做的巨大贡献。民族主义者在历史上并不全是持枪进行武装斗争的战士，他们当中更多的是用自己的专长为民族独立做贡献者，以自身的才华来表达民族的诉求。这样的诉求形式在挣脱帝国主义列强桎梏的过程中，起了鼓舞民心、激励民众的作用。由于族群民族主义是以原先族群文化作为基础的民族主义运动，是一种在共同文化之上寻求建国的过程，为了表达这样的诉求的合法性，在民族主义运动的过程中，围绕着这样的主题，许多国家都涌现了大量的音乐、美术、文学作品。

盖尔纳的学生，著名的研究民族主义的历史学家安东尼·史密斯（Anthony Smith）指出，在民族主义运动中，自然景观和历史都成为民族主义叙事的载体。[①] 值得注意的是，民族主义的社会达尔文主义宣泄可以通过对民族主义者所期待建国的国土山川的讴歌和礼赞来表达——这样的做法在世界上许多民族国家的叙事当中都可以看到。最典型的社会达尔文主义原则在民族叙事当中就是对历史上战胜外来入侵者的主要人物以歌颂和树碑立传，那些以弱胜强的军事首脑往往成为国家的民族英雄，他们代表着民族自强的灵魂。而在这些叙事当中，宏大和悲壮也就成为主旋律。这种大的场景的展现呈现的其实就是社会达尔文主义：屹立于世界之林是一场竞争，只有强者才能实现这一

---

① Anthony Smith, *The Ethnic Origins of Nations*, p. 41.

愿景。

3. 叙事与认同——传统、先贤祠、纪念物、地图、博物馆

无论何种民族主义，终会强调民族应由国家版图内最强大的"族群"文化作为底盘，但在包含许多政治单元的社会里，这一文化——盖尔纳称之为"高级文化"（high culture）——却是在国家的"干预"下"创造"出来的。科恩所谓的西方民族主义的出现，最初应不是国家蓄意而为；而最终走上国家建设的民族主义（nation building nationalism）之路，①完全可能是政权认识到共享文化或者共享某种价值和精神原则对于凝聚民心、建构民族认同的必要性，进而顺势而为的结果。无论如何，正如盖尔纳和安德森都指出的，这些东西的出现是一种偶然，与当时的政治经济条件（工业化）和技术创新（印刷资本主义）有关。以理论而言，东方民族主义即族群民族主义则反是。东方民族主义强调共享语言和文化的人群应该是一个民族，拥有自己的国家。这一表述的原型来自德国古典哲学家赫尔德。

赫尔德活跃于18世纪下半叶。他宣称，生活在同一种地理环境状况下的民众，拥有自己的语言文化，理应是一

① 这是赫克特提出的概念，也有称之为"官方民族主义"（official nationalism）的，即：官方通过各种治理和宣传手段来实现国家社会整合的过程。具体手段可以通过学校教育和本章所描述的各种方式来实现。参见：赫克特《遏制民族主义》，第74—81页；Benedict Anderson, *Imaged Communities*, pp. 83 - 112, 163 - 206。

个民族而拥有自己的国家。这一雄辩的"民族性"（nation-ness）表述令人联想到私有财产观念——你拥有什么决定了你的身份地位。因而赫尔德的观点不啻是在说，正因为我们"拥有"自己的地理环境、自己的语言、自己的文化，所以我们应该是一个拥有自己的国家的民族。赫尔德的这一表述在 19 世纪的欧洲产生了广泛的影响，并多少将民族主义的本质理论化。[1]

18 世纪和 19 世纪的大部分时间里，法国是欧洲的文化霸权者。大部分欧洲大陆国家的王室贵族在生活上都以法国上流社会为参照，生活做派法式贵族化、讲法语、用法文写作，似乎处处以显示其"法国性"为荣。法国的王公贵族认为自身的文化是文明的，具有普世意义。而在 19 世纪，德国依然在经济和政治上落后，也没统一，全国由许多大小不一的政治单元组成。其中，以普鲁士实力最强大，但也依然是个农业国家。虽然经济、政治不如人，但教育和文化却不落人后，思想界更是群星璀璨。虽然直到 1871 年德国才实现第一次统一，但德意志土地上的人文成就绝不逊色于强大的英国和法国，而且其思想界很早便有德意志自我意识。

1871 年德国统一。在这段时间前后，受德意志思想文化影响的许多国家也纷纷向现代民族国家转型。民族主义运动在这些国家中，多以文化民族主义为先导，大量的作

----

[1] Benedict Anderson, *Imaged Communities*, p. 68.

家、文人强调用自己的母语写作,俄罗斯的伟大诗人普希金就是一个著名的例子。而在当时,俄罗斯文人以使用法语为时尚。普希金是否为倡导母语写作的第一位俄罗斯人不得而知,但他的影响一定是最大的。

学术界将通过弘扬自身文化,展现和建构文化传统的文人、艺术家称为文化民族主义者(cultural nationalist)。他们在民族统一过程中的主要工作是发掘所谓民族文化的遗产和精髓,他们相信这些精髓隐藏在历来不为人关注的民众生活当中。他们的实践甚至催生了民俗学(folklore)的诞生。今天世界上许多人颇为享受的一些电影和故事,如《指环王》《阿凡达》等,都是民族主义时代发掘出来的北欧民间传说。而全世界人们耳熟能详的格林兄弟故事和安徒生童话也同样如此。大量的有闲阶级认为上不了台面的东西在民族主义运动的时代氛围中被发掘出来,并经过再创作而在社会上广泛流传。在整个 19 世纪的民族主义运动和民族建构过程中,收集有关所谓的前现代(premodern)的各种口头文献和物质资料成为定义现代民族疆界和书写与展现民族历史的正当性活动。这方面的工作能令民族主义者沉醉其间,也是受赫尔德关于"民族文化"(national culture)理论的影响。赫尔德认为,底层阶级的口头传承是民族文化的代表。许多国家的民族主义者和文化人都受其影响,投入到收集研究各种口头文学、歌谣、民俗、民间故事、话本、唱腔的工作中。芬兰学者安托宁(Pertti Anttonen)指出,在芬兰民族主义运动中,芬兰一些学者之所以深入东部边远地区的村庄和森林地区如卡累利阿和英格里阿（Karelia and Ingria）收集不识字的边缘人群的口头文学，就是因为他们都承负着强烈的民族政治动机和民族主义目的。[①]

民俗学在以德国为中心的中、东欧甚至北欧诞生之后，很快也传播到其他大洲。比如中国和日本在走向现代国家的过程中，都出现了民俗学研究。民俗学家相信：国家或者民族文化的根子应该在民间生活里；精英文化即贵族或者达官贵人所代表的官方文化是霸权性文化（hegemonic culture），即主导性文化，它仅仅属于社会中的一小部分人，并不代表民众，因而是腐朽的。而占人口绝大部分的普通民众的文化即民俗文化（folk culture）和生活传统，完全为统治阶级所无视，完全不见于主流叙事当中。

在中国，民俗学运动的先驱如容肇祖、顾颉刚、常惠、娄子匡等人，到民众中去做了大量的采风——有些类似人类学的田野工作，但更多地强调对民间各类口头文学的调查。北京大学在 1922 年 12 月创办《歌谣周刊》，发表的歌谣除新疆、西藏、热河外各地都有，以反映妇女痛苦生活的歌谣和儿歌为多，也有不少情歌、仪式音乐（喜歌、丧歌等），还有一些时政歌谣、劳动号子和一些劳动职业群体独特的曲子曲调等；形式上以只说不唱的民谣和曲调自由

[①] Pertti Anttonen, *Tradition through Modernity: Postmodernism and the Nation-State in Folklore Scholarship*, Helsinki: Finnish Literature Society, SKS, 2016 [2004], p. 83.

的山歌、小调为主。这些当年都纳入了"国粹"的范畴，由此足见当时民族主义的思想背景，而当时我国的这一背景又有着另外的说法，即"新文化运动"。无论是国粹还是新文化运动，在观念和实践上，都有欧陆族群民族主义影响下兴起的民俗研究的影子。20世纪前30多年间，我国民俗学家深入生活，写下大量有关民俗民风的调查报告、专著、论文。从他们发表的著作来看，显然受到日本民俗学之父柳田国男的影响。在一定的程度上，他们不仅在工作方法上，而且在精神上都有柳田的影子。鉴于19世纪也是日本的民族主义时代，柳田国男受到欧陆民族主义思想的影响是不言而喻的。

　　至于其他表现传统民族风格和民族特色的象征性的东西，英国历史学家霍布斯鲍姆（Eric Hobsbawm）认为都是"发明"的。因为许多文化民族主义者的创作过程都要发掘传统来打造本民族的特点与恒久性。吉登斯说，许多所谓的传统的东西，最多不过是过去两个多世纪甚至更为晚近的产物。吉登斯和霍布斯鲍姆都提到的、被当作苏格兰民族象征的男性穿的花格呢裙和风笛，就是如此。霍布斯鲍姆与兰杰尔（Terence Ranger）合编的《传统的发明》一书中还有许多来自不同国家的类似例子。① 吉登斯说，苏格兰男性的花格呢裙是工业革命的产物，是英格兰工业家托马斯·罗林森（Thomas Rawlinson）在18世纪发明的，并用它

---

① 见 Eric J. Hobsbawm and Terence Ranger eds., *The Invention of Tradition*。

取代了高地苏格兰男人的裙子以便于工作。这种短裙成为苏格兰民族服装和文化标志是后来的事情。苏格兰人中的大部分是低地苏格兰人，原先他们认为高地人的短裙是野蛮人的装束，并引以为耻。而用于表示不同氏族的花格图案，则是一位维多利亚时代（1837—1901）的裁缝设计的，他显然是看到了商机。吉登斯还提及大英帝国如何为印度寻找文化传承的趣事。在 1860 年之前，印度士兵的军服与英国军人无异，都是西方制服。但此后则让印度士兵使用缠头、肩带（sashes）和短袍（tunics），以示其"本真"。[1]"他们所发明的或者半发明的一些传统在这个国家的今天依然持续着，虽然后来自然地淘汰了一些。"[2]

在民族主义运动或者民族建构过程中最为醒目的是构建各种纪念物缅怀为国家、为民族做出牺牲的仁人志士。这在全世界都是一样的。这些纪念物包括各种战争、英雄和著名人物的街头雕塑、衣冠冢、无名烈士墓、纪念碑、先贤祠、忠烈祠之类的建筑。很多在这些物体面前的活动都是仪式性的。仪式对于加强人们的团结、强化某种情感行之有效。这种原先具有宗教信仰意义或者神秘色彩的社会团结行动，到了民族主义时代自然被用来强化人们的民族归属，并在此过程中，使人产生一种对民族国家崇拜的情感联结。所有国家都有诸如民族解放纪念碑之类的方尖

---

[1] Anthony Giddens, *Runaway World: How Globalisation Is Reshaping Our Lives,* New York: Routledge, 2000, pp. 54 - 55.

[2] 同上书, pp. 55 - 56。

碑建筑，都有各种纪念馆和博物馆展现官方口径的民族国家历史。安德森说，博物馆和想象共同体的博物馆化（museumizing）都具有强烈政治性（profoundly political）。他指出，东南亚国家出现大量的博物馆是活生生的政治继承过程，理解这种现象需要考虑到 19 世纪新奇的殖民地考古学。因为这种考古学，这些博物馆才可能存在。[1] 换言之，这是东南亚新兴国家为了自己的想象共同体必须缔造一种源远流长的国家存在形象，而与这一目的完全没有关系的殖民地考古资料为新兴国家的民族叙事提供了这一方面的素材，而对这些素材的解释口径是官方的。

无名烈士纪念碑、衣冠冢经常是民族建构不可或缺之物，没有什么比它们在现代民族主义文化中更引人注目了。安德森认为，围绕这些纪念性建筑的各种纪念仪式需要它们是空的，或者不知道里面是谁，这在历史上是没有先例的。古希腊有衣冠冢，但这是因为各种原因无法找到死者遗体。[2] 在澳大利亚首都堪培拉有公认的世界上同类建筑最出色的国家战争纪念馆（Australian War Memorials）（图一），墨尔本也有类似纪念建筑（图二）。战争纪念馆纪念历史上参加战争的烈士。重要的是，这些战争除了两次世界大战之外，还包括了近代由英美主导的多次战争。在这些战争中，澳大利亚先是作为一个独立的政治单元，后来

---

[1] Benedict Anderson, *Imaged Communities*, p. 178.
[2] 同上书，p. 9。

图一　堪培拉国家战争纪念馆（范可摄于 2015 年 5 月）

图二　墨尔本战争纪念馆（范可摄于 2015 年 5 月）

图三 先贤祠大殿雕塑（范可摄于 2014 年 6 月）

图四 伏尔泰雕像和灵柩（范可摄于 2014 年 6 月）

是作为一个主权国家参战的。这象征着澳大利亚从殖民地国家走向独立的民族国家的过程，因而成为民族国家叙事不可或缺的重要表述：澳大利亚历来都是以主权国家即民族国家而不是以殖民地国家的性质参战（尽管未必尽然如此）。战争纪念馆的象征意义如同我国天安门广场的人民英雄纪念碑，都具有民族认同建构和凝聚民心的民族共同体建设意义。

　　法国巴黎的先贤祠（图三）则是另外一种类型的现代民族表述，是法兰西共和宪法的具体体现。先贤祠内目前葬有 72 位在各方面为法国做出贡献的人物，从卢梭、伏尔泰（图四）到居里夫妇和大仲马。除了大仲马之外，文学家还有两位——雨果和左拉。大仲马虽然非常著名，但毕竟是通俗小说家，其文学成就在璀璨的法兰西文学殿堂里根本排不上号。他的遗体直到 2006 年才进入先贤祠，之所以如此当然更多的是政治上的考量。大仲马黑白混血，一生中不断受到种族主义者的骚扰，但是他政治立场鲜明，终生主张共和制。我想是当代法国政府为了体现法兰西民族的多元构成才将大仲马遗骨移入先贤祠。左拉是意大利血统的法国作家，他入祠的原因政治性亦甚于文学成就。左拉曾被卷入法国历史上著名的案件，他写的公开信《我控诉》引起社会强烈共鸣，最终推动了法国当局为德雷福斯（Alfred Dreyfus）平反。[1]

―――――――――

① 具体可参阅拙著《理解族别——比较的视野》，第 106—107 页。

以上这些例子可以说明民族主义的一个特点,那就是强调贫穷与富裕之间、无产者与资本主义者之间的团结。根据民族主义的意识形态,政治性排斥与包容的原则就是民族的边界,而民族在民族主义者眼里则是拥有共同文化的民众(people)。[1] 通过象征锻造民族共同体的方式还包括建造博物馆、绘制地图、演唱或者演奏国歌、升国旗,以及举办阅兵式、国庆日游行庆典和与民族文化、历史有关的文娱活动、才艺表演、知识竞赛等。原先殖民地宗主国或殖民地国家为了控制和掠夺,延续了帝国绘制地图的传统。绘制地图与人口统计之间有十分重要的关联。在殖民地国家的地图绘制中,通过人口学的三角定位测量将人口统计所做的人口类别标记在地图上,使不同族群的分布地貌得以被认识。

在东南亚民族主义运动中,地图提供了至少两种想象的条件。其一,地图为这些人口类别(族群)提供了一种历史纵深感,预示(prefigure)了 20 世纪东南亚的官方民族主义。在一定意义上,各种地图,尤其是历史地图,催生了民族国家某种政治传记叙事。采纳或者适应这种叙事的民族实际上是从殖民国家那里获得这种"馈赠"。[2]

其二,作为徽标(map-as-logo)。帝国经常在地图上为其殖民地染上颜色。大英帝国在地图上用粉红色(pink-

---

① 参见:Thomas Hylland Eriksen, *Ethnicity and Nationalism: Anthropological Perspectives*, London: Pluto Press, 1993, p. 102。

② 参见:Benedict Anderson, *Imaged Communities*, p. 175。

red）表示其殖民地，法国用蓝紫色（purple-blue），荷兰用棕黄色。虽然"贵"为帝国属地，但这样的颜色使殖民地与宗主国判然有别。一旦情况有变，这些如同拼图上不同的颜色块块就可能从地理脉络中成片脱离。总之，地图作为徽标深深地渗入民众心中——想象共同体变得有形可鉴——终成反殖民主义的民族主义运动诞生之强有力标志。[①]

安德森认为，民族国家的许多博物馆和博物馆化的想象（museumizing imagination）具有意味深远的政治意义。他还提到雅加达的博物馆。另外，新兴民族国家印尼是从它最近的祖先——荷兰殖民者东印度公司那里习得这种方式。整个东南亚的博物馆表明了政治继承的一般过程是如何行动的。而理解这一过程则必须思考使博物馆成为可能的、新奇的 19 世纪殖民地考古学（colonial archaeology）。

直到 19 世纪早期，东南亚的殖民统治者对于展示这一区域的文明的历史一直缺乏兴趣。后来一位叫拉夫勒斯（Thomas Stamford Raffles）的殖民地官员对当地各种文物兴趣浓厚，从而系统研究当地历史，如爪哇的博罗布杜尔神庙遗址、柬埔寨的吴哥等东南亚文明古迹才从密集的丛林中显现，被发掘、丈量、摄影、重构，被保护起来并进行研究和展示。殖民考古服务当局（Colonial Archaeology

---

① 参见：Benedict Anderson, *Imaged Communities*, p. 175。

Service）成为一个有权势和名声的机构，吸引了一些卓有才华的学者型官员。随着殖民地管理的代理者东印度公司的衰弱以及现代殖民地统治的崛起对殖民地的直接掌控，殖民当局的声望也就与其母国的优越声望紧密地联系在一起。殖民当局也在殖民地营建起各种纪念碑、雕塑等。考古学努力投入这方面的建设，帮助在地图上标示这些纪念物件的分布和进行公共教化等工作。而做出贡献的死者名录也在编纂之中。

博物馆工作在民族国家的建设中起了培养国民民族意识的作用。通过展现民族文化的辉煌或者苦难的过去，博物馆起了不可替代的教化作用，所以正如其宗旨所宣称的那样，博物馆除了具有收藏和展示的功能之外，还是教育的辅助机构。而地图和统计的结合，如同语法也如同博物馆那样，形塑了共同体的想象。在殖民主义淡出世界舞台许久之后，依然有着强大的生命力。具有讽刺意义的是，在东南亚国家，这些都源于当年殖民地国家对历史和权力的想象。①

总之，通过对历史资料的筛选来编纂民族国家的历史，通过对祖国山河的礼赞和讴歌来激发群体自豪感，是建立民族认同之主要手段和策略。正因为如此，经常很难把民族主义和爱国主义区分开来。也正因为如此，法国著名学者、民族主义者勒南（Ernest Renan）才认为，所谓民族其

---

① 参见：Benedict Anderson, *Imaged Communities*, p. 185。

实是一种精神原则，它包括两部分——过去和现在，由享有共同记忆所带来的精神遗产，以及一起维护这一精神的愿望所构成。[1]

---

[1] 参见：Ernest Renan, "Qu'est-ce qu nation" (What is a nation), selected in John Hutchinson and Anthony Smith eds. : *Nationalism: Oxford Readers*, Oxford and New York, 1991。勒南的文章最早出版于 1882 年。

第十一章 全球化：失控的世界？

虽然现在国际上有一股潮流试图扭转全球化，而且因为 2019 年底起开始在全球范围内大暴发的新型冠状病毒（COVID-19）疫情所带来的巨大冲击，逆全球化在一定的范围内得其所愿，但要彻底扭转这一趋势是不可能的。今天在所有发达国家中，工业产值在整个 GDP 中所占比重已经不高，占比最高的是第三产业，也就是服务业。发达国家的社会常被称为工业化社会（industrialized society）是历史的沿袭。然而，资本的无边界流动导致发达国家大量的实体经济离开本土流入经济不发达国家，导致全球商品供应链的形成。逆全球化不可能大规模地将实体经济带回国内。而且全球化并不如许多人所认为的是发生在近几十年间的事。如果仅就互联性这一日益强化和醒目的事实而言，应该在地理大发现时代就已经开始了全球化。从那个时代开始，几百年来，全球各大洲之间建立起来的联系，除了因两次世界大战和发生在 20 世纪二三十年代之交的资本主义世界经济危机的干扰而中断之外，基本从未停歇过，而且日益紧密。

在本章里，我们首先应当明确全球化所指为何。对此，离不开对全球化的阶段性区分和一般性讨论。其次，将用例子说明"全球"与"地方"的关系；再次，我们必须考虑全球化与移民的问题，最后是"问题的全球化"，我们把重点放在两大问题上：国际恐怖主义和流行病。

一、 收缩与延展

1. 互联性与瞬时性

英国社会学家安东尼·吉登斯讲过一个发生在 20 世纪 90 年代初的故事。他的一位朋友到一个遥远闭塞的村落从事田野工作。抵达当晚，她应当地人邀请出席一个聚会。她原本期待能看到一些传统性活动，令她失望和惊讶的是，邀请她的人家居然和朋友聚在一起观看美国电影《本能》（*Basic Instinct*）的录像。当时，这部影片甚至还未在伦敦的院线上映。[①] 这个例子说明，世界各地之间已经产生了**互联性**（interconnectedness），这种互联性使万里之遥的某地发生的事情瞬时地展现在我们眼前，因此又具备了**瞬时性**（instantaneity）。这种互联性和瞬时性在历史上大部分时间里是不存在的。它们的出现有赖于信息技术等高科技产品的出现。这些高科技产品在近几十年内获得前所未有的高

---

① Anthony Giddens, *Runaway World: How Globalisation Is Reshaping Our Lives*, New York: Routledge, 2000, p. 24.

速发展。这是现代社会长期发展细化和科学技术积累带来的勃发。我们无法想象，在一个没有卫星、导航（如GPS）、手机以及其他有助于信息交流的高科技产品存在的世界里，不同部分的人类世界间的联系和交流可以如此迅捷和丰富。

用互联性讨论全球化现象是普利策奖获得者、《纽约时报》专栏作家托马斯·弗里德曼（Thomas Friedman）在他著名的《世界是平的》（*The World Is Flat*）一书中提出来的。但是，许多学者也以他们自己的方式指出了相同的现象。弗里德曼如此理解：世界是平的，意味着各部分联系日益加强，全球互联。因为相互联系，你中有我，我中有你，世界上的任何存在已经无法独善其身。这种具有整体观意义的理解告诉我们，当今世界已经是一个巨大网络，发生在这个星球任何一个地方的事情，都会在世界其他地方引起各种反响。这可以视为关于全球化现象的简要表达。

全球化现象包括工业化以来，以现代科技发展——尤其以通信和交通技术的成就为依托，在世界范围内广泛传播的新自由主义所带动的贸易、金融、文化、观念和人口洪流的无边界跨国流动，以及地方（local）和区域（region）的适应与抗拒。① 在略微抽象的意义上，全球化是工业化之

---

① 参见：Ted C. Lewellen, *The Anthropology of Globalization: Cultural Anthropology Enters the 21ˢᵗ Century*, Westport, Conn. and London: Bergin & Garvey, 2002, pp. 7 - 8。

后各种技术发明和创新所推动的资本迅速积累的进程，而资本外流则是本国产业边际效应递减的一种后果。资本是贪婪的，它一定要寻求更多的剩余价值，边际效应递减与资本的本性存在矛盾。新自由主义的崛起为资本解决这一困局提供了机会。新自由主义强调自由放任的市场调控，主张国家退出经济领域，强调工作的绩效与个人成就（performance and individual achievement）。劳动力价格低廉的海外市场必然吸引资本越过主权国家边界进入其他能够获得更多回报的区域，全球经济进一步一体化。吉登斯有一个很形象的解释：全球化如同伸展运动，我们的社会关系从地方语境（local context）中"**脱嵌**"（disembedding）而伸展到一个更为广阔的空间里。全球化在他的眼里，是现代性的一个后果，而按他的理解，现代性则是 17 世纪以降在欧洲出现，并多少在世界范围内发生影响的社会生活或者组织的模式。①

17 世纪对西方资本主义发展的重要性不言而喻。在这个世纪里开始了人类历史上最重要的工业革命，开启了工业化进程。欧洲社会发生了一些巨大的变化——尽管这些变化可能在更早的时候已露端倪。时值西欧一些国家从农业社会向工业社会转型。这一转型与殖民帝国的建立和对殖民地的开发与掠夺存在着亲和性，甚至因果关系。

---

① 参见：Anthony Giddens, *The Consequences of Modernity*, Stanford: Stanford University Press, 1990, p. 1。

2. 全球化的阶段性划分

现代全球化开始于"地理大发现"的时代。[①] 从那个时候起，殖民主义者的海上贸易就已经把世界上所有有人烟的大洲都连接起来了。普利策奖得主托马斯·弗里德曼对此也持相同看法。他分全球化为三个阶段：全球化 1.0、2.0、3.0。每个阶段均有其独特之处。所谓的"全球化 1.0"（Globalization 1.0），起点是 1492 年，哥伦布航海揭开新旧世界之间贸易往来的序幕，终点是 1800 年。弗里德曼认为：在此阶段，世界从一个大的规模（a size large）收缩为中等规模（a size medium）；全球化 1.0 是关于国家和亮肌肉的故事，也就是在这一阶段，强权国家是变化的原动力。对一些国家而言，这一阶段的问题在于：如何才能抓住机会参与竞争？如何通过国家走向全球？

"全球化 2.0"（Globalization 2.0）的存在时间大概是从 1800 年到 2000 年的 200 年间，其间被"大萧条"即 20 世纪 20 年代末 30 年代初发生在西方工业国家的经济危机和两次世界大战打断。在此阶段，世界从中等规模收缩为小规模（a small size）。该阶段的变化是多国（multinational）公司成了全球整合的动力。在工业革命扩张的刺激下，由荷兰和英国控股的多国公司，在世界范围内争夺市场和劳动力。在该阶段的前半个时期因铁路和蒸汽机，运输成本

[①] 人类学家中最早提出这一看法的，可能是美国人类学家埃里克·沃尔夫。他虽然没有用"全球化"一词，但大量使用和强调了"联系"（connect），参见：Erick Wolf, *Europe and the People without History*, Berkeley and London: University of California Press, 1982，p. 3 - 23。

降低从而获得发展；在后半个时期则拜电报、电话、个人电脑、卫星、光纤电缆以及初始互联网普及之赐，降低了各种咨询费用。弗里德曼认为，正是在这个阶段，我们看到了真正意义上的全球经济体（a global economy）的诞生和成熟，足够量的物和信息在不同的大洲之间流动构成了产品和人力资本套利的全球市场。这个阶段的动力是硬件的突破——从前半个时期的蒸汽机和铁路到后半时期的电话和电脑。这个阶段的问题是：如何才能通过自己的公司走向世界和他人发生合作？这是一个"墙"坍塌的阶段，整合或者与其对抗都达到了一种全新的高度。尽管许多"墙"倒了，许多屏障依然存在。

约在公元2000年时，世界进入了新的阶段，即"全球化3.0"（Globalization 3.0），世界更为缩小（a size tiny），并成为平展化的赛场。如果说1.0阶段的动力是国家全球化，2.0是公司的全球化，3.0则是新的力量驱动独立的个体参与全球合作和竞争。之所以会有一小部分人如此容易并无所畏惧地参与，是因为"平展世界平台"（flat-world-platform）。这一平台是个人电脑的融合，新的工作方式结合了光纤电缆和软件，如同洪流进入许多行业。这是一种没人预见到的融合。许多人认识到，他们比以往任何时候都更多地被"赋权"（empowerment）而可能成为独立个体走向世界；他们需要比以前更多地考虑如何作为个体去与这个星球上的其他人竞争；他们也有更多的机会去与其他人一起工作，而不仅仅是竞争。作为一种结果，每一个人都必须考虑：在全球的竞争和机会中，哪里才适合我，以及我如何才能与他人进行全球性合作? 全球化 3.0 不仅被个体而且也被一部分来自非西方世界的个人所推动。来自平展的世界的各个角落的个体都被赋权。对于许多人来说，全球化 3.0 使他们得以参与游戏，而人类彩虹的所有颜色都参与其间。①

当然，弗里德曼并没有忘记那些公司——无论是大的还是小的——在 3.0 阶段也被赋权。弗里德曼的划分基本建立在科技发展基础上。但是否对全球化过程之后的政治经济因素考虑得足够全面，人类学家的理解就比较不同。埃里克·沃尔夫和费孝通都把发现美洲大陆作为全球化的开始，这与弗里德曼的观点相同，也与许多历史学家有着一致的认识。② 但是，他们更强调全球化诞生和发展的政治经济学因素。

费孝通把全球化分为三个阶段。第一阶段是从 15 世纪末的航海大发现开启的殖民地拓殖和殖民帝国轮流坐庄，到 19 世纪 70 年代大英帝国霸权的确立。第二阶段从 19 世纪末到 20 世纪 70 年代初，美国崛起并长期保持着生产力领先的发达国家地位。二战以后，世界霸权的中心地位被美国占据。第三个阶段，从 20 世纪 70 年代到现在，特点

---

① Thomas L. Friedman, *The World Is Flat: A Brief of History of the Twenty-first Century*, New York: Picador/Farrar, Straus and Giroux, 2007, pp. 9 – 11.

② 参见：C. A. Bayley, "'Archaic' and 'Modern' Globalization in the Eurasian and African Arena, 1750 – 1850," in A. G. Hopkins, ed., *Globalization in World History*, New York: W. W. Norton & Company, 2002, pp. 47 – 73。

是"霸权受到强有力的挑战并在事实上将逐渐淡出中心地位，全球化进程的参与者以及驱动力呈现多元化局面。许多曾经被压制的力量和众多的新兴力量纷纷登场，走向前台，在全球化进程中积极强化自身的角色分量和参与权利"。①

费孝通和弗里德曼两人的划分在时间上有所重叠，大体趋于一致。弗里德曼的划分强调动力的因素，焦点聚于交通和电信科学技术的发明创新所带来的影响，如 1.0 阶段的蒸汽机和铁路，2.0 阶段的电报、电话、电脑、卫星、光纤电缆、互联网等，3.0 阶段则是"平展的世界平台"，实际是高新技术融汇。三个阶段的主导者分别是西方强权、西方多国公司、来自世界各个角落的个人。费孝通则强调主导者因素，但在看法上与弗里德曼相近。他对第二阶段的一些具体描写几乎就是弗里德曼的另一种版本，但是他依然强调主导者。第三阶段也相当接近，"驱动力呈现多元化局面"难道不是与弗里德曼所强调的异曲同工？

3. 全球化的高端与低端？

人类学家还有些不同常规的洞见。例如香港中文大学人类学教授麦高登（Golden Matthews）研究香港重庆大厦（Chungking Mansions），提出了**"低端全球化"**（low-end globalization or "globalization from below"）的概念。重庆大厦之所以出名是因为它是来自世界各地尤其是非洲和南亚

① 中国民主同盟中央委员会、中华炎黄文化研究会编《费孝通论文化与文化自觉》，北京，群言出版社，2005 年版，第 388 页。

的商贩以及其他经济上捉襟见肘的小生意者甚至"流浪汉"在港的"临时"落脚点。这部分人有自身的行事逻辑，通常说的全球化往往让人有种"高大上"的感觉，或许可以称之为**"高端全球化"**（high-end globalization），但这样的全球化仿佛和他们没有关系。长期以来的全球化的研究，几乎都忽视了这部分人。毋庸讳言，研究全球化的人类学家通常更多地关注：西方发达国家如何对非西方国家——尤其是不发达国家——发生影响；这些国家的社会如何变得更像西方或者保持其独特性以为抗争，以及西方的商品和文化如何参与形塑非西方社会文化的变迁；许多人类学家视全球化为美国所代表的西方霸权所主导，因而在研究中特别强调来自其他国家的精英或者社会底层的对抗等。尽管全球化过程中存在着大量不公平的事实，但研究者还是经常有意或者无意地忽视了全球化在哪些方面或者在多大程度上，给社会底层人士创造了机会。在重庆大厦歇脚或者将之作为中转站的肯尼亚商贩和供货商包办了肯尼亚全国市场 70％以上的手机生意。往来于重庆大厦的生意人的平台不再局限于自己国家的某个区域、某个村庄，而是整个世界大舞台的某一局部。作者认为，以重庆大厦为表征的多元种族、多元文化的地域性节点，将长存和拓展。重庆大厦是一座"位于香港但不属于香港的大厦"。①

在研究了香港重庆大厦之后，麦高登和他的团队转道

---

① 麦高登《香港重庆大厦：世界中心的边缘地带》，杨玚译，上海，华东师范大学出版社，2017 年版。

广州，研究在那里生活的非洲人。他秉持在香港所做研究的基本看法，全球化在他的眼里不仅是那些人们耳熟能详的资本、资讯的无边界流动，还应该包括引发人们不同感受和态度的合法或者"非法"的跨国流动群体。麦高登在广州的研究发现，所谓低端全球化并不意味着参与者一定都是贫穷的边缘人士。事实证明，在广州进行商贸的非洲各国人士，有许多其实相当富裕。这一研究展示了全球化趋势下，日益复杂多元的社会文化现象。①

4. 全球化与新自由主义

无论是费孝通所说的 20 世纪 70 年代开始全球化的"多极化"还是弗里德曼所说的全球化 3.0，或者具体的如麦高登所说的低端全球化，都涉及一个问题，那就是全球化越是晚近越显示其多元性。在全球化这个平台上唱主角的变得多样化了，国家或者强权似乎已经被大型的跨国公司所取代，人们所听到都是跨国企业巨头和 CEO 们的声音，这些人成为这个平台上耀眼的明星。这种情况是否影响到这些人的国家认同？根据已故美国著名政治学家亨廷顿和他的团队对美国 24 个大型跨国公司总裁的调查可知，如果其他国家的国籍比美国护照更方便的话，这些人宁可持外国护照。② 这个例子说明，全球化进入 20 世纪晚期之

① 麦高登、林丹、杨玚《南中国的世界城：广州的非洲人与低端全球化》，杨玚译，香港，香港中文大学出版社，2019 年版。

② 参见：Samuel Huntington, *Who Are We?: The Challenges to America's National Identity*, New York: Simon & Schuster, 2004；范可《亨廷顿的忧思》,《读书》2005 年第 5 期，第 81—88 页。

后，的确是公司或者个人唱起了主角，国家似乎成了陪衬。这样一来，全球化的确出现了"高端"和"低端"的不同层面。"高端"平台基本是来自发达国家企业巨头们的舞台；"低端"平台则尽为来自南亚、非洲、拉丁美洲等经济欠发达地区的各色人等的竞争与合作提供场域。另外，我们看到，由于资本的自由流动，全球体系的产品供应链就此形成，中国成为"世界工厂"，为发达国家乃至世界各国生产各种生活必需品和其他商品，成为全球市场最为重要的供应链所在国家。

全球化为什么会形成后来的状况？对此，费孝通曾经说过，在第二阶段，也就是从 19 世纪末到 20 世纪 70 年代，美国取代英国成为世界霸权：

> 在美国霸权维持的经济秩序中，全球化进程明显加快了。运输和通信技术的革新，使物资和信息的流动可以跨越种种空间障碍。经济交往的规模和频次大为提高，促进了经济组织的革新，以跨国公司为代表的经济力量对生产要素和世界市场进行新的整合。所谓"国际惯例"即市场上共同"游戏规则"的出现，是经济全球化在贸易交往制度上的反映，是与经济活动伴生的文化现象。[1]

---

[1] 《费孝通论文化与文化自觉》，第 388 页。

费孝通的全球化第三阶段的"多元"参与，霸权淡出全球化的"中心地位"，其实也是弗里德曼的意思。这种多元参与是 20 世纪 70 年代之后**新自由主义**（Neoliberalism）兴起的一种后果。新自由主义是 20 世纪晚期以来全球化过程的重要推手，是一项试图以"市场至上"原则重新规划世界政治经济制度的安排。新自由主义意识形态强调市场、个人自由，国家从经济领域中退位。[1] 新自由主义也可被视为古典自由主义的当下再现，以及对已是强弩之末的凯恩斯主义的一种反动。凯恩斯的经济思想在战后成为许多国家经济发展之圭臬，主张国家更多地干预市场。一些西方国家从 19 世纪末开始向福利国家转型，国家日益将民生作为治理的要务之后，经济负担日益增加，导致一些西方国家，如英国等，陷入经济发展停滞的状况。所以，新自由主义在此时出现不是偶然的。

自 20 世纪七八十年代开始，西方国家兴起以"里根-撒切尔革命"为代表的新自由主义，强调市场自我调节机制，坚信古典经济学"看不见的手"的假设，鼓吹自由放任、竞争的市场原则。社会达尔文主义式的优胜劣汰再度被视为公平的法则。绩效（performance）成为衡量一个企业、一个机构，甚至一个人是否成功的标杆。这意味着一个人能否成功完全取决于自身的努力，因为机会得靠自己争取，成功得靠自己的努力和才能。所以新自由主义是一

―――――――

[1] 大卫·哈维（David Harvey）《新自由主义简史》，王钦译，上海，上海译文出版社，2010 年版，第 2—5 页。

种政治经济实践理论，相信稳固的财产权、自由市场、自由贸易——释放个体企业的自由和技能，能够最大限度地促进人的幸福。国家的角色是创造一种适合这类实践的制度性框架。对于那些不存在市场的领域（土地、水、教育、医疗保健、社会安全或者环境污染等），必要的话，国家也要着手建立市场。而市场一旦建立起来，政府的干预必须控制在最小的限度。①

自从 20 世纪 70 年代中期以后，在政治经济的实践和思考上，随处可见向新自由主义的转变——松绑、私有化，国家从许多公共供给领域中退出。由于强调竞争，产业领域里的创新和发明如同井喷，日新月异。许多创新存在时间不过数年即被新的创新所取代，如数码音像取代家庭录像机、摄像机，各种手机换代升级往往也就在几年之间。运输和通信的技术革新与发明创新刺激和推动了全球化加速，世界在经济上的分工合作出现了与过去十分不同的态势，形成了全球性的产业链、供应链，以及各种业务外包（outsourcing），全球各地区在经济和社会生活的许多方面都呈现了增强互联性的态势。通过频繁的交流和联系，全球各地区的社会与文化彼此间的相互了解达到了空前的程度——尽管还是远未尽如人意。互联性的增强使全球的生活空间仿佛收缩了。与此同时，互联性使这个世界联结成一个仍在编织扩大中的网络，又使人类的现实世界和对世

① 大卫·哈维《新自由主义简史》。

界构成的认识得以延展。

同时，我们也应该看到，这种互联性开始于殖民主义兴起的全球化的第一阶段。殖民主义的海外扩张建立起世界市场，将各大洲的经济活动联系起来。全球化作为一种过程或者事件在前现代时期也发生过。但是，历史上发生过的、也曾经连接几个大洲的商贸活动，或者因为军事远征之后建立起来的交换与贸易，都没能保持下来。只有500年前开始的地理大发现以降的全球化一直保持并发展到了今天。

二、　全球与地方（Global and Local）

在全球经济日益一体化的过程中，全球化洪流不可避免地蔓延到这个星球的许多角落。一方面这种情形是因为全球市场资本逐利，产业链从发达国家外移；另一方面则引来地方踊跃拥抱全球化，使资本觉得有利可图。在这一过程中，地方不仅在经济上日益与全球市场互联，同时大量来自西方的文化元素也进入了地方。文化在一定意义上反映了政治与经济。宽松的政治气候必然更有利于文化交流。同样，一个区域的经济水平越高，在文化的交换上越可能占据先机。全球化时代出现的文化交流现象几乎出现在世界各地的主要城市和被卷入全球化的乡村地区。各个发展中国家的"城乡接合部"典型地体现了不同文化处于一种共存共享共荣的状态中。例如，在南亚地区，甚至在印度的一些乡村里，姑娘们经常下着牛仔裤，上着传统的莎丽。一位印度学者认为这并不意味着西方认同的植入，而是一种族群性、现代性和全球化的"鳞状叠加"（imbrication），或谓常说的"混搭"。① 类似这样的情况在全球化时代广泛出现。人类学上经常讨论的**杂糅文化**（hybrid culture）就是这种情况。在**流行文化**（popular culture）上更是如此，有人类学家认为，流行文化在美国的兴起是在电视流行之后。② 在此之前并不存在我们所说的流行文化——一种在商家介入之后产生的文化商品。比如一个音乐团体一开始只是在地方上引起人们兴趣，后来走红世界——如"披头士"和"猫王"（Elvis Presley）——如果没有电视之类的媒介而仅靠广播电台传播是不可思议的。究竟全球化给地方带来什么，有什么意义？这是我们在这一节里讨论的问题。

1. 全球化时代之前的"地方"

所谓的"全球化时代之前"在本节里并不是一个严格的时间划定。各个地方卷入全球化的时间并不一致。在中国，沿海地区比内陆卷入的时间显然早一些。但"之前"的状况除了地方文化差异之外，从发展程度、流动性程度而言，基本处于相同的状况，全世界都是如此。这种相似性体现为一种可谓"停滞"的状况，这意味着无论是人还

---

① Ravindra K. Jain, "Anthropology and Diaspora Studies: An Indian Perspective," in *Asian Anthropology*, Vol. 10, 2010, pp. 45-60.

② 参见：Conrad P. Kottak, *Mirror for Humanity: A Concise Introduction to Cultural Anthropology*, New York: McGraw Hill, 2007, p. 45。

是物流动性都极低。在每个地方，人们吃的东西基本都是本地生产的。而在今天的美国，人们所食之物平均经过1300 英里（1 英里约合 1.609 公里）、过十多道人手工序才到消费者手中，人们看不到自己吃的东西的生产过程。①

"之前"的停滞有前现代社会的惯性。在前现代社会，或者说前工业社会，人们的活动范围非常小，一辈子都在方圆几公里之内活动。受当时的经济规模和生产力所限，人们日常生活无需有大范围的活动。在这样的状况下，整个地方社会组织基本建立在血缘和地缘之上。传统的社会网络在地方社会秩序的维护上起了很大作用；人们的社会关系嵌在地方脉络里（local context）。

这种停滞也表明"传统"依然在社会生活中举足轻重。前工业社会的人们自然不知道传统是什么意思，但都知道按照祖宗延续下来的法度行事。传统约束了人们衣食住行的各个方面。日常生活中各种与信仰有关的事比较多，人们也乐于参与，因为现实的条件使人们必须有所信仰才能有安全感。按照韦伯的逻辑，前现代社会尚未祛魅（disenchantment），人们生活中有赖于超经验存在或巫术性成分的方面比较多，社会不够理性化。

这种"之前"状况持续到什么时候、什么程度，在不同的国家、在一个国家之内的不同地方，都不会是完全一致或者同步的。中国这种"之前"状况可谓持续到改革开

---

① Ted C. Lewellen, *The Anthropology of Globalization: Cultural Anthropology Enters the 21ˢᵗ Century,* p. 187.

放之前，但那已经不是所谓的"前现代社会"或者"前工业社会"，可也不是一个现代的、工业化的社会。那个时候世界上的许多国家都谈不上是工业化国家，无非因为政治体制的不同，在开放或者封闭程度上有相当的差距。在许多国家人民可以自由流动，国家之间也有些商贸往来。但有些国家如我国，奉行计划经济，对人口的自由流动有所限制，这就会导致社会活力较差。整个社会样貌看起来更为停滞。

在这一"之前"的时段里，我们的国家和社会曾经历各种形式的社会主义改造和政治运动，因此，我们的"之前"状况可能比起其他国家来更是特殊。政府宣传的破除封建迷信和"文革"等各类政治运动看似激进，却无法在实质上"祛魅"。以我国闽南地区为例，当地文化敬宗事祖观念极强，但从民国时期直到改革开放之前，历届地方政府都将宗族组织视为封建迷信和社会秩序的不稳定因素予以排斥甚至禁止。无法感念和纪念祖先成为不少民众的心病，使人倍感焦虑。所以改革开放之后，政治条件一变宽松，立即掀起了传统民间生活的复苏。[1] 许多地方仿佛在一夜之间兴建起各种庙宇祠堂，地方文化景观顿时与改革开放之前判然有别。有意思的是，这一判然有别是因为地方在景观上显得更为传统而不是更现代。但是，这一状态只保持了不过十多年。从 20 世纪 80 年代晚期开始，随着地

---

[1] 见拙著《认同、文化与地方历史——人类学的理论探讨与经验研究》，北京，社科文献出版社，2018 年版，第 163—172 页。

方日益卷入全球化，地方文化景观又发生了变化。

2. 全球化里的地方

我们需要对地方做进一步的定义，以确定**地方性**（locality）。瑞典人类学家汉纳兹（Ulf Hannerz）指出，地方性是亲属关系、朋友关系、校友或同事关系、族群性以及生意关系所组成的人与人之间的互联性。这些关系构成与"意义的栖息"（habitats of meaning）重叠，但不是基于属地性（territoriality），而是基于亲密和熟悉程度（familiarity）——无论在什么情况下，我们总是随身携带着。① 换言之，汉纳兹强调的地方性是各种原生性的人际关系的构成，与当地作为地域或者物理存在的关系并不大。这种看法采取了一种当地视角。是的，当我们谈起故乡，首先想到的往往并不是故乡的山水，而是故乡的亲朋好友和社会网络。由此，我们刻画了故乡或者地方的特性——它在本质上并不是物理意义上的，而是心理意义上的。如果我们把这种心理意义上的地方性用在物理意义上，那就可以从地方上的民众如何来理解自身和地方景观之类的物理性存在来获得认识。所谓打造地方（making place）或者地方性生产（production of locality）就是看当地人如何利用空间来体现自我。这种地方性生产应该是主体意义上的，这就意味着任何在地方景观上所做的改变或者设计是否美观未必是核心关怀，而是关心如何更易于使外界认识自我。因此，这样的地方性生

---

① 参见：Ulf Hannerz, *Transnational Connections: Culture, People, Places*, London: Routledge, 1996, pp. 25 - 26。

产具有其他方面的意涵。

阿帕杜莱（Arjun Appadurai）认为，地方性是一种涉及多层关系的复杂现象学质量（a complex phenomenological quality），由一系列表现社会亲密性、互动性的技术，以及不同语境里的关系等联系（links）所组成。所谓的现象学质量，按他的看法，表现为一定种类的能动性、社会风俗习惯［亦即社会性（sociality）］和再生产性（reproducibility）。而所谓的"现象学质量"就是将地方性作为范畴（或者主体）来对待。① 阿帕杜莱说，他更愿意使用"邻里"（neighborhood）来代表事实上存在着的社会形式，在此，地方性作为维度或者价值获得人们的不同认识。邻里在这样的用法里，其特性是由其现实性——无论是空间性的还是虚拟的，以及它们社会再生产的潜力——所刻画。② 如此说来，全球里的地方不啻为地方性的生产。

地方性生产是一种来自地方的实践。这种行动的出现往往是外在能动性力量（external agency）推动的结果。地方性不仅仅是围困在现代社会里的某种财产或者社会生活的不同音符，还是天然易碎的社会成就。即使是在最亲近、空间上十分有限、地理上几乎完全隔绝的条件下，地方性也必须小心维护，以免受到不期而遇的威胁。③ 这种维护手

---

① 参见：Arjun Appadurai, *Modernity at Large: Cultural Dimensions of Globalization*, Minneapolis and London: University of Minnesota Press, 1996, p. 178。
② 参见上书，pp. 178 - 179。
③ 参见上书，p. 179。

段在地方上往往是仪式。仪式保持了地方邻里、社区的社会文化边界；在经历了动乱或者被干预的岁月之后，传统复苏的过程中，人们首先做的就是恢复那些曾经被禁止的仪式活动。礼仪（rites of passage）的重启，就是把地方性重新镌刻于地方主体亦即地方上的人及其人生的过程。而重建祠堂，祭祖于宗庙，则重新联系了"过去"、当下与未来。[①] 诸如此类的社会文化实践在改革开放之后的闽南乡村地区十分醒目。

在全球化的今天，地方性生产可能呈现出不一样的形式。如果说改革开放开始时的民间传统生活的复苏从比较的视野来看是纵向的，卷入全球化之后的地方性生产则是一种横向的展开。人们已经不满足于维护固有的地方性，而是想着怎样才能使自己的邻里在一个更为宽广的空间里为外界所认识。在这样的情境里，"传统"成了为地方性张目的工具。换言之，这时所强调和突出的"传统"是经过当地人选择出来的，准确地说，是当地政治文化精英选择出来的。但在这一过程中，包括学者在内的各类人士也常常接受来自地方的邀请，参与这一过程。选择出来的传统为的是进一步或者重新刻画地方性，以此来"打造地方"或者使地方更为**地方化**（localization）。全球化必定会反身性地（reflexively）带来地方化和"再地方化"（re-locali-

---

① 见拙著《认同、文化与地方历史——人类学的理论探讨与经验研究》，第163—172页。

zation)，以及地方文化的张扬。①

3. 地方化与再地方化

地方化是一种趋势，即刻意地通过各种社会文化表述或者表征来体现地方的特色。在这样的实践中，"地方的"成为关键性的形容词。地方化可以通过空间形式予以表达，也可以通过一定的文化形式予以体现。但是，地方化往往会在权力的操控下成为一种标准化的形式。"再地方化"并不意味着地方有实质性的改变或者变本加厉地进行地方文化改造。在"再地方化"的实践中，实践者有时为了方便或者其他原因，会保持旧有的文化形貌——如建筑形式等，但采取不一样的材料，从而在地方景观上显得有所不同。在这表面现象背后，则是全球化浪潮在世界范围带来的各种标准化产品所引起的。同时也与善于使用这类材料的劳动力的流动有关系。有时，"再地方化"则是当地政府、当地居民蓄意为之，目的在于引人关注，扩大地方的影响，其背后的动机是经济性的。但无论是什么形式的地方化或者再地方化，都与全球化的流动性以及世界日益平展化有直接关系。

20 世纪 90 年代，英国人类学家菲利普·托马斯（Phillip Thomas）在非洲马达加斯加乡村的研究中发现，当

---

① 参见：Anthony Giddens, *Modernity and Self-Identity，Self and Society in the Late Modern Age*, Stanford：Stanford University Press，1991；范可《"再地方化"与象征资本——一个闽南回民社区近年来的一些建筑表现》，《开放时代》2005 年第二期；范可《他我之间——人类学语境里的"异"与"同"》，北京，中国社会科学出版社，2012 年版，第 101—126 页。

地卷入全球化之后，出现了许多新现象。其中之一是建筑上的变化，这一改变十分醒目，他用"引人瞩目的建筑"（conspicuous construction）来形容。这是在当地引入了大量的外劳之后才出现的。这一引入本身就是资本无边界流动的明证。资本总是寻求劳动力便宜的地方，但是也得考虑到便宜劳动力的技能等方面的问题。如果在一个地方对当地劳动力的培训还需要额外的费用，资本家也会采取引入外劳的方式。马达加斯加不是发达国家，经济落后，当地劳动力价格虽然低廉，但由外来的技术工人承担起当地的房地产建筑大抵也是出于这样的原因。除此之外，标准化建筑材料也因此进入了马达加斯加，这样当地出现了以下景观：房屋的建筑表现（architectural representation）似乎没变，但是实质的东西却改变了。托马斯认为，当地出现了消费外来材料的"再地方化"过程，同时，外来的劳动人口成为当地再地方化的参与者。①

托马斯论述的再地方化现象在其他地方也有出现。比如美国人类学家海曼（J. Hyman）在墨西哥的研究报道，当地用外来的、标准化的建材逐渐取代了当地产的材料。但海曼的解释是"去地方化"（de-localization），因为这种情形标志着本土文化的流失。"去地方化"指的是外来的东西洪水般地涌入地方的物质文化中，反映了资本主义在劳力

---

① Phillip Thomas, "Conspicuous Construction: Houses, Consumption and 'Relocalisation' in Manambondro, Southeast Madagascar," in *Journal of the Royal Anthropological Institute*, Vol. 4, No. 3(1998), pp. 425－446。

薪酬、商业化农业、侨汇等方面的直接影响，导致了去地
方化。① 去地方化在此用"去地方性"可能更为合适。但如
果这种改变是当地人所期待的，而且并未对地方认同赖以
维系的传统造成冲击，谓之再地方化也未尝不可。

在我国，再地方化也在发生。由于这样的项目实践往
往与地方政府发展地方经济的任务联系在一起，在许多地
方就有了一些"指令性"的项目。因而，我们可以看到在
许多地区，尤其是少数民族地区，力图通过发展民族旅游
或者文化旅游来发展经济。于是发掘和维护"原生态"文
化成为旅游发展中很重要的方向，而且通过"申遗"许多
地方还出现了"遗产化"这类传统与地方的全球化再现的
现象。② 而在另一些地方，再地方化却未必是为了开发旅
游。福建南部泉州地区的百崎回族乡从20世纪90年代开
始，地方政府在公共建筑上，即政府部门、医院、学校等，
追求所谓的"民族风格"。这些公共建筑外表都加入阿拉伯
文化元素。以乡政府行政大楼为例，该建筑上有三座黄色穹
顶，正面装饰则是以巨大的洋葱头状拱形加网状线条的图形
表现，其后则是走廊。三座穹顶两小一大；小的分立左右两
侧，烘托整体建筑正面的突出部分，与地面起建的圆柱状楼
体衔接起来，柱状体内则是通往各楼层的楼梯。这一设计显

① 参见：J. McC. Heyman, "Changes in House Construction Materials in Border Mexico: Four Research Propositions about Commoditization," in *Human Organization*, No. 53, 1994, pp. 132–142。
② 详见拙文《"申遗"传统与地方的全球化再现》，《广西民族大学学报》2008年第5期。

然受到国外伊斯兰寺院常有的、用来招呼礼拜的"望月楼"（minaret）的启发。此外，所有明显之处的窗户均为洋葱头状拱形。整个建筑还有围墙、大门门框也装饰成洋葱头状拱形，远远望去犹如一座西亚风格的清真寺（图五）。

图五　百崎回族乡乡政府（范可摄于1997年2月）①

其他如回族乡医院、中小学等，也在建筑上有一定的外来元素。另外，乡政府当年还有建立"伊斯兰商业街"的规划。② 2009年之后，我曾三次再访当地，这一规划显然没有成功。最重要的原因当为泉州大桥横跨泉州湾把百崎与泉州连接起来，从当地开车出发到泉州十分便捷，极大地改变了百崎交通不便的状况。原先计划中的"大街"

① 详情参阅拙文《"再地方化"与象征资本——一个闽南回民社区近年来的若干建筑表现》，《开放时代》2005年第2期。

② 此处涉及百崎回族历史，详情请参阅：Fan Ke, "Ups and Downs: Local Muslim History in South China," in *Journal of Muslim Minority Affairs*, Vol. 23, No. 1, 2003, pp. 63 - 88; Fan Ke, "Maritime Muslims and Hui Identity: A South Fujian Case," in *Journal of Muslim Minority Affairs*, Vol. 21, No. 2, 2001, pp. 309 - 332; Fan Ke, "Ethnic Configuration and State-Making: A Fujian Case," in *Modern Asian Studies*。

变得形同鸡肋，只剩下几个零星的商铺。本来，当地人对地方政府刻意追求民族风格、"挪用"（appropriation）异国文化元素的做法就颇有微词，批评政府罔顾面子、不顾民生，而且弄了一些与当地回民历史无关之物，把当地景观弄得不伦不类。但笔者在后来的几次回访中看到，当地人似乎也部分地接受了原先诟病过的"民族风格"，虽然不是全部。① 例如，有些人家新房的门窗框架就采用了洋葱头状拱形，似乎是审美的选择。在若干私营商业里，带有伊斯兰风格的装修或者模仿就比较多了。这可能与泉州地方政府和学者致力于宣传文化古城和海上丝绸之路起终点等文化建设有关。图六是我们从泉州大桥跨海而过入百崎地界时见到的最大的一座商业建筑，看起来也似西亚清真寺，

图六　百崎的海鲜大酒楼（范可摄于 2009 年 7 月）

---

① 因为篇幅限制，笔者谨选这张以求同时能表明时间节点，即再地方化在当地方兴未艾。现在的景观已经大为不同。

但它却是座海鲜大酒楼。

以上谈及的发生在闽南一个回民社区的再地方化对于当地是有意义的。地方政府对经济发展充满热情，因为他们的工作绩效是以经济指标来评估的。他们也懂得，在全球化时代，与外界隔离的状况迟早会改变。因此他们极早打造各种再地方化项目，深知所谓"酒香不怕巷子深"完全违背了现代经济规律。他们需要的是为人所知，为外界所了解。而为人所知或者为外界所认识，就是布迪厄眼里的**象征资本**（symbolic capital）。象征资本是一种权力（power），一种以某些合理要求的形式表现出来，从而让人难以察觉的权力，这些要求是他人的欣赏、尊重、敬意，以及提供其他服务，等等。[①] 这一再地方化的事实显然是全球化如何作用于地方之例，同时也提醒我们去关心全球化的不同面向，就像它未必是"高端"的或者仅见于西方与非西方之间的互动，而是全球各文化都参与其间。

三、 移民与离散

1. 移民与跨国

移民（migration and migrants），如果仅仅议及迁徙，那在历史上经常发生。到了 20 与 21 世纪之交，全世界大概

---

① Pierre Bourdieu, *The Logic of Practice*, Stanford: Stanford University Press, 1990, pp. 112 - 121.

有一亿人不在自己出生并拥有公民权的国家中生活。[①] 尽管数目字令人印象深刻，但也仅仅占全球总人口的 2%。这说明，仍然有至少 98% 的人生活在自己的国家中。[②] 这个估算没有考虑到任何国家的国内移民状况，也没有考虑到第二次世界大战之后因为领土割让和盟国的要求重新划分国界所导致的异地移民（displacements），以及难民。以中国为例，近几十年来国内移民数目之巨、人口流动性之频繁蔚为壮观，这一状况的出现也是因为全球化，只要理解中国加入世界贸易组织的意义就能理解。

全球化 3.0 时代也是一个移民的时代。这一时期当中的移民呈现出跨国的（transnational）特性。发生在国家间的移民，在中国历史上可能自从宋元以后就已经有了，到了全球化 1.0 时代，也就是明代中晚期，逐渐多了起来。闽南的"下南洋"就是个例子。截至目前，少有人将阿拉伯帝国兴起之后所沟通的中西交通历史和商贸交流考虑为全球化的一部分。这反映了许多研究者在全球史研究中还是不自觉地以西方为中心。中世纪由阿拉伯帝国开启的、经印度洋绕过南亚次大陆进入太平洋海域直达中国沿海城市的"海上丝绸之路"（Maritime Silk Road）是沟通亚非欧

---

① 见：Dennis Altman, *Global Sex*, Chicago: University of Chicago Press, 2001, p. 18。

② 见：Tomas Hammar and Kristof Tamas, "Why Do People Go or Stay," in T. Hammar, G. Brochmann, K. Tamas, and T. Faist, eds., *International Migration, Immobility and Development: Multidisciplinary Perspectives*, Oxford: Berg, 1997。

的大动脉。由于中国运出的大宗交易商品是陶瓷，故而又有日本学者称之为"陶瓷之路"（Ceramic Road）。[1]

宋元之前，海上丝绸之路除了沟通和推动中西商贸和文化交流之外，还给卷入这一贸易活动的中国城市如广州、扬州、杭州等地的当地居民提供了许多工作机会。这些城市后来渐次衰弱，终被泉州在宋元之际取而代之。当时，泉州当地不少人的生计都与海上商贸联系在一起。明朝初年朝廷颁发海禁令之后，正常的海上贸易被禁，但民间走私始终难以杜绝。"下南洋"就是从那个时候开始的。"南洋"是闽南人对东南亚的泛称，但在当时主要指的是印尼一些地方和菲律宾的吕宋岛。下南洋衰弱基本是中国进入"现代国家"之后的事。主权和边界的确立，使人们在国际范围内自由流动受到了严格限制。

全球化时代的移民与历史上的移民有不同模式，包括不同的方式、动机和关系网络。甚至同一个人也会在一生中甚至几年间变换其移民方式。其实，在世界范围内，当代移民的人口数量和频繁程度未必比过去更为密集，但却更为深广。移民的距离更长、范围更大，参与者人数却是相对下降的。另一个变化是，在全球化高光时刻的21世纪最初十年，或者更早一些，国际移民方向已经不像以前那样，几乎清一色从南半球向北半球，或者亚洲人往西欧和

---

[1] 三上次男《陶瓷之路》，胡德芬译，天津，天津人民出版社，1984年版；亦见斯波义信《宋代商业史研究》，庄景辉译，台北，稻禾出版社，1987年版。但是，最早提出这一概念的，可能是法国汉学泰斗沙畹（Edouard Chavannes）。

北美。这个时代的移民也出现了许多由北向南，或者从东亚到非洲和拉美者。现在，几乎在世界各国，都可以发现在那里生活的中国人。全球化时代的物流、交通和信息条件给移民提供了各种可能性。

2. 跨国移民

跨国移民（transnational immigrants）是全球化时代所特有的。这不是说在过去没有跨国流动——殖民和殖民地官员任命，都是跨国移民行动。但是，在高新科技、互联网发展起来之前，跨国旅行不是一般人所承付得起的。一直到 20 世纪 50 年代，我们这个星球上的绝大部分人都终身从未走出自己的家乡，更遑论出国。我国农村人中的绝大部分终身厮守在家乡，国外的情况也不遑多让。记得法国一位历史学家曾说，直到 20 世纪之前，法国农村的人中的大部分，终身只在步行距离两天的方圆里活动。这就是吉登斯所说的，在前现代时期，人们的社会关系是嵌在"地方"（locale）的脉络里的。导致这种局面发生改变的是工业化所代表的现代性。现代性改变了人们主要的生计模式和生存条件。当然还有人厮守乡间，但是更多的人进入城市，在工矿企业和服务性行业里赚取现金收入。这些移民所面对和需要适应的是全然不同于习以为常的乡村社会的都市社会。从乡村来到工矿企业打工，意味着从"熟人社会"进入"陌生人社会"。因此城市里的新移民都会面临如何融入新生活的问题。

跨国移民所指的是在不同的民族国家之间的移民，他们的生活跨越主权国家边境，社会关系也是如此。[①] 对这样的移民来说，是否能获得旅居国的公民身份可能并不重要。他们需要的是能在不同国家之间自由旅居。往返于欧洲和中国之间的许多浙江人就是如此。[②] 全球化时代绝大部分人移民的主要原因是想要改变自己的生活，这样的移民大多不是被迫而是主动的。有一位美国学者说，驱动移民的动力不外两个字："爱"（love）和"工作"（work）。二者紧密相扣，缺一不可。无论合法还是"非法"，甚至大部分躲避战乱而被迫离开祖国的难民，基本都是这样的。[③] 他们移民都不是为了自己，而是为了家人，考虑更多的是如何为家庭做更多的贡献。所以"爱"是动力一点不假，而只有努力工作，才能为家庭做贡献。福建福州的连江、长乐一带移民美国的人非常多，而且有许多是没有合法手续的"偷渡客"。然而，他们一到美国——第一站通常是纽约——便立刻投入中餐馆打工，每天工作时长可达 12 个小时，而且无节假日和休息日，艰辛程度可想而知。许多人可能不理解他们为什么要这样。生活在美国多年却连附近的街区可能都走不清楚，来这一趟值得吗？然而，人们的行动都是

---

① 见：Glick Nina Schiller, "Centrality of Ethnography in the Study of Transnational Migration: Seeing the Wetland Instead of the Swamp," in Nancy Fonner ed. , *America Arrivals*, Santa Fe, NM. : School of American Research, 2003。

② 参见：Flemming Christiansen, *Chinatown, Europe: An Exploration of Overseas Chinese Identity in the* 1990*s*, London and New York: Routledge, 2005；Li Minghuan, *"We Need Two Worlds": Chinese Immigrant Associations in a Western Society*, Amsterdam University Press, 1999。

③ "非法移民"英文是 illegal immigrant；现在国际上通常不这样称呼他们，而是称为"无证件移民"（undocumented immigrant）。

理性的，如果出外谋生无法获得比在家乡更多的收益和其他价值，他们是不会轻易流动的。所以，我们得用一种综合的视角来看待这些移民。

移民研究著名的"推拉假设"（push and pull factors）指的就是推动力来自母国，但是拉力来自移民目的国。这里还应该考虑到文化的因素。中国东南地区社会有着强烈的光宗耀祖观念。传统时代，这种观念可视为一种人文抱负（humanistic aspiration），主要通过科举入仕等体现。经商致富也是报谢祖宗的资本，但其声望不及科举入仕者。然而，科举制度 1905 年取消之后，致富遂成为光宗耀祖的主要途径。著名人类学家费孝通和李亦园先生在进入 21 世纪前曾有一著名对话，他们两人一致同意，改革开放激起了多年来被压抑的中国人光宗耀祖的人文情怀，生产和创业的积极性迸发出来，迅速致富。两位人类学家认为，在中国文化里，激发生产积极性的动力在于中国人代际之间构成一条无限延续的链条，每一代人都是这个链条上的一环，中国人相信自己的行动会影响到祖先与子孙。因而，中国人的文化动力介于"世代之间"，用八个字来归纳就是"光宗耀祖，惠及子孙"。①

如此考虑那些不惜一切也要移民美国的"偷渡客"，我们就能理解他们为什么要这么做。事实上他们的家乡各方面条件也都不错，但生活在美国的亲人们总带给他们美好

---

① 费孝通、李亦园《中国文化与新世纪的社会学、人类学——费孝通、李亦园对话录》，《北京大学学报（哲学社会科学版）》，1998 年第 6 期。

的遐想，对他们产生了拉力。另外，国内许多亲友的期待也使许多人觉得只有到美国才有资格光宗耀祖，这是来自本土的推动力量。二者交汇的结果便是当地年轻人不断通过各种渠道移民美国。

这些在美国奋斗的移民生活在社会底层，但他们省吃俭用，每年给家乡父老寄回大量的外汇，当地政府也从中得益。如同所有发了些财的中国人一样，寄回去的外汇之最重要的用途就是盖房子。所以，我们如果到长乐、连江一带的乡村走走，就可以见到大量新房。从新房的建筑风格或者装修上，可以明显地看出资源来自国外或者本土。有些新房只装修了半座，说明该人家已经开始有人从美国接济盖房，只要再收到一两次侨汇，房子就完工了。除此之外，这些在国外赚了一些钱的海外乡亲经常为家乡建设做贡献，通过建造住房、孝敬父母、接济亲人，以及不同程度的造福桑梓，显示他们的成功。所以，他们之所以不断踏上移民征程的背后驱动力有着文化的面向。

跨国（transnational）是一个重要的概念。它表示各种跨越主权国家边界的活动，包括移民、商贸、旅行旅游、教育和其他各种文艺体育活动。这些活动是国际性的，发生在流动的过程中——从一个国家到另一个或另一些国家。特定的人群必须经常跨国旅行并间歇性地在不同国家生活；另一个事实是，全球化使得跨国网络的建构成为可能而且必需的。这种网络超越主权国家边界，体现了全球化时代所特有的互联性，既有文化的，也有经济政治的，更有专业性的。我们把这类现象称为**跨国性**或者**跨国主义**（transnationalism）。① 这种情形从 20 世纪后期开始，因为国际性合作的大量增加，跨国性在商业和高端科技领域几乎成为常态。另外，讯息科技的发展和交通费用的大幅度降低，也使许多并不富裕的民众到其他国家寻求机会。

跨国性出现的原因也与新自由主义有关。新自由主义主张自由放任。一旦一个国家采取了新自由主义的经济政策，资本的逐利性质必然就会决定其进入低劳动力成本的国家和地区，从而在全球范围内出现了新的分工和分化。发达国家成为科技创新和消费，也就是世界体系的中心国家，民众日常生活越来越离不开亚洲国家的商品供应链，而包括中国在内的许多发展中国家成为发达国家日常生活必需品的产地。与此同时，由于近几十年科技上的许多创新，交通和通信的费用前所未有地降低，跨国旅行对一般人来讲已经不是什么遥不可及的事情。当前跨国最为频繁的主要来自两个差异很大的群体，即精英与没有固定收入（regular income）的群体。例如，不是以专业技能而是以亲属关系进入美国或者干脆无证件的移民，大多来自农村地区。而许多跨国、跨洲"偷渡"到北美和欧洲的各大洲移

① 长期以来，移民研究的主导性范式是同化理论，在美国尤其如此，同化的观念嵌在主流教育体系和公民教育的读本当中。后来，20 世纪 60 年代的民权运动定义美国社会为多族群构成的多元文化社会（multicultural society）。即便如此，各种族群或者文化差异也被认为在美国公民权的边界之内。跨国主义或者跨国文化的理念主要来自人类学。对人类学家而言，无论是同化还是多元文化主义难以解释新出现的现象。整个 20 世纪 90 年代涌现了一系列的专著和论文，跨国主义理论自此发展起来。

民，也都是希望改变生存状况的贫穷国家的人口。

跨国移民当中有相当一部分人，因为业务或者其他因素一直在移居国和移出国甚至第三国之间往来。他们的生活可以安排在至少两个国家之间。在一年当中，他们有规律地分段在至少两个国家生活。这种情况在商界和一些艺术家、运动员中尤为多见。有些音乐家签约多个国家的音乐厅、歌剧院、乐团等，一年当中经常辗转于不同的国家。运动员也如此，尤其是个人性质的职业体育项目，如网球、高尔夫球等。现在连田径运动也职业化，许多不同国家的选手常年在国外受训，参加各种包括国际田联组织的黄金联赛和不同国家举办的大奖赛、马拉松比赛等。更有许多做生意的人士，常年往返于供货国家和自己的国家之间，如已经提到的那些在香港、广州等地的非洲和南亚的商人。我国的义乌成为世界上最大的小商品集散地，吸引了大量的中东人前来定居做生意，他们都是在义乌签约，将货物进口到自己的国家。他们当中的许多人在日常生活中也经常在自己的国家和中国之间穿梭。在广州的非洲人和在香港的南亚次大陆的商贩们也经常北上义乌揽货。[①]

从我国移民到国外的许多人也是过着类似的跨国生活。例如几乎遍布欧洲但主要在法国、意大利、西班牙为多的浙江温州人（包括跨国移民历史较长的青田县）就是这样。虽然他们在欧洲谋生大多以服务性行业如餐饮业为主，但

---

① 参见：麦高登、林丹、杨玚《南中国的世界城》，第 9 页。

也有将国内生产的小商品输出到欧洲市场，或将欧洲的货物以代购或者其他方式销售到国内。也有人两者兼具。今天我们在几乎所有旅游业发达的欧洲国家，都会发现，几乎所有的旅游商品，如冰箱贴、帽子、水杯、纪念品等等，绝大部分都标着"Made in China"，基本来自浙江义乌。欧洲是全世界最大的旅游市场，每年来自中国的产品给当地商家带来的效益真是难以计算。

人类学上经常提及的跨国主义的例子来自海地。加勒比海岛国海地于1804年从拿破仑统治下的法国独立，是这一地区首个独立国家。但广大黑人民众在整个19世纪依然如同贱民。整个国家在政治上与外界基本隔离，但在经济上依然被国际资本主义渗透、控制。一直到20世纪，一个类似中产的阶层出现了。这些人因为肤色较浅被称为"米拉特"（milat），虽然只占全国人口的2%—3%，但却很有等级意识。其中较为富裕者总是向往欧洲，尤其是法国。他们将孩子送到法国接受教育。作为海地的统治阶层，他们集中生活在首都太子港，但也包括一些生活在其他城镇中的精英家庭。他们靠盘剥贫苦的农民大众为生。农民则仰仗于耕作小块田地，间或到市集上做些小买卖以为生计。他们说着一种以法语为主但夹杂着许多非洲俚语的语言，即Kreyol。自从奴隶制时期起，已经发展出自己独特的文化。①

---

① 参见：Ted C. Lewellen, *The Anthropology of Globalization*, p. 147。

　　美国在 1915 年入侵海地，并在这个国家存在了 19 年之久。在美国统治期间，种族概念被引入海地，强化了当地业已存在的以肤色为基础的类似种姓的制度。在 1918 到 1920 年间，海地发生动乱，一些精英分子逃到美国。最初，海地移民仅仅偶然与留在国内的家人联系，许多人滞留美国的身份也未必合法，逾期不归很是常见。从 20 世纪 60 年代开始，随着美国在海地的投资增加，海地在经济上愈发依赖美国，而美国政府和非政府组织也在卫生、社会福利等方面为海地提供了一些援助。到了 20 世纪 80 年代，海地 600 万人口中的 10% 生活在国外，每年寄回的侨汇达一亿美元，这大概与海地所接受的国际援助相当。美国的海地移民多集中在迈阿密，并延续了原有的社会分层，形成了一个充满活力的小海地。

　　20 世纪 80 年代也是海地经历社会动乱的时代，独裁的小杜瓦里尔（Jean-Claude Duvalier）逃亡法国之后，海地动乱不断，导致更多人坐船逃亡美国。除迈阿密外，在纽约、费城、波士顿等地，也出现了海地人社区。海地人的生活变得跨国性非常强，但并不是他们在两国之间往返，而是生活在美国的海地人在经济上接济母国的家人。许多海地人千方百计地把孩子送到美国接受教育，这些人成为海地人网络的建构者。在 20 世纪 90 年代的民主选举中，美国的海地社区踊跃参与，终于使前民选总统亚里斯泰德（Jean-Bertrand Aristide）重新当选。亚里斯泰德总统亲切地把海地海外社会称为"第十部门"（Dizye'm Departman-an）。①

3. 离散②

这是一种因为离开故土或者祖国而生活在其他国家或者社会里所引起的现象。并非所有的移民现象都可以称为离散。**离散**（diaspora）来自希腊语，原先的意思是被迫离开世居的土地散布到其他区域。在传统上，离散经常用以指犹太人散居和流浪的状况。公元70年，罗马将领提图斯（Titus）在犹太-罗马战争之后，将犹太人驱离以色列。自此在近2000年的岁月中，犹太人逐渐流散到世界各地。在英文里，大写"D"（Diaspora）专指犹太人的离散现象，这是强迫驱逐、令其消散的初始形式。③犹太人虽然遍布全球却能固守同一认同，其主要原因并不是宗教信仰，而是关于历史和家园（homeland）的共同记忆。④解释或者理解离散现象，往往伴随故土、祖国、家园这类叙事、修辞或者话语。17世纪以后，神学家赋予离散以特定的宗教内容，专指因宗教迫害而流离失所的群体，如亚美尼亚的天主教徒等。

离散或者**离散社区**（diasporas）在字义上有着强烈的情感色彩。今天一些生活在国外的人，尤其是其中的知识分

---

① 海地全国共有九个地理区域，所以海外的海地社区被称为"第十部门"。关于海地跨国主义的一般介绍，可参考：Ted C. Lewellen, *The Anthropology of Globalization*, pp. 147 – 150。

② 又译为"流散"。

③ 参见：Robin Cohen, *Global Diasporas: An Introduction*, London: UCL Press, 1997, pp. 6 – 7。

④ Ted C. Lewellen, *The Anthropology of Globalization*, p. 160.

子，喜欢用这个字来表达他们对于故土的依恋。无论是离散还是离散社区，都透露着一种"无家可归"的悲凉。在西方社会，离散经常与家园、故土、祖居地（homeland）这类概念并置，尤其在进行定义的时候。亨廷顿就认为，离散社区是跨国的种族或者文化社区，其成员认同于他们的祖居地；该祖居地可能有，也可能没有国家政权。[①]离散社区成员对于祖居地的认同，显然与主张同化人士的期望背道而驰。在亨廷顿看来，离散社区对于国家是异己的存在。事实是否真如亨廷顿所说的，离散社区的存在一定不利于美国认同呢？下面关于唐人街的分析当有助于理解。

　　长期以来，由于美国社会的种族歧视背景和氛围，尤其是19世纪下半叶出台的排华法案，影响了华人的社会融入程度，"唐人街"（Chinatown）就是这么形成的。这是不会说英语的华人也能生活自如的地方。唐人街一眼望去像极了香港、澳门的景观，有着很强的中国传统文化氛围。但华人对传统文化的固守并不意味着必然对美国不忠诚。在当年的排华法案歧视下，华人为避免遭受白眼倾向于到自己熟悉的华埠购物和从事其他团体性的文化活动。这种情况可能会使一些美国人进入唐人街产生一种如同进入异国他乡的感觉。他们自然会觉得华人不愿被同化而且与主流社会疏离。

　　另一方面，与许多北美族裔研究的话语有所不同的是

---

① 参见：Samuel Huntington, *Who Are We?: The Challenges to America's National Identity*, p. 258。

离散社区的现实。究竟离散是少数族裔知识精英的建构，还是一种真实的存在？用离散来概括来自不同主权国家的移民在海外的社区是否合理？我们认为，离散作为一种情绪存在于移民当中是有的，但作为一种政治诉求的标签反映的则是其他问题。现在英文里经常把海外华人社区称为Chinese diasporas，应该说是有些道理的。

唐人街承载着美国华人的历史记忆。它使我们得以管窥当年华人的生活状况和面对陌生社会时所产生的乡愁与焦虑。产生这种乡愁与焦虑在一定程度上也与当年难以同亲人联系的客观条件有关。像这样与家园故土保持密切联系的移民社区或许称得上"离散社区"。

唐人街产生的社会和历史条件证明其形成在很大程度上是因为美国政府和主流社会对华人的排斥。长期的社会排斥导致相当一部分原先文化水准不高的移民对定居国家的社会政治不感兴趣，以至于在主流社会当中产生这么一种刻板印象，即来自东亚的移民都是些只顾赚钱的经济动物。但是，事实也证明，移民中存在着这种不问公民政治的现象，追根溯源也是主流社会排斥的结果。

离散或者离散社区无论在狭义还是广义上，都可以追溯到久远的历史过去，它与现阶段的全球化之间并没有明确的联系；但有些确是早期全球化——如第一阶段或者1.0阶段——的产物。现阶段全球化的许多方面的确会鼓励离散式的移民（diasporic emigration）和凝聚四散流徙的离散社区，以维护离散认同（diasporic identity）。全球化所推动的变革的或适应性的族群、宗教，以及民族主义的团结，也在反抗针对移民的种族主义和偏见的同时，建构起原先并不存在的移民社区的边界。最后，不断增长的来自国家之间认可的人权意识，为离散的民众提供了一个呼吁承认（recognition）、包容，以及政治权益的平台。①

四、"问题的全球化"

21世纪初年，费孝通先生在一篇文章中讨论了全球化。费先生认为，经济全球化的同时，也是问题的全球化。② 事实证明了他的洞见。全球化的确给我们这个世界带来了很多的创新发明，极大提升了生产力。但是其所尊奉的"自由放任"的"市场原则"却使人类社会贫富差距拉大，社会凝聚力日渐丧失。因为全球化3.0提供的平台为雄心勃勃的个体带来了成功的希望，许多人觉得一个人成功与否完全是个人的事情，与他人无关。社会进入了乌尔里希·贝克所言的"原子化"（atomization）状况，人际关系日益疏离。③

---

① 参见：Nicolas Van Hear, *New Diasporas and Transnationalism*, Cheltenham, UK: Edward Elgar, 1998, pp. 2 - 3, 转引自 Ted C. Lewellen, *The Anthropology of Globalization*, p. 165。

② 参见：费孝通《经济全球化和中国"三级两跳"中对文化的思考》，《费孝通论文化与文化自觉》，第387—400页。

③ 参见：Ulrich Beck, "Living in a Runaway World: Individualization, Globalization and Politics," in Will Hutton and Anthony Giddens, eds., *Global Capitalism*, London: The New Press, 2001。

但许多哲人并未做如此想。吉登斯认为，马克思的主要观念很简单：我们必须理解历史才能创造历史。这一马克思和马克思主义者的思考，在 20 世纪的世界产生了巨大的影响。据此，随着科学的不断发展，世界应该变得更为稳定和更有秩序。甚至许多站在马克思对立面的思想家也接受这样的见解。例如，小说家乔治·奥威尔（George Orwell）就相信，社会将更为稳固和具有可预见性；但他的担忧也由此而来——人类在这样的条件下将沦为巨大的社会和经济机器上的螺丝钉或者齿轮上的齿牙（cogs）。许多社会思想家也有同样观点，如马克斯·韦伯。①

然而，我们生活的世界并不见得像预估的那样。与其说世界日益为人类所掌控，还不如说恰恰相反——世界变得更难以捉摸。所以，吉登斯用"失控的世界"（runaway world）来加以形容。更有甚者，科学和技术的进步所产生的影响不见得都像人们所期待的——使生活更具确定性和可预见性，反倒经常是相反。例如，全球气候的改变以及与之相伴的风险，可能就是人类对环境过度干预的结果。换言之，气候变暖这类现象并不是自然的。科学和技术不可避免地体现了人类对风险的控制企图，但首先却可能制造风险。我们所面临的风险状况在历史上是前所未有的，地球变暖仅仅是其中之一。有些新的风险和不确定性是人类自身的创造发明发展所带来的。这些风险和不确定性与

_____

① 参见：Anthony Giddens, *Runaway World*, p. 20。

全球化捆绑在一起。科学和技术自身已经全球化，当今世界上的科研人员的数量远远超过现代科学诞生迄今的数量总和。如果说人类给自己制造了一些意图之外的风险和不确定性，全球化作为一个主体，也带给人类风险和不确定性。例如，电子经济（electronic economy）就隐藏着巨大的风险。[1] 说到底，科学是一把双刃剑。在科学领域里，创新经常与风险互联。全球化经济的动力在很大程度上来自于积极拥抱创业和金融风险。[2] 总之，可以确定的是，全球化一定会带给我们风险和不确定性。这是生活在全球化时代的人们都必须面对的挑战。

在诸多问题和风险当中，国际恐怖主义活动和流行病，可能是当下人类所面对的、与全球化维度最有关系的风险。国际恐怖主义组织现在基本都是跨国的，不仅其成员构成是跨国的，其活动也是跨国的。流行病更是如此，而且它之所以能从区域流行发展成世界性大流行（pandemic），完全是拜全球化所赐。试想，如果没有因为信息技术的创新发明而极大改善的交通条件及低到许多人都支付得起的旅行费用，新冠肺炎（COVID-19）能大流行吗？

1. 当代恐怖主义

2001 年 9 月 11 日是全世界永远铭记的日子。这一天，

---

[1] 吉登斯这本书出版于 21 世纪初，当时电子支付等刚刚在金融领域兴起。现在电子经济往往称为数码经济（digital economy）——建立在计算机技术基础之上，通过建立在互联网上的市场进行各种经济活动和达成交易。除了数码经济之外，电子经济又称互联网经济（internet or Web economy）、新经济（New Economy）。

[2] Anthony Giddens, *Runaway World*, pp. 20-21.

恐怖主义者劫持了三架波音客机撞向纽约世贸中心双子塔和五角大楼。世贸中心南楼和北楼相继坍塌，造成近3000人罹难、6000多人受伤的惨剧，经济损失高达2000多亿美元。事后证明，造成这次惨剧的19人来自不同的国家，而且大多在美国和其他西方国家受过高等教育。"9·11"袭击所产生的各种后果难以估量。其中，很重要的一点是，学界，或者说是整个知识界，重新重视恐怖主义，政界更不例外。

由于"9·11"恐怖袭击的肇事者是穆斯林极端主义分子，而当下最为活跃的恐怖主义组织也都是来自伊斯兰内部的极端主义派别，因此，很容易让人将恐怖袭击与伊斯兰甚至宗教联系起来。更有甚者，由于许多宗教在历史上都有过暴力行动，就认为宗教暴力乃恐怖主义之源。而且，由于近几十年来活跃的恐怖主义者多来自伊斯兰极端主义派别，这就很容易误导人们，仿佛恐怖主义是伊斯兰的专利。事实证明，这些都是理解的误区。美国社会学家丹尼尔·贝尔（Daniel Bell）说过，面对大问题，国家变得太小而不足以解决；对于小问题，国家又显然过大。① 国际恐怖主义活动就是典型的一种如贝尔所说的规模困境。无论规模大还是小的恐怖主义袭击事件，受害的不仅是被袭击者，而且是整个国际社会。因为这些袭击中的身亡者并不限于特定族群或者宗教群体，在场的所有人都是受害者；事实

① 参见：Daniel Bell, "The World and the United States in 2013," *Daedalus*, 116 (3), 1987, pp. 1-31。

也证明，从事袭击的恐怖主义分子背景是国际性的，它往往包括了不同国家的公民。如"伊斯兰国"（ISIS）成员甚至包括许多西方国家的皈依者。而"基地组织"也同样如此，其成员来自西亚、南亚、中亚，甚至欧洲，完全是国际性组织。

虽然是国际性的，但大部分恐怖组织在进行恐怖活动时人员却是分散的。恐怖分子可能分别通过不同的边境口岸，然后再一起或者分别行动。这种小规模分散行动，很难使人察觉，因此往往可以达到目的。他们完全了解国际旅行的各种规则和严格的安检措施，但仍然有办法以各种方式入境来达成其施暴的目的。恐怖分子的行动说明，全球化给他们提供了便捷的条件，使他们成为一种跨国性的存在。今天，国际伊斯兰极端主义恐怖组织的据点多分布在阿富汗和巴基斯坦境内的一些边远山区，那里人迹罕至，当地社会经常处于一种无国家状态。但在这样的条件下，他们却不乏先进的通信技术手段，因此活动依然能跨区域进行。而今天便捷的交通工具更是成为恐怖分子的作案工具，他们的机动性因此大大加强，飞机可以将他们运送到世界上任何一座他们想要施行恐袭的城市。在机场安检十分严格的今天，携带炸药和其他武器登机比登天还难，于是飞机竟成为他们劫持施暴的对象。

恐怖分子袭击的对象不是军事目标，而是非军事机构和一般民众，是公共性的区域或者建筑。施暴目标为非军事机构和普通公众，是恐怖主义所独有的，因而是定义何为恐怖主义最重要的标准之一。因此，一提恐怖主义便将之与伊斯兰联系在一起是错误的。当下恐怖主义与全球化之间的关系可以这么来看：全球化是引发近些年来恐怖主义活动猖獗的诱因之一，同时全球化也被恐怖主义势力所挟持来达到他们的目的。显然，恐怖主义是经过策划的行动，是蓄意的杀戮。它与战争的不同之处在于专门攻击非军事目标和平民。它与**宗教暴力**（religious violence）也不一样，宗教暴力的施暴对象是宗教的叛逆者、反抗者，或有违天意者，并将行动严格地限制在这一范围内。[①]

恐怖主义（terrorism）顾名思义自然是"去恐吓"（to terrify）。这个英文单词源于拉丁文 *terrere*，原意是"引起战栗"（to cause to tremble）。"恐怖"（terror）成为日常词语是 18 世纪末法国大革命之后的"恐怖政治"（Reign of Terror）的后果，是公众对暴力的反应——战栗、恐惧等等。"恐怖"从民间进入学术殿堂，用于描述社会因为政治动乱所引起的恐惧氛围。但恐怖毕竟是某种政治高压所带来的客观效果，它与恐怖主义有别。

恐怖主义一词频繁出现在国际政治话语里是 20 世纪 70 年代以后的事情。其原因与发生在 20 世纪 60 年代末和 70 年代初的几起震惊国际社会的事件有关。1967 年为时六天的中东战争，以色列在战场上击败了叙利亚、埃及、约旦等阿拉伯国家。致使成立于 1964 年的巴勒斯坦解放组织中

① 参见：范可《认同、文化与地方历史——人类学理论的理论探讨与经验研究》，第 227—230 页。

的某些激进分子开始寻求其他方式与以色列做斗争。但是，他们采取了非常规的策略。贫民和非军事目标成为他们的打击对象。1970年，三架分属于美、英、瑞士的民航客机被劫持到约旦首都安曼。1972年慕尼黑奥运会期间，巴勒斯坦"黑九月"组织袭击和刺杀了多名以色列运动员，引起全世界公愤。1973年，又有苏丹首都喀土穆的沙特阿拉伯使馆被占事件，此举导致了两名美国外交官和一名比利时外交官身亡。其后，各种自杀式袭击和其他形式的恐怖主义活动屡屡不绝，引起国际社会多方关注。①

　　除了攻击非军事、非政府目标之外，恐怖主义袭击多选择繁华的公共场所。同时，袭击的受害者也未必是袭击者所声称的敌人。可见，当代的恐怖主义者并不以重创敌方的武装力量为目的，而是在于自我彰显、吸引舆论和媒体的注意力，追求精神胜利。在这一点上，他们达到了目的。每一次成功或者不成功的恐怖袭击，一定都成为全世界重要媒体的头条新闻。有时候还意想不到地得到有些地方和某些民众的支持。许多人认为，在国际舞台上，中东极端主义者的恐怖主义袭击成为世界其他地区反政府的民族主义活动效法的榜样，更有些人相信，北爱尔兰和西班牙境内的恐怖主义活动多少受到他们中东同行的鼓舞。②

　　更为奇怪的是，在西方国家的舆论和新闻媒介里，恐

① 参见：范可《认同、文化与地方历史——人类学理论的理论探讨与经验研究》，第211页。
② 参见：Bernard Lewis, "The Revolt of Islam: A New Turn in a Long Way with the West," *New Yorker*, November 19, 2001, pp. 50-63.

怖主义似乎成为伊斯兰的专利。早在"9·11"发生之前，好莱坞拍摄的许多关于恐怖活动的电影里，凡是恐怖主义分子，几乎都是中东人的外形，且英文夹杂着中东口音。总之，观众一下就能认出，这些坏人是阿拉伯人。在"9·11"发生之前，有位伊拉克学生告诉笔者，因为他的长相，曾在飞机上被邻座的美国妇女以害怕为由要求更换座位（那位女士以为他不懂英语）。事实上，他和他的家人都是基督徒，来自伊拉克一个古老的、自称"亚述"（Assyria）的基督教社区。可见，西方媒体常年对伊斯兰和阿拉伯人的妖魔化，铸就了部分民众对穆斯林的刻板印象。而此与全球化时代信息发达和恐怖主义的跨国活动有必然联系。信息发达，使得关于"他者"的妖魔化描述便于广泛传播，恐怖主义假全球化时代便利的交通工具与跨国活动进一步加剧了这种刻板印象。

有人将恐怖主义袭击与**原教旨主义**（fundamentalism）联系在一起。毫无疑问，发动袭击的伊斯兰极端主义是原教旨主义的，但是，原教旨主义并非伊斯兰所独有，也并非所有原教旨主义者都是恐怖主义者。相反，有不少基督教内部的原教旨主义者反对一切暴力。原教旨主义最初与美国基督教的某些运动和极端组织有关。这些组织严格尊奉宗教信条，坚信创世论，视《圣经》所言为唯一真理。原教旨主义被著名的《韦伯斯特学院辞典》（*Webster's College Dictionary*）定义为"20世纪初在美国新教里出现的反现代主义运动。它强调，无论在信仰还是道德上，或者作为历史文献记录,《圣经》的真理性都是无可置疑的"[1]。原教旨性质的基督教团体于第一次世界大战之后在美国出现,三K党是其中最为臭名昭著者。从那时起到20世纪70年代末,"原教旨主义"一直与美国的一些基督教组织、派别联系在一起。

1979年伊朗爆发"伊斯兰革命"。当时,英国的《观察家》(Observer)称原教旨主义为"一种新的或非常古老的伊斯兰现象",认为(伊朗的)伊斯兰精神领袖及其追随者通过振兴"危险的原教旨主义"来"治理一个现代国家"。[2]此后,"原教旨主义"几乎成为伊斯兰的专利,而这一术语与基督教的历史联系反倒被人们所忘却。其实很难由表现形式和内涵来定义原教旨主义。按人类学的理解,原教旨主义指的是严格地、无条件地根据文本坚信某种信仰,这就是说,原教旨主义的核心是教理(doctrine)而非仪式。[3]所以,许多以经典文本为中心、探索神的意志的宗教,例如基督教(尤其是新教)、伊斯兰教、犹太教(在某种意义上),都可以纳入原教旨主义的范畴。[4] 所以,原教旨主义者未必都是恐怖主义者。宗教,只有在控制权力中枢或者

---

① 见拙著《认同、文化与地方历史——人类学理论的理论探讨与经验研究》,第215页。

② 参见:Tahir Abbas, "Media Capital and the Representation of South Asian Muslims in the British Press: An Ideological Analysis," *Journal of Muslim Minority Affairs*, Vol. 21, No. 2, 2001, pp. 245–258。

③ 参见:Ernest Gellner, *Postmodernism, Reason and Religion*, London and New York: Routledge, 1992, p. 2。

④ Bhikhu Parekh, *The Concept of Fundamentalism*, Warwick: University of Warwick Centre for Research in Asian Migration and Peepal Tree Press, 1992.

试图实现其政治抱负的时候，才可能给社会带来威胁。

一个不容忽视的事实是，包括各种自杀炸弹在内的恐怖主义袭击确有许多系伊斯兰极端主义派别的原教旨主义者所为。对二者之间关系的思考，必须得回到全球化的语境中来。长话短说，近几十年来的恐怖主义活动与全球化有关乃在于全球化所引起的外来文化输入伊斯兰世界并与伊斯兰文化发生交流有关。前面已经说过，全球化在近几十年来加快步伐与新自由主义的泛滥大有关系。在世界范围内，新自由主义的那一套不仅造成了资本的无国界流动，而且将一些与有些社会的传统文化全然不同的价值观念和文化带入了一些较少为现代性所感染的文化区域。在伊斯兰世界，现代性及其伴生的世俗化成为传统的最大威胁。

随着全球化而来的大量的英美价值观念和文化产品也进入相对稳定的伊斯兰社会当中，这引起了许多保守人士的不安，导致他们采取对抗性的立场。对于许多伊斯兰极端保守势力而言，全球化代表的是美国的霸权和世界文化美国化的过程。从人类学角度来看，伊斯兰极端主义恐怖组织活动活跃的深层原因是价值观的问题。当然，任何关于中东局势的讨论，都无法忽视美国长期以来在巴以冲突上支持以色列这一事实及其连带的反应。尽管伊斯兰极端主义恐怖组织的活跃在一定程度上为全球化所刺激，但另一方面，全球化也为它们的活跃创造了条件。恐怖主义的国际化和跨国性在一定的意义上，就是全球化的一个消极后果。正如丹尼尔·贝尔所言，恐怖主义令国家对之有种规模困境，有鉴于恐怖主义组织跨国的机动性，国际社会对付恐怖主义的最佳方式应该是寻求相邻国家之间的区域性合作，以求有效遏制。

2. 流行病的全球化维度

全球化也给一些传染性疾病的大流行提供了条件。2020 年在世界范围内暴发的新型冠状病毒肺炎，解释了全球化何以能使传染病**大流行**。全球化本身当然不是病源，但对于那些需要大量宿主的传染病病毒而言，全球化时代发达的交通工具以及人与物、人与人不同以往的互联性关系，都是暴发大流行的条件。对此，美国慈善家、微软公司的创始人比尔·盖茨早在前些年就已经对人类提出警告。他认为，现时代，传染病病毒是人类所面临的最大威胁。

病毒（virus）在地球上存在的时间比人类长得多。人类在成为食物生产者之前，一直都是仰仗自然的赐予；人类自身也构成自然的一个部分。但是，只有在狩猎变得习以为常的情况下，人类才更有可能成为病毒攻击的对象。动物行为学告诉我们，灵长类基本都是杂食的，只有在特殊的条件下，部分黑猩猩和倭黑猩猩发展出猎杀其他同类或者其他灵长类为食的技能。即便如此，在它们的食谱中，为主的依然是植物性的食材。一旦狩猎多了之后，其"肮脏"程度远非靠采集的植物性食物可比。狩猎自然增加了猎人们与病毒接触的机会。对于不少病毒而言，人与动物都是它们的宿主。这就是说，很多传染病可以是"**人畜共**

患"（zoonosis）的。曾在人类社会部分流行或者被遏制住没能流行开来的传染病病毒已经被证明来自野生动物。

许多人或许会问，人类历史如此漫长，但所记载的**瘟疫**（plague）或者流行病都是发生在过去的 2000 年间，而我们作为现代智人至少已经在地球上存在了十多万年。那么，在此期间，瘟疫是否袭击过我们的祖先呢？美国演化人类学家利伯曼（Daniel Lieberman）认为，新石器时代之前流行病不可能存在，因为狩猎采集者的人口密度每平方公里不足一人，低于强度性疾病所必需的阈值。天花就是一种古老的病毒性疾病。这种疾病的起因尚不明确，人类或许是从猴子或者啮齿类动物那里感染到的，但在人口密集的大型定居点出现之前，天花并未广泛传播。[1] 聚集在一起狩猎采集的游群人口往往不足百人，任何急性病毒无法在他们体内长期存活，除非是其他动物与人类共有的微生物。曾有黑猩猩感染脊髓灰质炎导致许多个体死亡的报道。由于黑猩猩状况如同远古人类，种群规模不可能维系这类病毒，因而令科学家一时百思不得其解。但最终还是发现了原因：这一染病的黑猩猩种群是被人类所感染的。当时，附近的人类社区发生疫情，病毒传到了黑猩猩的身上。[2]

按照科学家估计，只有人口规模超过 25 万个个体的社群，才可能维系这样的病毒。因而对人口规模小的社群，

---

[1] 利伯曼《人体的故事：进化、健康与疾病》，蔡晓峰译，杭州，浙江人民出版社，2017 年版，第 207 页。
[2] 参见：沃尔夫《病毒来袭：如何应对下一场流行病的暴发》，沈捷译，杭州，浙江人民出版社，2014 年版，第 77 页。

急性病毒只能席卷而来，在自身消亡前伤害一些个体，而其余个体则产生免疫力。所以狩猎采集时代的人类几无遭遇急性病毒之可能。然而，驯化之后的农牧业成为人类基本生计模式之后，情况变得完全不同。农业的出现使人类定居成为可能，随着农业的发展，人类定居社区越来越大，终至连接成片。这么一来，人口的密度增加，为病毒创造了繁衍生息的基本条件。另一方面，定居之后的社区通常都有动物饲养，家畜就此成为传递微生物的桥梁——因为家畜依然可以从野生动物那里获得新的微生物——使新型的感染源从野生动物那里跳到人的身上。

2010 年的好莱坞影片《传染病》告诉人们，病毒是如何从动物身上跳到人身上的。电影的结尾是已经因为传染病过世的女主角在香港的一家餐馆与她所欣赏的厨师见面。厨师得知要与女主角见面时正用手指清理乳猪的嘴准备做烤乳猪，他赶紧从猪崽子口中抽出手来在围裙上反复擦拭，然后，解下围裙，出来与女主角见面。会见过程中，两人免不了有握手之类的社交举动。而在此之前，则有厨师到养猪场取订购仔猪的桥段。在这过程中，有只蝙蝠飞进猪圈，从天花板上往下撒了泡尿。几个镜头连接起来，病毒的传播线路很清楚：蝙蝠—猪—厨师—患者。这个线路图应该是受到发现尼帕病毒（Nipah virus）故事的启发。

尼帕病毒最早在马来西亚某村庄被检测出来，故名之。尼帕病毒入侵是在一个规模不小的养猪场里发生的。但是，该病毒的储主（reservoir）却是学名叫狐蝠（Pteropus）的大蝙蝠。而这一切又是如何连接起来的呢？原来，养猪的农民多种经营，在养猪场周围种满芒果树，成熟的芒果引来蝙蝠。据科学家估计，大蝙蝠在享用芒果时撒了尿，然后又将咬过的芒果丢到猪圈里。杂食性的猪吃了芒果，接触了蝙蝠的唾液和尿液。猪患病之后，病毒迅速传播，而猪的买卖又把病毒传染到其他猪场，并偶尔感染了人类。[①]人类进行驯化活动数千年之后出现的尼帕病毒，说明了驯化活动对人类与微生物关系所起的作用。驯化革命[②]之后，人口规模越来越大，定居者也越来越多。人们对疫情的易感性是前农业时代所没有的。从最初的几个、几十个到最终的成千上万个城镇相互连接、彼此联系的人口规模，足以使病毒永久地寄生下去。急性病毒具有很强的流动性，寻找新的宿主是繁衍的需要，人口密集的社区，正是它们所期待的。[③]

急性传染病病毒虽然是流动的，但其传播开来则有赖于其他生物体的存在与流动。流动甚至可以视为传染病病毒生存最为重要的机制，一旦停止流动，病毒也就死亡消失。但这是不可能的。人类定居之后，社会分工获得发展，新的社会组织和政治关系也建立起来。随着政治体制的国家化，不同人类群体之间的交往更为深远。原先可能仅仅

① 参见：沃尔夫《病毒来袭：如何应对下一场流行病的暴发》，第75—76页。
② 驯化是重要的人类对自然界的干预，并改变了人类的历史进程，故而有称之为"驯化革命"（domestication revolution）者。由于驯化遗存与新石器时代器物伴出，人类学上更多地使用考古学家戈登·柴尔德（Gordon Childe）的用语——"新石器革命"（Neolithic Revolution）。
③ 沃尔夫《病毒来袭：如何应对下一场流行病的暴发》，第77—78页。

见于不同部落或者酋邦之间的交换，发展成为国家实力支持下的远距离贸易交换，信息交流因此更为深广，而传染病病毒也因此扩张了它们的势力范围。[1]

从全球史的视角来看，虽然 10 多万年前走出非洲开启了事实上（*de facto*）的全球化，但是推进的速度极其缓慢，只是到了晚近的历史时期，才加快了步伐。从 16 世纪末开始到 19 世纪下半叶，大西洋"三角贸易"将非洲、美洲和工业化进程中的欧洲连在一起。

在美洲殖民地，殖民主义者不仅传教、剥削、掠夺，而且带来欧亚大陆的许多病毒。由于美洲大陆与欧亚大陆已经上万年不通往来，这些病毒不可能漂洋过海，因而两个大陆人口拥有的**微生物库**（microbial repertoire）差别很大。[2] 欧洲人登陆美洲引起了微生物的交换，他们带来的病毒很容易在美洲找到易感人群。美洲原住民在西班牙殖民者登陆之后的数百年间，人口大量死亡。这并不是屠杀的结果。没错，西班牙人和其他殖民者都对美洲原住民进行过杀戮。但以殖民者人数计，根本不可能造成成千上万人的死亡，更何况并非每个殖民者都是屠杀者。据估计，美洲原住民在欧洲人登陆之前，人口约达一亿。1507 年前

---

[1] 参见：范可《经天纬地的行动者之网：关于病毒的一些思考》，《西北民族研究》2020 年第 2 期，第 126—142 页。

[2] 微生物库是每个物种都有的，包含病毒、细菌、寄生虫这类把物种当作家的所有不同种类的微生物。虽然每个物种中的一个动物不可能随身携带微生物库里的所有微生物，但这一术语可以作为一个概念性工具来测量物种的微生物的多样性——所感染的微生物的范围。见：沃尔夫《病毒来袭：如何应对下一场流行病的暴发》，第 46 页。

后，天花被一个患病的黑人奴隶带到美洲。已同旧大陆的
人类隔绝了上万年的美洲原住民，对天花、麻疹、白喉、
伤寒、腮腺炎、流行性感冒等疾病，缺乏免疫机能，更不
可能有防疫知识，很快就成群地倒下。《天花的历史》一书
认为，如果不是天花，再多的马匹和枪炮也不可能让只有
区区 900 人的西班牙殖民军征服墨西哥。可以说，天花为
西班牙人打了一场"生物战争"。①

与此同时，美洲的梅毒也传播到了旧大陆，遍布五大
洲。这些例子说明，病毒肆掠各方，关键在于其靠流动依
附上新的宿主，并渐次扩散传播开来。而如果没有人类对
交通工具的改善和贪婪的本性，病毒也难以全球性扩散。
欧洲人登陆美洲对人类历史的发展影响之大不言而喻。最
为重要的是，所开启的大航海时代，极大地推动了整个世
界市场的扩张和工业资本主义的兴起。这些又进一步推动
了全球性的贸易活动和物资交流、资本流动。病毒在全球
范围内因为人与物的流动和彼此之间的接触而广泛传播，
并会因为相遇可能重组而生成新的、可能更为致命的病毒。

全球化这种历史上前所未有的大联结、大交流给人类
带来了许多问题。谈及传染病及病毒引起的各种瘟疫，无
法不提流动性。只要人在移动，病毒就可能随着人的移动
而传播到更为广阔的空间里，只要这些空间里的人口数量
足够多，病毒就可能一直存在下去，直到人类有了对付它

---

① 伊恩珍尼佛·格雷恩《天花的历史》，徐珊、赵育芳译，杭州，浙江人民出
版社，2006 年版。

们的疫苗。交通工具的发明、创新、改良及发展，既为人的流动提供了方便，也为病毒的迅速传播建立起高速公路。

最近数十年来，屡屡发生的起源于某些非洲动物病毒的流行病迅速传播到其他大洲的事，不可能发生在缺乏任何与全球化相关的技术维度的条件下。病毒能在极短的时间里"经天纬地"地扩散（如 SARS 病毒、禽流感病毒、新冠病毒等），完全拜全球化时代高度发达的交通工具所赐。源于非洲（黑猩猩）的艾滋病病毒虽然必须通过深度接触才会被感染，但也居然在数十年后的 20 世纪 80 年代出现于美国，并在全球范围内扩散。因此，把流行病视为一种全球化的后果（a consequence of globalization），绝无夸张之嫌。如果我们综合各种因素思考发展对人类社会的影响，那么正如一位美国人类学家所指出的，科技的进步与发展并没有使人类社会在总体上更为安全，而是在某种程度上可能相反——增进人类社会的脆弱性累积。[1] 因而，如果把全球化视为现代性的后果，[2] 那么我们必须认识到，现代性和全球化给我们的生活带来翻天覆地的变化的同时，也影响了人类和人类社会的健康与安全。

---

[1] Anthony Oliver-Smith, "Anthropological Research on Hazards and Disasters," *Annual Review of Anthropology*, Vol. 25, 1996, pp. 303 - 328.

[2] Anthony Giddens, *The Consequences of Modernity*, Stanford: Stanford University Press, 1991, pp. 118 - 120.

乐 道 文 库

"乐道文库"邀请汉语学界真正一线且有心得、有想法的优秀学人,为年轻人编一套真正有帮助的"什么是……"丛书。文库有共同的目标,但不是教科书,没有固定的撰写形式。作者会在题目范围里自由发挥,各言其志,成一家之言;也会本其多年治学的体会,以深入浅出的文字,告诉你一门学问的意义,所在学门的基本内容,得到分享的研究取向,以及当前的研究现状。这是一套开放的丛书,仍在就可能的题目邀约作者,已定书目如下,由生活·读书·新知三联书店陆续刊行。

王汎森　《历史是一种扩充心量之学》

马　敏	《什么是博览会史》	**刘翠溶**	**《什么是环境史》**
王　笛	《什么是微观史》	孙　江	《什么是社会史》
王子今	《什么是秦汉史》	李有成	《什么是文学》
王邦维	《什么是东方学》	李伯重	《什么是经济史》
王明珂	《什么是反思性研究》	**吴以义**	**《什么是科学史》**
方维规	**《什么是概念史》**	沈卫荣	《什么是语文学》
邓小南	《什么是制度史》	**张隆溪**	**《什么是世界文学》**
邢义田	《什么是图像史》	陆　扬	《什么是政治史》
朱青生	《什么是艺术史》	陈正国	《什么是思想史》

范　可	**《什么是人类学》**	唐晓峰	《什么是历史地理学》
罗　新	《什么是边缘人群史》	黄东兰	《什么是东洋史》
郑振满	《什么是民间历史文献》	黄宽重	《什么是宋史》
赵鼎新	**《什么是社会学》**	常建华	《什么是清史》
荣新江	《什么是敦煌学》	章　清	《什么是学科知识史》
侯旭东	**《什么是日常统治史》**	梁其姿	《什么是疾病史》
姚大力	《什么是元史》	臧振华	《什么是考古学》
夏伯嘉	《什么是世界史》		

（2021 年 5 月更新，加粗者为已出版）